ORGANISCHE CHEMIE

Theorie — Experiment

Ein Lehr- und Übungsbuch für die Sekundarstufe II

Von Dietrich Lissautzki, Klaus-Dieter Ohlmer, Renate Stück,
Renate Andersag, Hans-Georg Steinhäuser

Band 2: Spezielle Themen der Organischen Chemie

Verlag Moritz Diesterweg
Frankfurt am Main · Berlin · München

Verlag Sauerländer
Aarau · Frankfurt am Main · Salzburg

Bestellnummer: 5067

ISBN 3-425-05067-2 (Diesterweg)
ISBN 3-7941-1613-5 (Sauerländer)

© 1985 Verlag Moritz Diesterweg GmbH, Frankfurt am Main
      Verlag Sauerländer AG, Aarau

Umschlagentwurf: Hetty Krist, Frankfurt am Main
Satz und Druck: Zechnersche Buchdruckerei, Speyer
Bindung: C. Fikentscher, Darmstadt

Inhaltsverzeichnis

Vorwort

Der Band 2 „**Spezielle Themen der Organischen Chemie**" ist wie der Band 1 des Lehrwerks ein **Lehr- und Übungsbuch** mit **Experimenten** für den **arbeitsteiligen Gruppenunterricht**. Auch dieses Buch ist direkt der Unterrichtspraxis der Autoren erwachsen.

Da es sich hier nicht um eine Einführung in die Organische Chemie handelt, wurden einige Kapitel mit einem breiteren **theoretischen Hintergrund** ausgestattet, um tiefere Einsicht in den Zusammenhang zwischen Struktur und Eigenschaften zu vermitteln. So wurde z. B. im Kapitel 3 „**Farbstoffe**" und im Kapitel 4 „**Makromolekulare Chemie**" besonderer Wert auf Begründungszusammenhänge gelegt. Dies bedeutet aber nicht, daß diese Kapitel in ihrer Ausführlichkeit und Tiefe zum Verständnis des Ganzen in allen Einzelheiten unterrichtlich nachvollzogen werden müssen. Die Passagen im Kleindruck sollen zudem diesbezüglich eine Hilfe bieten.

Wegen der großen Bedeutung **spektroskopischer Methoden** zur Strukturaufklärung organischer Moleküle wurde das Kapitel 9 als **besonderes Angebot** aufgenommen. (Die Elektronenanregungsspektroskopie — UV/sichtbar — ist im Farbstoffkapitel besprochen.)

Jedes **Kapitel** ist **in sich abgeschlossen,** so daß die vorgegebene Reihenfolge nicht dem unterrichtlichen Gang entsprechen muß. Das Teilkapitel 8.1 „Enzyme" muß als Voraussetzung für die Behandlung der anderen biochemischen Themen gesehen werden. Für die „Photosynthese" ist die vorherige Behandlung des einleitenden Kapitels der „Farbstoffe" zweckmäßig.

Im übrigen weist auch dieser Band die Leitprinzipien des ersten Bandes auf.

Koblenz, Sommer 1984   *Die Verfasser*

1 Erdöl, Erdgas; Kohleveredlung

Erdöl und **Erdgas** sind — neben ihrer Bedeutung in der Energiewirtschaft — unerläßliche Rohstoffe in der großindustriellen Kohlenstoffchemie (Medikamente; Kunststoffe usw.). Den „einfachen", in der Natur beschrittenen Weg des Aufbaus von Kohlenstoffverbindungen aus Kohlendioxid und Wasser (s. Photosynthese) kann der Mensch in der Technik noch nicht nachgehen; er ist also auf die Ausnutzung seiner Bodenschätze angewiesen. Da diese nicht unerschöpflich sind (s. Abb. 1/2. „Reserven"), kommt dem *verantwortlichen Umgang mit Erdöl und Ergas als bloßer Energielieferant* (heute noch bei 94%!), nämlich zu Heiz- bzw. Fortbewegungszwecken (Motoren), außerordentliche Bedeutung zu. Parallel mit diesem Bemühen muß die Erforschung und Erprobung alternativer Energiequellen — über den Bereich der Kern- und Fusionstechnik hinaus — vorangetrieben werden. Beispielsweise könnte die **Kohle** sowohl als Energieträger wie als Rohstoff für Chemieprodukte künftig wieder eine größere Rolle spielen.

1.1 Chemische Zusammensetzung

Erdöl besteht aus flüssigen, **Erdgas** aus gasförmigen Kohlenwasserstoffen (KW).
Beim Erdöl überwiegen gesättigte, kettenförmige KW; je nach Fundort schwankt die Zusammensetzung ganz erheblich:
Amerika, Westeuropa: hauptsächlich kettenförmige Alkane
Naher u. Mittl. Osten: ca. 75% Alkane
UdSSR, Balkan: vorzugsweise zyklische KW („Naphthene")[1]
Rumänien, Borneo: auffallend größere Anteile von aromatischen KW. Daneben finden sich in Erdölen stickstoff- und schwefelhaltige Substanzen (s. 1.4).
Erdgas besteht vornehmlich aus gesättigten KW, unter denen Methan (bis zu 99%) vorherrscht, daneben Ethan, Propan, Butan, CO_2, Stickstoff, Helium (Texas!).
Das bis in die 70-er Jahre für Heizzwecke meist gelieferte *Stadtgas* (vgl. Kohlevergasung) war wegen des hohen Anteils an Kohlenmonoxid CO neben Wasserstoff nicht nur explosiv (wie Erdgas), sondern auch hochgiftig.

1.2 Entstehungstheorie

Wahrscheinlich sind Öl und Gas gleichen Ursprungs. Während man noch im vorigen Jahrhundert die Bildung des Erdöls anorganischen Prozessen zuschrieb (z. B. Wasser auf Me-carbide), legen genauere Untersuchungen der jüngeren Zeit einen *biogenen Ursprung* nahe, u.a. lassen im Rohöl gefundenes Chlorophyll und Hämin auf die Beteiligung von Pflanzen und Tieren schließen; außerdem gibt es anaerobe Bakterien (die also unter Luftabschluß gedeihen), die aus Cellulose Methan produzieren sowie Fettsäuren durch CO_2-Abspaltung zu KW verwandeln.
Solche Bakterienarten sind dann wohl bei der Zersetzung von pflanzlichen und tierischen

---

1 naphtha (russ.) = Erdöl.

Kleinstlebewesen beteiligt gewesen. Gewaltige Massen dieser Mikroorganismen lagerten sich — begraben von tonigem und kalkigem Schlamm — ab zu sogenanntem Faulschlamm. Hoher Druck (Überdeckung mit Meeressedimenten) und starke Hitze (Absinken in größere Erdtiefen) führten dann vor etwa 450 bis 500 Millionen Jahren zu einem anaeroben Abbau des Faulschlamms; die Produkte wanderten in poröses Sedimentgestein, hervorgerufen unter dem Druck tektonischer Vorgänge (Bewegungen der Erdkruste), wo sie sich in den Wölbungen der Gesteinssättel zwischen undurchlässigen Schichten bzw. über dem spezifisch schwereren Wasser (Dichte des Öls liegt bei 0,85) sammelten. Das Erdgas findet sich nur ganz selten frei in kleinen Gaskuppen; meist ist es im Öl unter Druck gelöst. Auch das Öl selbst füllt im allgemeinen die Poren des Speichergesteins und liegt fast nie als See vor.

Durch Gravimetrie oder Reflexionsseismik (Verfahren der Geophysik) gefundene Reservoire im Erdinnern (heute bis zu 9 km) werden angebohrt; das Öl schießt entweder von selbst empor (z. B. durch Gasdruck oder komprimiertes Wasser unter dem Öl) oder wird herausgepumpt bzw. mittels Wasserverdrängung gefördert.

1.3   Wirtschaftliches

Obwohl erst 1858 zum erstenmal in der Welt nach Öl gebohrt wurde (Hannover), haben heute, also schon nach kaum mehr als 100 Jahren, die Fördermengen in Relation zu den sicheren Reserven bedrohlichen Umfang angenommen. (Die sogenannten „möglichen" Reserven werden auf 250 bis 500 Mrd t geschätzt.)

Einerseits nehmen im Laufe der vergangenen Jahrzehnte Förder- und Verbrauchsmengen ständig zu; andererseits scheint sich künftig — so wie in den letzten Jahren — der Anstieg der (bestätigten) Reservemengen deutlich zu verringern (Steigung

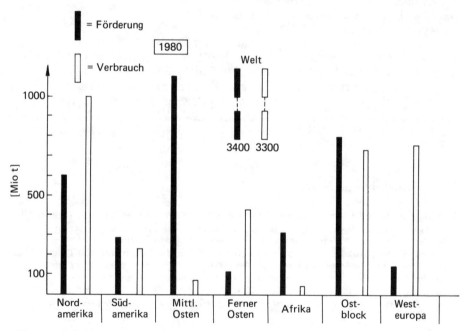

Abb. 1/1. Rohölförderung/-verbrauch 1980.

10

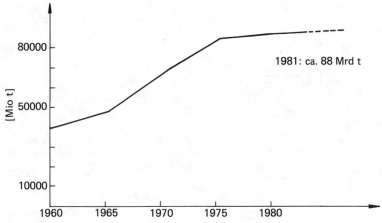

*Abb. 1/2. Entwicklung der nachgewiesenen **Ölreserven Welt**.*

der Reservekurve fast 0), so daß die neu erschlossenen Mengen den Verbrauchs-werten in etwa die Waage halten. Nur wenn dieser Zustand anhalten sollte, könnte die Versorgungslage äußerst bedenklich werden. Aus den Graphiken geht aller-dings hervor, daß die heute sicher festgestellten Reserven fast das 30-fache des Weltverbrauchs pro Jahr ausmachen.

Das *Erdgas* ist zu etwa einem Fünftel an der Energieproduktion beteiligt.

1.4   Verarbeitung

In *Raffinerien* werden aus dem aufbereiteten Rohöl (gereinigt von mitgeführtem Schlamm, Wasser u. ä.) die *Mineralölprodukte* gewonnen, und zwar durch das Ver-fahren der **fraktionierten**[1] **Destillation** (Aufteilung in Komponenten mit jeweils verschiedenen Siedebereichen).

Dazu wird das gereinigte Öl in Wärmeaustauschern vorgewärmt und dann in einem Röhrenofen unter Druck auf etwa 350°C erhitzt. Von dort gelangt es in den ca. 50 m hohen *Fraktionierturm* (Destillationsturm), wo das mannigfaltige KW-Ge-misch in mehrere Fraktionen mit einfacherem KW-Gemisch zerlegt wird. Die höher siedenden Gemische kondensieren zuerst, die leichter flüchtigen steigen nach oben.

Der Fraktionierturm ist durch *Glockenböden* in mehrere Einzelkammern unterteilt, die durch Überlaufröhren miteinander in Verbindung stehen. Für den aufsteigenden Öldampf enthält jeder Boden Öffnungen mit darübergestülpten Glocken. Im Gegenstrom (von unten Dampf, von oben Flüssigkeit) fließen die Destillate nach unten, bis sie sich auf einem Abteilboden sammeln und von dort durch seitlich angesetzte Rohrleitungen in die Vorratstanks gelan-gen.

Da die Moleküle der hoch siedenden KW (über 400°C) sehr leicht zersetzt werden können, unterwirft man den Rückstand einer Vakuumdestillation (Senkung des Sdp um bis 150°C). Der Rückstand dieser Vakuumdestillation ist das *Bitumen* (für Straßenbeläge, Dachpap-pe).

---

1 frangere (lat.) – brechen.

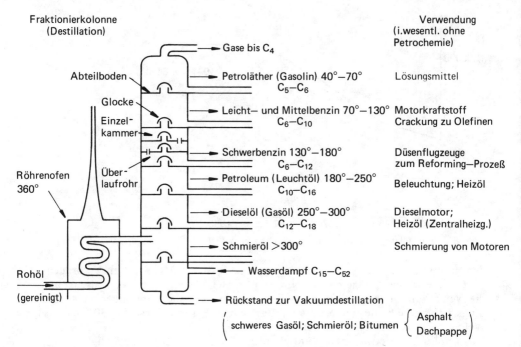

Abb. 1/3. Fraktionierturm; Destillationsprodukte; Verwendung (in °C).

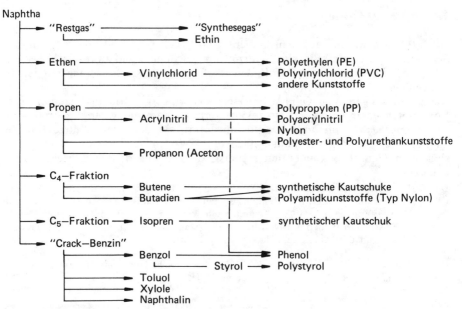

Abb. 1/4. Petrochemie: Rohbenzin als Ausgangsstoff
(nach: Kiechle/Christen: ‚Vom Atom zum Makromolekül').

12

Der in den einzelnen Fraktionen noch enthaltene *Schwefel* wird unter Druck katalytisch mit Wasserstoff teilweise zu besser abtrennbarem H_2S umgesetzt (in Motoren verbrennen Restmengen zum schädlichen SO_2).

Das *Erdgas* kann nach der Förderung direkt bzw. nach Entschwefelung verwendet werden.

1.5 Cracken; Benzinveredlung

Nur 15 bis 20% der Erdölfraktionen liefern das leicht siedende *Benzin* — ein Gemisch von überwiegend C_5- bis C_9-KW —, wodurch der Weltbedarf bei weitem nicht gedeckt werden kann. Man spaltet daher durch das *Cracken* die anfallenden höhermolekularen KW in niedermolekulare Benzin-KW auf, und zwar durch das *thermische* oder das *katalytische* Crackverfahren, die meist mit einer unmittelbar anschließenden *Hydrierung* gekoppelt sind.

Beim *thermischen* Cracken (auch „Steam Cracken") arbeitet man bei 500°C und 20 bar[1]; dabei geraten die langen KW-Ketten in starke Schwingungen und zerreißen (die C—C-Bindung hat geringere Bindungsenergie als die C—H-Bindung), z. B.:

C$_{10}$H$_{22}$ Dekan   Radikale als Zwischenstufe   Penten   Pentan

Katalytisches Cracken vollzieht sich ebenfalls im Temperaturbereich 400 bis 500°C, jedoch bei Normaldruck und mit Katalysatoren (Al/Si-Oxide), wodurch eine bessere Steuerung hinsichtlich der gewünschten Produkte möglich wird; insbesondere erhält man *verzweigte* und *aromatische KW* (vgl. A 6).

Die Bedeutung des (katalytischen) Crackens liegt außer in der Erhöhung der Benzinausbeute noch in einer Art *Veredlung des Benzins,* die zur Verbesserung der *Klopffestigkeit* des Motorkraftstoffs führt.

Ein Benzin ist dann „klopffest", wenn sich nicht schon während des Verdichtens im Motorzylinder — der Kolben schiebt sich zum oberen Totpunkt und verkleinert damit den Verbrennungsraum — aufgrund der Erwärmung und des Druckanstiegs durch Selbstentzündung Teilexplosionen ereignen („Klopfen" des Motors), sondern wenn das gesamte eingesaugte Benzin/Luftgemisch erst bei vollendeter Verdichtung durch den Funken der Zündkerze auf einmal verbrennt. Das Klopfen bewirkt zusätzlichen Motorverschleiß, Leistungsverlust und erhöhten Benzinverbrauch.

Man weiß nun, daß *klopffeste* Benzine reich an *verzweigten, ringförmigen* und *aromatischen KW* sind, deren Entzündungstemperatur unter Umständen niedriger liegt als bei entsprechender linearer Kette. Verzweigte KW bilden z. B. Radikale mit tertiärem C-Atom aus, die stabiler sind als solche mit primärem C-Atom, welche — nach Zündung — zu den unerwünschten Weiterreaktionen neigen.

---

1 Seit 1. 1. 1984 ist die Einheit bar für den Druck durch die Einheit Pa (Pascal) zu ersetzen. Es gilt folgende Umrechnung: 1000 mbar = 1000 hPa bzw. 1 bar = 100 000 Pa. Diese „hohen" Werte sind unpraktisch und haben sich noch nicht durchgesetzt.

Als Maß für die Klopffestigkeit dient die **Oktanzahl** (OZ)[1]. Für das sehr klopffreudige *n-Heptan* hat man die OZ = 0 festgelegt, das sehr klopffeste *i-Oktan* (2,2,4-Trimethylpentan) hat die OZ = 100.

```
                                           |   |
                                          -C-  -C-
   | | | | | | |                     |   |   |   |
  -C-C-C-C-C-C-C-                    -C-C-C-C-C-
   | | | | | | |                     |   |   |   |
                                          -C-  |   |
                                           |
     n-Heptan (OZ = 0)              i-Oktan (OZ = 100)
```

Ein Kraftstoff hat OZ = 82, wenn er ebenso klopffest ist wie ein Gemisch von 82 Vol% i-Oktan und 18 Vol% n-Heptan.

In der Bundesrepublik Deutschland gilt: Normalbenzin hat OZ $\geq$ 91, Superbenzin hat OZ $\geq$ 98. Es gibt auch KW mit OZ > 100, z. B. Benzol mit OZ = 106. Um die Oktanzahl des beim Destillieren anfallenden *Benzins* selbst zu vergrößern (es muß also nicht mehr gecrackt werden), wird dieses verdampft und dann über einen Platinkatalysator geleitet, um es so zu „reformieren" *(Platforming-Verfahren)*. Dabei kommt es zur Isomerisierung (Bildung „einer verzweigten iso-Verbindung) oder Aromatisierung (z. B. durch Dehydrierung bei Cycloalkanen) (vgl. A 5).

Als „Klopfbremsen" *(Antiklopfmittel)* können auch direkte Zusätze (Additive) dienen, beispielsweise ganz geringe Mengen von *Bleitetraethyl* $Pb(C_2H_5)_4$ (seit 1976: max. 0,15 g/l Treibstoff).

Bei den unerwünschten spontanen Frühzündungen bilden KW- und O_2-Moleküle zunächst *Radikale* (R·, ROO·, HOO· usw.), woraus dann u. a. Alkohole, Ketone entstehen. Solche ‚Vorreaktionen' lassen sich durch Radikalfänger wie $Pb(C_2H_5)_4$ einschränken. Das übrigbleibende Pb wird zu PbO oxidiert. Motor- und Auspuffrückstände dieser Art schaden aber in vielfacher Hinsicht, z. B. als Katalysatorgifte. Man verwendet daher weiterhin halogenierte KW im Benzin (PbO geht über in $PbBr_2$), so daß die bei der vorliegenden Temperatur flüchtigen Bleihalogenide durch den Auspuff in die Atmosphäre gelangen. Hier stellen aber die giftigen Bleiverbindungen wiederum eine nicht mehr tragbare Belastung der Umwelt dar (Enzymgifte).

$Pb(C_2H_5)_4$ läßt sich im Benzin des Handels nachweisen durch Umsetzung mit Chlor aus einer Oxidation von Salzsäure; das Benzin trübt sich durch entstandenes Bleihalogenid.

1.6 Kohleveredlung

Nicht zuletzt seit den beiden „Ölkrisen" der 70-er Jahre mit jeweils sprunghafter Verteuerung des Heizöls und der Kraftstoffe kommt der Umwandlung der Kohle zu flüssigem Treibstoff (Kohleverflüssigung) und der Intensivierung der Forschung auf diesem Gebiet wieder steigende Bedeutung zu. Außerdem werden Erdöl- u. Erdgasvorkommen wahrscheinlich eher erschöpft sein als die ungeheuer mächtigen Kohlelager der Erdrinde.

Nach dem *Fischer-Tropsch-Verfahren* (bereits im 2. Weltkrieg entwickelt) stellt man aus *Synthesegas* (Mischung von CO und H_2 (Wassergas) in verschiedenen Mengenverhältnissen, durch Umsetzung von Wasserdampf über glühenden Koks) Dieselöl und Benzin her, und zwar auf katalytischem Weg (Ni, Co, ZnO), z. B.

---

1 Man verwendet auch die Abkürzung ROZ = Research-Oktanzahl.

$$6\,CO + 13\,H_2 \xrightarrow{(Co)} C_6H_{14} + 6\,H_2O, \quad \Delta H < 0$$
Hexan

$$5\,CO + 10\,H_2 \xrightarrow{(Co)} C_5H_{10} + 5\,H_2O, \quad \Delta H < 0$$
Penten

Die bei der endothermen Herstellung des Synthesegases erforderliche Wärme wurde früher dem Wechselspiel Generatorgas (stark exotherme Kohleverbrennung)/Wassergas entnommen (vgl. A 2 und anorgan. Lehrbücher). Zukunftsweisend scheint heute die Koppelung mit der *Abwärme von Kernreaktoren* (z. B. HTR) zu sein.

Bei der *Kohleverflüssigung* (auch Kohlehydrierung) gewinnt man auf direktem Weg — ohne Vergasung — flüssige Produkte, und zwar durch Hydrierung bei 500 °C und extrem hohen Druck (700 bar), z. B.:

$$n\,C_{(s)} + n\,H_{2(g)} \longrightarrow C_nH_{2n(l)}$$

1.7 Versuche

V 1 Fraktionierte Destillation von Erdöl

Chemikalien: Erdöl (oder Gemisch verschiedener KW)

Geräte: Destillationsapparatur (vgl. Bd. 1, Kap. 14.2) mit Rundkolben (ca. 250 ml); Pilzheizhaube; Thermometer bis 300 °C oder 500 °C; 5 Bechergläser

Durchführung: Man füllt den Kolben bis etwa zur Hälfte mit Erdöl und erhitzt langsam zum Sieden. Man nimmt bis zu 5 Destillate in den Bechergläsern ab, z. B. in den Siedebereichen um 75 °C, 100 °C, 180 °C, 250 °C.

V 2 Katalytisches Cracken

Chemikalien: Paraffinöl; gekörnte Aktivkohle; Bromwasser; Na_2CO_3; $KMnO_4$

Geräte: Rundkolben (100 bis 200 ml) mit seitlichem Ansatz; Tropftrichter; 2 Waschflaschen; Gasableitungsrohr; pneumatische Wanne oder großes Becherglas

Durchführung: Man gibt soviel gekörnte Aktivkohle in den Rundkolben, daß der Boden gut bedeckt ist, schließt am seitlichen Ansatz eine Waschflasche als Sicherheitsflasche und an diese eine Waschflasche an, die mit einem Gasableitungsrohr verbunden wird. In die zweite Waschflasche gibt man einige ml Bromwasser (das Gaszuführungsrohr muß in das Bromwasser eintauchen). In den Tropftrichter gibt man etwa 5 ml Paraffinöl und setzt ihn auf den Rundkolben, der zunächst schwach, dann stark erwärmt wird. Nach einigen Minuten läßt man vorsichtig in größeren Zeitabständen das Öl Tropfen für Tropfen zufließen.
Nachdem das Bromwasser entfärbt wurde, fängt man das entweichende Gas in der pneumatischen Wanne auf und prüft es mit Baeyer-Reagenz, das man aus einem Spatel Natriumcarbonat, wenigen Kristallen Kaliumpermanganat und etwa 5 ml Wasser hergestellt hat. Zum Vergleich führt man die Blindprobe mit Paraffinöl und Bromwasser bzw. Baeyer-Reagenz durch.

V 3 Entzündungstemperaturen von Heptan und Isooktan

Chemikalien: Heptan; Isooktan
Geräte: 2 Porzellanisolatoren; Konstantandraht (20 cm); Porzellanschale (10 cm); Hebebühne
Durchführung: Man wickelt den Draht über einen Stift zu einer ca. 7 cm langen Wendel und befestigt die Enden an den Isolatoren, die an eine regelbare Wechselspannungsquelle angeschlossen sind. Die Porzellanschale mit 4 ml Heptan stellt man auf die Hebebühne, etwa 10 cm unter der Wendel. Den Draht bringt man durch Hochregulieren der Spannung zum Glühen, ohne daß er durchbrennt. Nun dreht man die Bühne langsam hoch, bis gerade Entflammung eintritt. Man mißt die erreichte Höhe der Bühne.
Der Versuch wird anschließend mit dem gleichen Volumen Isooktan wiederholt.
Vergleich der Meßwerte! Folgerung?

V 4 Nachweis eines Antiklopfmittels im Benzin

Chemikalien: Benzin (Super oder Normal); Kaliumchlorat, $KClO_3$; konz. Salzsäure
Durchführung: Man gibt zu einer Spatelspitze $KClO_3$ einige ml Benzin und fügt einige Tropfen konz. Salzsäure hinzu. Beobachtung?

1.8 Aufgaben

A 1 Erläutern Sie die Problematik der großindustriellen Erzeugung von Chemierohstoffen (Petrochemie) aus Erdöl und Erdgas!

A 2 Erläutern Sie anhand von möglichen Reaktionsgleichungen das Verfahren der Kohlevergasung (mit Verbrennung eines Teils der Kohle mit Luft zu „Generatorgas")!

LK A 3 Geben Sie *ein* mögliches Beispiel (mit Gleichungen) für eine Reaktionsfolge im Verbrennungsraum des Motorzylinders unter Verwendung von Benzinadditiven wie Bleitetraethyl und 1,2-Dibromethen.

A 4 Ordnen Sie die Oktanzahlen 26; −17; 109; 100; 85 den folgenden Verbindungen zu:
n-Oktan; Cyclopentan; n-Hexan; Toluol; 2,2,3-Trimethylbutan

A 5 Formulieren Sie je eine mögliche Reaktionsgleichung für Isomerisierung und Aromatisierung beim Platforming-Verfahren.

A 6 Wie A 5, jedoch für das Verfahren des katalytischen Crackens.

A 7 Aus welchem Grund können im flüssigen Erdöl KW-Komponenten auftreten, deren Moleküle mehr als 18 bzw. weniger als 5 C-Atome aufweisen?

A 8 Geben Sie die Reaktionsgleichung für die vollständige Verbrennung des (Hauptbestandteils des) Erdgases an. Welches Volumen-Mischungsverhältnis ist optimal?

2   Fette, Seifen, Waschmittel

2.1   Fette

Als Fette bezeichnet man eine Gruppe physikalisch uneinheitlicher Naturstoffe, die in der belebten Natur in Form von Reservestoffen vorkommen und tierischen Lebewesen als Nahrungsstoffe dienen. Von allen Nahrungsstoffen sind sie die energiereichsten, da sie die vergleichsweise höchste durchschnittliche Reduktionsstufe des Kohlenstoffs aufweisen.

In der Praxis unterscheidet man zwischen *Fetten im engeren Sinn,* die bei Zimmertemperatur eine feste Konsistenz haben, bei Körpertemperatur jedoch geschmolzen vorliegen, und den auch bei Körpertemperatur noch festen *Talgen* sowie den bereits bei Raumtemperatur flüssigen Ölen, die zur Unterscheidung von den Mineralölen auch *fette Öle* genannt werden.

Ihrem chemischen Aufbau nach sind Fette **Ester** (Bd. 1, Kap. 10.5). Als **Säurekomponente** enthalten sie bestimmte *Monoalkan-* und *Monoalkensäuren,* als **Alkoholkomponente** immer das *Glycerin* (Propantriol-(1,2,3)). Das Glycerin kann als dreiwertiges Alkanol Mono-, Di- und Triester bilden, die als Monoacyl-, Diacyl- und Triacylglycerine bezeichnet werden.[1] Die natürlich vorkommenden Fette bestehen stets aus **Triacylglycerinen,** wobei in einem Molekül nur selten dreimal die gleiche Säure enthalten ist (*einfache* Triacylglycerine), sondern meist zwei oder drei verschiedene Säuren vorkommen (*gemischte* Triacylglycerine). Mono- und Diacyglycerine treten nur als Zwischenprodukte beim Auf- und Abbau der Fette im Organismus auf.

Fette enthalten meist auch geringe Mengen von *freien* Fettsäuren. Der Triacylglycerinanteil wird als *Neutralfett* bezeichnet.

Die gemischten Triacylglycerine enthalten zuweilen ein asymmetrisches C-Atom, nämlich wenn R_1 ungleich R_3 ist.

$$
\begin{array}{c}
\qquad\qquad\quad |\overline{O}| \\
\qquad\qquad\quad \| \\
\mathrm{H_2C-\overline{O}-C-R_1} \\
|\overline{O}| \qquad\qquad | \\
\| \qquad\qquad | \\
\mathrm{R_2-C-\overline{O}-C^*-H} \\
\qquad\qquad | \\
\qquad\qquad |\overline{O}| \\
\qquad\qquad \| \\
\mathrm{H_2C-\overline{O}-C-R_3}
\end{array}
$$

Es sind bisher jedoch nur sehr wenige optisch aktive natürliche Fette nachgewiesen worden. Trotzdem ist es sehr wahrscheinlich, daß bei dem enzymatisch gesteuerten Aufbau der Fette jeweils nur ein Enantiomeres eines bestimmten asymmetrischen Triacylglycerins gebildet wird.

Der *Schmelzbereich* von Fetten liegt wegen der verzweigten Molekülstruktur ihrer Triacylglycerine wesentlich niedriger als der Schmelzpunkt der geradkettigen Alkane gleicher Molekülgröße. Wenn auch der Schmelzbereich von der Molekülgestalt der vorkommenden Triacylglycerine insgesamt abhängig ist, so läßt sich doch

---

1 Sie wurden früher Mono-, Di- und Triglyceride genannt.

allgemein sagen, daß er mit zunehmender C-Atomanzahl der beteiligten Fettsäuren *steigt,* mit zunehmender Anzahl der C=C-Doppelbindungen dagegen *sinkt.* Bezüglich der Löslichkeitseigenschaft stellen Fette unter den Naturstoffen den Prototyp der *lipophilen* und *hydrophoben* Substanzen dar. Sie lösen sich dementsprechend in allen lipophilen organischen Lösungsmitteln und werden von Wasser weder benetzt noch gelöst.

Für den menschlichen Bedarf werden die bei Zimmertemperatur zumeist festen tierischen Fette in der Regel durch Ausschmelzen aus dem Fettgewebe gewonnen, seltener durch die Verfahren der Extraktion mit lipophilen Lösungsmitteln und des Auspressens, die bei der Gewinnung der meist flüssigen pflanzlichen Fette aus Samen und Früchten Anwendung finden.

Der Bedarf an festen Fetten für die menschliche Ernährung und für technische Zwecke ist so groß, daß Pflanzenöle durch das Verfahren der **Fetthärtung** (W. Normann 1902) in feste Fette übergeführt werden. Hierbei wird durch *katalytische Hydrierung* Wasserstoff an die C=C-Doppelbindung der ungesättigten Fettsäuren bei einem Überdruck von 15 bar und einer Temperatur von 180°C angelagert. Als Katalysator dient heute Nickel, das aus Nickelformiat während der Hydrierung freigesetzt und in das Öl suspendiert wird. *Margarine,* die aus derart gehärteten Fetten hergestellt wird, enthält oft geringe Nickelspuren. Nickel ist wie alle Schwermetalle ein Enzyminhibitor (Kap. 8.1.7), jedoch liegen die vorkommenden Werte deutlich unter einer physiologisch kritischen Marke. Unter geeigneten Reaktionsbedingungen bei der Fetthärtung erreicht man, daß in den Molekülen mehrfach ungesättigter Fettsäuren eine C=C-Doppelbindung erhalten bleibt, woraus leichter verdauliche Fette resultieren.

Von den chemischen Reaktionen der Fette sind neben der Fetthärtung vor allem die **Verfahren der Fettspaltung** von größerem Interesse. Die **alkalische Fetthydrolyse** wird in der Praxis durch Kochen der Fette mit Alkalilaugen durchgeführt. Neben Glycerin entstehen die Alkalisalze höherer Monocarbonsäuren, der sogenannten Fettsäuren, die als **Seifen** Verwendung finden (Kap. 2.2.2). Dieser Prozeß wird daher auch *Verseifung* genannt. Die freien Fettsäuren kann man durch Ansäuern erhalten, die dann mit Extraktionsmitteln wie Diethylether aus dem Reaktionsgemisch isoliert werden können. Eine vollständige Verseifung erreicht man beim Kochen am Rückfluß mit 95%igem Ethanol.

$$
\begin{array}{ccc}
\begin{array}{l}
H_2C{-}\underline{O}{-}\overset{\displaystyle |\underline{O}|}{\overset{\displaystyle \|}{C}}{-}R_1 \\[2mm]
HC{-}\underline{O}{-}\overset{\displaystyle |\underline{O}|}{\overset{\displaystyle \|}{C}}{-}R_2 \quad +\ 3\,KOH \\[2mm]
H_2C{-}\underline{O}{-}\overset{\displaystyle |\underline{O}|}{\overset{\displaystyle \|}{C}}{-}R_3
\end{array}
& \longrightarrow &
\begin{array}{l}
H_2C{-}\underline{O}{-}H \qquad K^{\oplus\ominus}OOC{-}R_1 \\[2mm]
HC{-}\underline{O}{-}H \quad +\ K^{\oplus\ominus}OOC{-}R_2 \\[2mm]
H_2C{-}\underline{O}{-}H \qquad K^{\oplus\ominus}OOC{-}R_3
\end{array}
\end{array}
$$

Die **säurekatalysierte Fetthydrolyse** bietet den Vorteil, daß die Fettsäuren in freier Form anfallen und direkt weiterverarbeitet werden können (vgl. Bd. 1, Kap. 10.5.2).

Bei der großtechnischen Gewinnung von Fettsäuren und Glycerin werden Fette durch Wasserdampf bei Temperaturen um 250°C unter einem Druck von 44 bar hydrolisiert. Die Reaktion wird durch Zugabe von Magnesiumoxid oder Zinkoxid beschleunigt. Verwendet werden Druckgefäße aus Edelstahl oder Kupfer, um Korrosionen durch die freiwerdenden Fettsäuren zu vermeiden.

2.1.1 Die Fettsäurekomponente

Als Säurekomponente sind am Aufbau der Fette vorwiegend die in Tab. 2/1 aufgestellten *Carbonsäuren* vertreten. Neben den dort aufgeführten kommen noch einige niedrige Carbonsäuren mit 6 bis 10 C-Atomen z. B. in der Butter und in einigen pflanzlichen Ölen vor, sowie höhere Säuren mit 20 bis 22 C-Atomen in einigen Fischölen und im Erdnußöl.

Tabelle 2/1. Aufstellung der am häufigsten in Fetten vorkommenden Fettsäuren.

Trivialname (wiss. Name)	Strukturformel in rationeller Schreibweise oder Summenformel	Strukturformel in stark vereinfachter Schreibweise[1]
Buttersäure (Butansäure)	$H_3C-(CH_2)_2-COOH$	
Laurinsäure (Dodekansäure)	$H_3C-(CH_2)_{10}-COOH$	
Myristinsäure (Tetradekansäure)	$H_3C-(CH_2)_{12}-COOH$	
Palmitinsäure (Hexadekansäure)	$H_3C-(CH_2)_{14}-COOH$	
Stearinsäure (Oktadekansäure)	$H_3C-(CH_2)_{16}-COOH$	
Myristoleinsäure (cis-Tetradeken-(9)-säure)	$H_3C-(CH_2)_3-CH=CH-(CH_2)_7-COOH$	
Palmitoleinsäure (cis-Hexadeken-(9)-säure)	$H_3C-(CH_2)_5-CH=CH-(CH_2)_7-COOH$	
Ölsäure (cis-Oktadeken-(9)-säure)	$H_3C-(CH_2)_7-CH=CH-(CH_2)_7-COOH$	
Linolsäure	$C_{17}H_{31}COOH$	
Linolensäure	$C_{17}H_{29}COOH$	
Arachidonsäure	$C_{20}H_{31}COOH$	

[1] In der stark vereinfachten Schreibweise stellt jede Ecke der „Zickzacklinie" ein C-Atom dar; die H-Atome sind weggelassen.

Alle diese Carbonsäuren besitzen *unverzweigte Kohlenwasserstoffketten* und eine *gerade Anzahl von C-Atomen*. Letzteres ist verständlich, da die Fettsäuren im Organismus aus C_2-Körpern (Essigsäureeinheiten) aufgebaut werden. Auch der Abbau über die β-Oxidation führt zu Essigsäurebruchstücken (Kap. 2.1.3).
Die bei weitem am häufigsten vorkommenden Säuren sind die *Palmitinsäure, Stearinsäure* und *Ölsäure.*
Fette mit einem hohen Anteil an Stearinsäure haben meist eine talgartige Konsistenz; ihr Schmelzpunkt liegt dann oberhalb der Körpertemperatur.
Fette Öle besitzen meist die Ölsäure als Hauptkomponente. Daneben kommen auch andere ungesättigte Fettsäuren vor. Durch die nahezu generell auftretende *cis-Konfiguration*[1] an den C=C-Doppelbindungen ergibt sich eine Biegung der Kohlenwasserstoffkette, die beim Vorliegen mehrerer Doppelbindungen jeweils gleichsinnig verläuft. Insgesamt ergibt sich daraus eine recht voluminöse Raumerfüllung und eine stark herabgesetzte Kristallisationsneigung, woraus der relativ niedrige Siedebereich resultiert.
Durch Addition von Halogenen lassen sich C=C-Doppelbindungen in Fetten leicht nachweisen.
An der Luft werden sie durch Sauerstoff oxidiert *(Autoxidation).* Dabei entstehen zunächst instabile Peroxide, aus denen sich anschließend Alkanale bilden.

Dieser Vorgang ist als *Ranzigwerden* der Fette bekannt. Die ranzigen Fette wirken im Organismus zerstörend auf viele Vitamine ein, wodurch der Vitaminhaushalt von Lebewesen beeinträchtigt werden kann. Für die menschliche Ernährung vorgesehene Fette erhalten deshalb oft einen Zusatz von *Antioxidantien* (z. B. Vitamin E), wodurch sich der Vorgang des Ranzigwerdens verzögern läßt.
Der penetrante Geruch ranziger Fette rührt zum Teil auch von freien Fettsäuren niedriger C-Atomanzahl her, die aus den Fetten durch enzymatische Hydrolyse durch Bakterien entstehen.
Mehrfach ungesättigte Fettsäuren unterliegen der Autoxidation besonders leicht und verharzen an der Luft unter Sauerstoffaufnahme. Fette Öle mit einem hohen Gehalt an ungesättigten Fettsäuren wie Leinöl dienen deshalb in der Anstrichtechnik als Grundlage einer die Farbpartikel aufnehmenden Masse, die zu einem festen Film erhärtet *(Firnis, Ölfarben).*
Im Organismus von Säugern können einige der ungesättigten Fettsäuren (z. B. die Linol-, die Linolen- und die Arachidonsäure) nicht aus anderen Stoffen synthetisiert werden. Da ihr Fehlen jedoch zu Krankheitserscheinungen vielfältigster Art führt, müssen diese dem Organismus als **essentielle Fettsäuren** mit der Nahrung zugeführt werden.

---

1 Eine Ausnahme stellt z. B. die selten vorkommende Elaidinsäure dar, das trans-Isomere der Ölsäure.

2.1.2 Nachweisreaktionen und Charakterisierung von Fetten

Das Glycerin kann in Fetten auf einfache Weise als Acrolein nachgewiesen werden. Daher wird die **Acroleinprobe** allgemein als Nachweisreaktion für Fette herangezogen. Beim Erhitzen auf etwa 200 °C bildet sich nach Hydrolyse des Fettes aus dem Glycerin mit wasserabspaltenden Mitteln wie Kaliumhydrogensulfat das Acrolein, das sich durch seinen typischen, brenzlich riechenden Geruch zu erkennen gibt. Die Reaktion läuft wahrscheinlich über β-Hydroxy-propanol (Enol-Form) ab, das sich in einer Gleichgewichtsreaktion in β-Hydroxy-propanal (Keto-Form) umwandelt.

| Glycerin | Keto–Enol–Tautomerie | Acrolein |

Daneben lassen sich Fette auch mit typischen Esterspaltungsreaktionen nachweisen. So entstehen in einer Aminolyse mit Hydroxylamin (NH_2OH) neben Glycerin die Hydroxamsäuren,

die mit $Fe^{3\oplus}$-Kationen eine typische, rotbraune Färbung ergeben.

Es hat sich bisher als sehr schwierig erwiesen, aus den natürlichen Fetten die einzelnen Triacylglycerine in reiner Form zu isolieren, so daß die verschiedenen Fette durch die Zusammensetzung des bei der Hydrolyse anfallenden Fettsäuregemischs charakterisiert werden. Außerdem sind als Kriterien für die Zusammensetzung der Fette *Kennzahlen* eingeführt worden (Tab. 2/2).

Tabelle 2/2. Zusammensetzung einiger Fette in Gew.% und deren Kennzahlen.

	Buttersäure (C_4)	Laurinsäure (C_{12})	Myristinsäure (C_{14})	Palmitinsäure (C_{16})	Stearinsäure (C_{18})	Ölsäure (C_{16})	Linolsäure (C_{18})	Linolensäure (C_{18})	VZ	IZ
Kokosfett	—	42–52	14–20	4–10	1–5	2–10	1–2	—	244–268	8–10
Palmfett	—	45–55	12–16	3–9	3–6	15–19	5–11	—	238–265	48–58
Olivenöl	—	—	—	5–15	1–4	69–84	4–12	—	185–196	75–94
Leinöl	—	—	—	4–7	2–5	9–38	20–43	35–42	187–197	165–205
Rinderbutter	2–5	3–6	8–12	23–26	10–13	30–40	3–7	—	220–232	26–45
Rindertalg	—	—	2–4	28–34	14–18	45–50	2–5	—	190–200	30–47
Schweine-Schmalz	—	—	1–3	25–28	8–12	46–52	8–10	—	192–216	45–77
Hammeltalg	—	—	1–2	18–23	25–35	39–46	3–7	—	190–208	28–40

Die **Verseifungszahl** (VZ) gibt an, wieviel Milligramm Kaliumhydroxid benötigt wird, um die in 1 Gramm enthaltenen freien Fettsäuren zu neutralisieren und die veresterten Säuren zu verseifen. Dabei wird eine bestimmte Prüfmenge Fett in ei-

21

nem Diethylether-Ethanol-Gemisch gelöst und mit eingestellter Kalilauge gegen Phenolphthalein titriert. Man erhält damit einen *Hinweis auf die durchschnittliche Molekülmasse,* da der Verbrauch an Kaliumhydroxid umso geringer ist, je größer die Molekülmasse der Fettsäuren für eine vorgegebene Fettmenge ist.

Die **Iodzahl** (IZ) gibt an, wieviel Gramm Iod von 100 Gramm Fett addiert werden. Sie gibt Auskunft über die *mittlere Anzahl der in einem Fett enthaltenen* $C=C$-*Doppelbindungen.* Meist benutzt man Iodmonobromid oder -chlorid, die schneller als Iod oder Brom reagieren und dem Fett in einer bestimmten Menge zugefügt werden. Nicht verbrauchtes Halogenid oxidiert später zugefügtes Kaliumiodid zu Iod, das mit Thiosulfatlösung gegen Stärke als Indikator titriert wird.

2.1.3 β-Oxidation der Fettsäuren

Die im Körper vorkommenden Triacylglycerine werden intrazellulär durch fettspaltende Enzyme (Kap. 8.1.3), die *Lipasen,* abgebaut. In einer ersten Etappe entstehen aus den Fetten die freien Fettsäuren und Glycerin.

Das Glycerin wird *phosphoryliert* und kann zur Synthese von Fructose und Glucose herangezogen oder direkt in die Glykolyse eingeschleust werden (Kap. 8.3.1).

Die Fettsäuren werden sukzessiv nach dem Prinzip der **β-Oxidation** in C_2-*Bruchstücke* (aktivierte Essigsäure) zerlegt, die für Biosynthesen verwendet oder direkt in den Citronensäurezyklus geleitet werden (Kap. 8.3.4).

Schematisch läßt sich der Vorgang, bei dem jeder einzelne Reaktionsschritt durch Enzyme katalysiert wird, wie folgt darstellen:

Der erste Schritt ist eine *Dehydrierung,* Wasserstoffakzeptor ist dabei das *FAD.* In Wirklichkeit liegt die Fettsäure durch Reaktion mit dem Coenzym A (Kap. 8.1.8) in einer aktivierten Form vor. Es folgt eine Anlagerung von Wasser und eine weitere Dehydrierung, wobei *NAD*$^\oplus$ den Wasserstoff aufnimmt. Schließlich entsteht durch Reaktion mit weiterem Coenzym A die aktivierte Essigsäure und eine aktivierte Carbonsäure, die um zwei C-Atome verkürzt ist.

22

2.1.4 Versuche

V 1 Acroleinprobe als Fettnachweis

Chemikalien: Kokosfett; Glycerin; $KHSO_4$; $AgNO_3$-Lsg.; Bromwasser; Filterpapier

Geräte: schwerschmelzbares Rg mit durchbohrtem Stopfen und Ableitungsrohr

Durchführung: Man vermischt 1 bis 2 Spatel Kaliumhydrogensulfat mit einem bohnengroßen Stück Kokosfett, gibt die Masse in ein nicht zu steil eingespanntes Rg und erhitzt kräftig. **Vorsicht!** Die sich entwickelnden weißen Dämpfe werden folgendermaßen überprüft:

a) Dicht vor die Mündung hält man ein mit Silbernitratlösung getränktes Filterpapier.

b) Das Rg wird mit dem Ableitungsrohr versehen und die Dämpfe werden nach weiterem Erhitzen des Reaktionsgemisches in Bromwasser eingeleitet.

c) Nach Erkalten des Rg führt man die Geruchsprobe durch.

Die Versuche werden statt mit Kokosfett mit reinem Glycerin wiederholt.

V 2 Alkalische Verseifung von Fett

Chemikalien: Olivenöl; Methanol; festes NaOH

Geräte: Erlenmeyerkolben (300 ml); Meßzylinder (50 ml); Thermometer; Heizplatte; Glasstab

Durchführung: Im Erlenmeyerkolben werden 5 Plätzchen festes Natriumhydroxid in etwa 30 ml Methanol unter Rühren bei schwachem Erwärmen (ca. 40 °C) auf der Heizplatte gelöst.

Man fügt ungefähr 1 ml Olivenöl zu, schüttelt und erwärmt die entstehende Emulsion bei etwa 40 °C, bis eine Lösung entsteht.

Eine Probe gibt man in ein Rg zu destilliertem Wasser und schüttelt kräftig.

V 3 Bestimmung der Verseifungszahl von Fetten

Chemikalien: Kokosfett; Brennspiritus; Phenolphthalein; festes KOH; 0,5 M HCl

Geräte: Rundkolben mit aufgesetztem Steigrohr (250 ml); Mörser mit Pistill; Heizpilz; Bürette; Pipette (10 ml)

Durchführung: Man wägt etwa 2 g Fett genau ab und gibt es in einen 250 ml-Rundkolben zu 30 ml einer 0,5-molaren alkoholischen KOH-Lösung. (Dazu wird 2,8 g festes KOH im Mörser pulverisiert und auf 100 ml mit Methanol Wasser aufgefüllt. Die exakte Molarität kann durch Titration einer 10 ml-Probe mit eingestellter 0,5 M HCl ermittelt werden.)

Man läßt das Gemisch im Rundkolben mit aufgesetztem Steigrohr im Heizpilz etwa 15 Minuten lang sieden. Die noch heiße Lösung wird mit einigen Tropfen Phenolphthalein versetzt und bis zur Entfärbung mit 0,5 M HCl titriert.

V 4 Nachweis ungesättigter Fettsäuren in verschiedenen Fetten

Chemikalien: Fette mit unterschiedlichem Anteil an ungesättigten Fettsäuren (z. B. Kokosfett; Butter; Olivenöl; Leinöl); Paraffinöl; Tetrachlorkohlenstoff; Brom

Geräte: Bürette; einige 100-ml-Erlenmeyerkolben; Meßzylinder (10 ml); Meßzylinder (100 ml); Trichter

Durchführung: Man stellt eine Lösung aus etwa 2 ml Brom und 50 ml Tetrachlorkohlenstoff her und füllt diese mit Hilfe des Trichters in die Bürette.
Von den verschiedenen Fettproben und dem Paraffinöl löst man jeweils die gleichen Mengen (maximal 1 ml) in 5 ml Tetrachlorkohlenstoff.
Zu jeder Lösung läßt man aus der Bürette solange Bromlösung zutropfen, bis keine Entfärbung mehr auftritt. Man vergleiche die verbrauchten Mengen an Bromlösung. **Vorsicht:** Sowohl Brom als auch Tetrachlorkohlenstoff sind giftig!

V 5 Unterscheidung von Ölarten

Chemikalien: Olivenöl; Paraffinöl; festes NaOH; Siedesteinchen

Geräte: 3 Erlenmeyerkolben (je 100 ml); Becherglas (600 ml); Rg

Durchführung: 6 Plätzchen Natriumhydroxid werden in etwa 10 ml Wasser gelöst.
Jeweils 1 ml Paraffinöl und Olivenöl werden im Erlenmeyerkolben mit 5 ml der hergestellten Natronlauge versetzt, mit einem Siedesteinchen versehen und etwa 10 Minuten lang im siedenden Wasserbad erhitzt.
Anschließend wird jeweils eine kleine Probe im Rg mit der gleichen Menge Wasser (ca. 5 ml) versetzt und gleichstark geschüttelt.

V 6 Löslichkeit von Fett in verschiedenen Lösungsmitteln

Chemikalien: Olivenöl; Brennspiritus; Aceton; Chloroform; Benzin

Durchführung: Je 1 ml Olivenöl wird im Rg mit 5 ml Wasser bzw. den oben angegebenen Lösungsmitteln versetzt und gleichstark geschüttelt.

V 7 Fettnachweis mit Sudan III

Chemikalien: Olivenöl; Kokosfett; Brennspiritus oder Ethanol; Sudan III

Geräte: 2 Bechergläser (je 100 ml); 2 Rg mit Stopfen

Durchführung: a) In einem Rg löst man einige Körnchen Sudan III in etwa 20 ml Brennspiritus. In einem zweiten Rg überschichtet man etwa 3 ml Olivenöl mit der gleichen Menge der alkoholischen Sudan-III-Lösung. Anschließend wird das mit einem Stopfen verschlossene Rg kräftig geschüttelt. Man läßt danach einige Minuten stehen.

b) Ein Stück Kokosfett von ca. 1 cm Kantenlänge wird in ein Becherglas gelegt, das alkoholische Sudan-III-Lösung enthält. Man bringt nach einigen Minuten das Stück Fett in ein Becherglas mit Wasser.

V 8 Extraktion von Fetten

Chemikalien: Fetthaltige Samen (z. B. Leinsamen); Benzin

Geräte: Mörser mit Pistill; Filterpapier; Glasstab; Rg

Durchführung: Man übergießt in einem Mörser einen Löffel fetthaltiger Samen mit einigen ml Benzin und zerreibt 1 bis 2 Minuten lang, bis eine grobe Zerteilung der Samen erfolgt ist.

Man dekantiert in ein Rg, läßt etwa 2 Minuten absetzen und gibt von der überstehenden Lösung mit einem Glasstab einige Tropfen auf ein Filterpapier.

Als Blindprobe gibt man auf dasselbe Papier einige Tropfen des Lösungsmittels (Benzin).

V 9 Unterscheidung von Margarine und Butter

Chemikalien: Butter; Margarine; verdünnte (!) IKI-Lösg.

Geräte: hohes Becherglas (250 ml); Rg

Durchführung: In je ein Rg gibt man 2 bis 3 cm^3 Butter bzw. Margarine und erwärmt im heißen Wasserbad einige Minuten.

Es bildet sich in beiden Proben am Boden eine wäßrige Phase. Man kühlt unter fließendem Wasser ab und gibt jeweils 1 bis 2 Tropfen verdünnte IKI-Lösung zu.

2.1.5 Aufgaben

A 1 Welche Gemeinsamkeiten weisen die Fettsäuren natürlicher Fette auf?

A 2 Unter welcher Voraussetzung ist ein Triacylglycerin optisch aktiv?

A 3 Welche Fettsäuren entstehen bei der katalytischen Hydrierung der Palmitoleinsäure und der Ölsäure?

LK A 4 Geben Sie den Reaktionsmechanismus für die säurekatalysierte Hydrolyse eines Fettes an!

A 5 Erklären Sie, welche Fettsäure den niedrigeren Schmelzpunkt hat, die Ölsäure oder die Elaidinsäure!

LK A 6 1,95 g eines Fettes wurde mit 30 ml einer 0,42 M-alkoholischen Kalilauge hydrolisiert. Die nicht verbrauchte Kalilauge wurde mit 10,2 ml 0,5 M-HCl titriert.

Berechnen Sie die Verseifungszahl!

2.2 Tenside (Seifen, Waschmittel)

Verbindungen, die aufgrund ihrer Struktur die Grenzflächenspannung von Flüssigkeiten — insbesondere von Wasser — herabsetzen, heißen **Tenside** (grenzflächenaktive Stoffe, **Detergentien**). Die Tensidmoleküle bestehen aus einem langen *hydrophoben* (lipophilen) *Kohlenwasserstoffrest* und einer *hydrophilen* (lipophoben) *Gruppe*.

2.2.1 Physik der Tensidwirkung

Zwischen den Teilchen einer Flüssigkeit bestehen zwischenmolekulare Anziehungskräfte, die allerdings nur eine Reichweite von etwa $5 \cdot 10^{-6}$ mm haben. Ein Teilchen
im Innern einer Flüssigkeit erfährt von denjenigen Nachbarteilchen, deren Abstand
geringer als die Reichweite der zwischenmolekularen Anziehungskräfte ist, Kräfte
nach allen Richtungen, so daß die Resultierende Null ist (Vektoraddition). Bei Teilchen, die sich in der Nähe der Oberfläche befinden, entfallen hingegen die nach
oben gerichteten Kräfte (sofern man annimmt, daß die Einwirkung der Teilchen
der Nachbarphase vernachlässigt werden kann, was bei einer angrenzenden Gas-
phase wegen der geringen Teilchendichte sicherlich richtig ist). Folglich erfährt ein
solches Teilchen eine resultierende Kraft F_r, die ins Flüssigkeitsinnere zeigt
(Abb. 2/1).

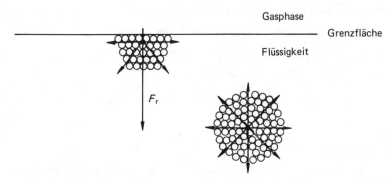

Abb. 2/1. Zwischenmolekulare Kräfte im Innern und an der Grenzfläche einer Flüssigkeit.

Diese resultierende Kraft versucht die Teilchen der Grenzschicht ins Flüssigkeitsinnere zu ziehen. Dabei werden aber Gegenkräfte durch die Wechselwirkung mit den
tiefer liegenden Teilchen hervorgerufen, so daß Kräftegleichgewicht an jedem Teilchen hergestellt wird. Soll ein Molekül zur Vergrößerung der Oberfläche vom Flüssigkeitsinnern an die Oberfläche gebracht werden, so muß es in der Nähe der
Grenzschicht gegen die nach innen gerichtete Kraft F_r Arbeit verrichten. Ein Teilchen in der Grenzschicht besitzt demnach eine größere potentielle Energie als ein
Teilchen im Flüssigkeitsinnern. Soll andererseits ein Teilchen aus der obersten
Schicht nach unten gedrückt werden, so muß man die Teilchen der darunterliegen-
den Schicht wegschieben, wobei man Arbeit gegen die Gegenkraft von F_r verrichten
muß. Bei jeder Oberflächenvergrößerung muß demnach Arbeit verrichtet werden,
die eine Vergrößerung der Oberflächenenergie bewirkt. Der Quotient aus der Arbeit zur Bildung neuer Oberfläche und der neu gebildeten Oberfläche ΔA heißt
spezifische Oberflächenenergie oder **Oberflächenspannung.**

$$\sigma = \frac{W}{\Delta A} \qquad \begin{aligned} &W = \text{Arbeit} \\ &\sigma\ = \text{Oberflächenspannung} \end{aligned}$$

Die Maßzahl der Oberflächenspannung gibt die Arbeit an, die zur Bildung von
1 cm^2 neuer Oberfläche erforderlich ist.
Grenzt an die Oberfläche eine andere kondensierte Phase an, so muß man noch die

Anziehungskräfte mit berücksichtigen, die durch die Teilchen der zweiten Phase verursacht werden. In diesem Fall spricht man von einer **Grenzflächenspannung,** deren Wert von der Natur der zweiten Phase abhängt.

Aufgrund des Strebens nach minimaler potentieller Energie versuchen Flüssigkeiten eine möglichst kleine Oberfläche einzunehmen. Da die Kugeloberfläche bei gegebenem Volumen eine Minimalfläche darstellt, nehmen kleine Flüssigkeitsmengen eine kugelförmige Tropfengestalt an.

Wasser besitzt aufgrund der starken zwischenmolekularen Anziehungskräfte eine sehr große Oberflächenspannung bzw. Grenzflächenspannung. Deshalb wirkt die Wasseroberfläche wie eine „gespannte Haut", die leichte Körper (z. B. eine Rasierklinge) tragen kann, auch wenn deren Dichte größer als die von Wasser ist.

Tabelle 2/3. Oberflächenspannungen einiger Stoffe bei 20 °C

Substanz	Oberflächenspannung/(J/cm^2)
Wasser	$72{,}5 \cdot 10^{-7}$
Glycerin	$66 \ \cdot 10^{-7}$
Benzol	$29 \ \cdot 10^{-7}$
Ethanol	$22 \ \cdot 10^{-7}$
Seifenlösung	$30 \ \cdot 10^{-7}$

Die große Grenzflächenspannung des Wassers beeinträchtigt seine Waschwirkung stark; sie bewirkt ein schlechtes Benetzungsvermögen und hindert das Wasser am Eindringen in die Poren von Schmutzteilchen.

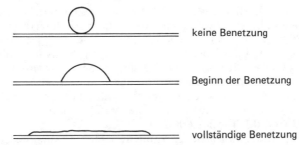

Abb. 2/2. *Benetzungsvorgang einer festen Grenzfläche.*

Da ein gutes Benetzungsvermögen Grundvoraussetzung für den Waschvorgang ist, setzt man die Grenzflächenspannung durch Zusatz von Tensiden herab. Das Benetzungsvermögen wird dadurch vergrößert und die Waschlauge kann sich leichter zwischen das Gewebe und die Schmutzteilchen schieben. Da durch die verminderte Grenzflächenspannung die Oberflächenbildung begünstigt wird, nimmt auch die Schaumbildung zu, die jedoch beim eigentlichen Waschvorgang kaum eine Rolle spielt.

Die grenzflächenaktive Wirkung der Tenside beruht auf der Konstitution ihrer Moleküle. Da sie aufgrund ihres langen, hydrophoben Kohlenwasserstoffrestes der Wechselwirkung mit den polaren Wassermolekülen auszuweichen versuchen, reichern sie sich beim Lösen zunächst bevorzugt in **monomolekularer** Schicht an der Grenzflächenzone an. Dabei richten sich die Tensidmoleküle so aus, daß die hydrophile Gruppe in das Wasser eintaucht, während die lange Kohlenwasserstoffkette aus dem Wasser hinausragt (vgl. Abb. 2/3). Ist die Grenzfläche mit Tensidmolekülen bedeckt, lagern sich weitere im Flüssigkeitsinnern zu kugelförmigen Gebilden, den **Micellen,** zusammen, bei denen die hydrophoben Kohlenwasserstoffreste nach innen orientiert sind.

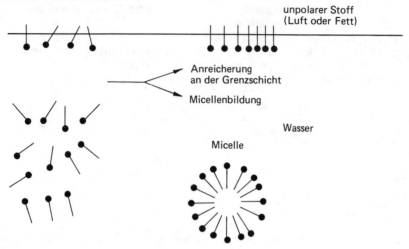

Abb. 2/3. Verhalten von Tensidmolekülen in Wasser.

Die Oberfläche der Micellen besteht aus den nach außen gerichteten polaren hydrophilen Gruppen, die von Lösungsmittelmolekülen solvatisiert werden. Es liegt somit ein *kolloid-disperses Gemisch* (Assoziationskolloid) vor, was am Tyndall-Effekt zu erkennen ist. Bei der Micellenbildung müssen die hydrophoben Wechselwirkungskräfte zwischen den Kohlenwasserstoffresten (Londonsche Dispersionskräfte) größer als die elektrostatischen Abstoßungskräfte zwischen den hydrophilen Resten sein. Diese elektrostatischen Abstoßungskräfte können durch Elektrolytzusatz herabgesetzt werden, wodurch sich die Micellenbildungstendenz und die Grenzflächenaktivität des Tensids erhöhen.

Da die Anziehungskräfte zwischen den Kohlenwasserstoffresten wesentlich kleiner sind als die zwischen den Wassermolekülen und die Tenside das Bestreben haben, die Oberfläche zu vergrößern, wird die Grenzflächenspannung herabgesetzt. Sie nimmt zunächst mit steigender Konzentration des Tensids ab, bleibt dann aber nach Erreichen einer „kritischen Konzentration" annähernd konstant. Dieser Zustand wird dann erreicht, wenn die Grenzfläche mit Tensidmolekülen gesättigt ist.

Der Waschvorgang beginnt mit der Benetzung der Faser. Die Tensidmoleküle verteilen sich sowohl auf der Faser als auch auf der fettigen Oberfläche der Schmutzpartikel derart, daß der hydrophile „Kopf" im Wasser bleibt, während die hydrophobe Kohlenwasserstoffkette in das Fett eindringt bzw. sich an der Faser anlagert (vgl. Abb. 2/4).

Dadurch wird die Grenzflächenspannung zwischen Faser und Wasser herabgesetzt, und die Faser wird benetzt. Durch die meist elektrisch geladenen hydrophilen Enden der Tensidmoleküle kommt es zu einer verstärkten Aufladung von Faser und

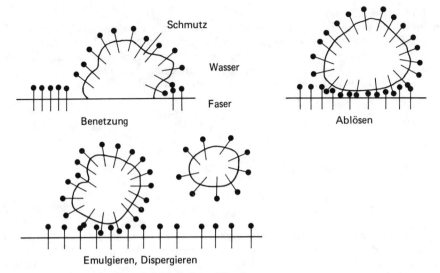

Abb. 2/4. Wirkung der Tensidmoleküle beim Waschvorgang.

Schmutzteilchen, so daß die dadurch bedingte Abstoßung die Ablösung des Schmutzes ermöglicht. Die polaren Wassermoleküle können sich nun zwischen die Schmutzpartikel und die Faseroberfläche schieben und die Schmutzteilchen in die Waschlauge tragen. Dieser chemische Teil der Schmutzablösung wird durch Temperaturerhöhung und mechanische Bearbeitung (Reiben und Bewegen der Wäsche) unterstützt. Da die abgelösten Schmutzteilchen von Tensidmolekülen, deren geladenes Ende nach außen ragt, „eingeigelt" sind, stoßen sie sich gegenseitig ab, so daß ein Zusammenfließen des Schmutzes verhindert wird und eine in Wasser haltbare Emulsion bzw. Dispersion entsteht (Abb. 2/4). Die Waschwirkung der Tenside beruht demnach im wesentlichen auf drei Effekten:

- *der Herabsetzung der Grenzflächenspannung und der dadurch bedingten Benetzung,*
- *dem Schmutzablösevermögen* und
- *der Emulsions- und Dispersionswirkung der Tenside.*

2.2.2 Chemische Einteilung der Tenside

Nach der Eigenschaft der hydrophilen Gruppe teilt man die Tenside in folgende Klassen ein:

a) **Anionaktive Tenside,**
b) **Kationaktive Tenside,**
c) **Nichtionogene Tenside** und
d) **Amphotenside.**

Die anionaktiven Tenside haben zur Zeit mit 73 % des Tensidverbrauchs die größte Bedeutung, gefolgt von den nichtionogenen Tensiden (22 % des Tensidverbrauchs).

a) Anionaktive Tenside

Sie enthalten meist die Carboxylat- ($COO^{\ominus}$) oder Sulfonatgruppe ($SO_3^{\ominus}$) als Strukturelement, wobei vor allem Natrium- und Kaliumsalze verwendet werden. Die ältesten Waschmittel sind die **Seifen**, die Na- bzw. K-*Salze höherer aliphatischer Monocarbonsäuren*. Sie entstehen bei der alkalischen Hydrolyse von Fetten und Ölen (Talg, Kokosöl, Palmöl) mit konzentrierter Natronlauge.

$$
\begin{array}{l}
CH_2\!-\!\overline{\underline{O}}\!-\!\overset{|\underline{O}|}{\overset{\|}{C}}\!-\!(CH_2)_k\!-\!CH_3 \\[6pt]
CH\!-\!\overline{\underline{O}}\!-\!\overset{|\underline{O}|}{\overset{\|}{C}}\!-\!(CH_2)_m\!-\!CH_3 \\[6pt]
CH_2\!-\!\overline{\underline{O}}\!-\!\overset{|\underline{O}|}{\overset{\|}{C}}\!-\!(CH_2)_n\!-\!CH_3
\end{array}
\xrightarrow{+\,3\ NaOH}
\begin{array}{l}
CH_2\!-\!OH \quad CH_3\!-\!(CH_2)_k\ -\!COO^{\ominus}Na^{\oplus} \\[6pt]
CH\!-\!OH \;+\; CH_3\!-\!(CH_2)_m\!-\!COO^{\ominus}Na^{\oplus} \\[6pt]
CH_2\!-\!OH \quad CH_3\!-\!(CH_2)_n\ -\!COO^{\ominus}Na^{\oplus}
\end{array}
$$

Die entstehende Seife wird nach Beendigung der Reaktion durch Zusatz von Kochsalz ausgefällt **(Aussalzen)**. Sie liegt zunächst zu einem Teil in kolloidaler Lösung vor, wobei sich negativ geladene Micellen bilden. Beim Zusatz von Kochsalz werden an der Oberfläche der Micellen die entgegengesetzt geladenen Natriumionen besonders stark absorbiert und die gegenseitige Abstoßung der Micellen wird stark vermindert bzw. aufgehoben, so daß als Folgeerscheinung Ausflockung eintritt. Bei modernen Verfahren spaltet man Fette mit überhitztem Wasserdampf von 180 °C oder man oxidiert langkettige Alkane katalytisch zu langkettigen Fettsäuren, die dann mit Natriumcarbonat in das Salz umgewandelt werden (Carbonatverfahren). Die *Natriumsalze gesättigter* Fettsäuren bilden *harte* Seifen, sogenannte **Kernseifen.** Aus stark *ungesättigten* Ölen sowie bei der Verseifung mit *Kalilauge* erhält man *weichere* Seifen, die häufig als **Schmierseifen** Verwendung finden. Seifen besitzen allerdings folgende Nachteile:

— Wäßrige Seifenlösungen reagieren infolge einer Salzprotolyse mit Wasser *alkalisch* (pH = 10 bis 11), wodurch Textilien und die menschliche Haut angegriffen werden.

— Durch stärkere Säuren werden die Seifenanionen in die wasserunlöslichen Carbonsäuren überführt, so daß Seifen in Lösungen mit pH < 6 schlecht oder gar nicht mehr wirksam sind.

— Seifen sind empfindlich gegen die Härtebildner des Wassers ($Ca^{2\oplus}$- und $Mg^{2\oplus}$-Ionen) sowie gegen Schwermetallkationen, mit denen sie unlösliche Salze (*Kalkseifen,* Metallseifen) bilden. Dadurch wird unnötig viel Seife verbraucht. Außerdem lagert sich die Kalkseife auf den Textilfasern ab, wodurch diese grau und spröde werden.

Diese Nachteile kann man bei synthetischen Tensiden vermeiden. Zu den wichtigsten anionaktiven Tensiden gehören die **Schwefelsäuremonoalkylester (Alkylsulfate)** und die **Alkylbenzolsulfonate** in Form ihrer Natriumsalze. Alkylsulfate entstehen bei der Umsetzung höherer primärer Alkohole oder höherer endständiger Alkene mit Schwefelsäure.

$$CH_3\!-\!(CH_2)_m\!-\!CH_2\!-\!OH \;+\; H_2SO_4 \rightleftharpoons CH_3\!-\!(CH_2)_m\!-\!CH_2\!-\!O\!-\!SO_3H \;+\; H_2O$$

$$\xrightarrow{+\,Na^{\oplus}\,+\,OH^{\ominus}} CH_3\!-\!(CH_2)_m\!-\!CH_2\!-\!O\!-\!SO_3^{\ominus}\ Na^{\oplus} \;+\; H_2O$$

Alkylbenzolsulfonate erhält man durch *Friedel-Crafts-Alkylierung* von Benzol mit endständigen Alkenen, anschließender Sulfonierung und Neutralisation der Sulfonsäure.

$$\langle\bigcirc\rangle + CH_2=CH-(CH_2)_n-CH_3 \longrightarrow \langle\bigcirc\rangle-\underset{\underset{CH_3}{|}}{CH}-(CH_2)_n-CH_3$$

$$\xrightarrow[-H_2O]{+H_2SO_4} HO_3S-\langle\bigcirc\rangle-\underset{\underset{CH_3}{|}}{CH}-(CH_2)_n-CH_3 \xrightarrow[-H_2O]{+Na^\oplus + OH^\ominus} Na^\oplus {}^\ominus O_3S-\langle\bigcirc\rangle-\underset{\underset{CH_3}{|}}{CH}-(CH_2)_n-CH_3$$

Die erforderlichen Ausgangsstoffe werden von der Petrochemie zur Verfügung gestellt.

Die ersten synthetischen Tenside bestanden aus langen verzweigten Ketten. Diese haben den Nachteil, daß sie von Bakterien nicht abgebaut werden können. Dies führte zu einer starken Schaumbildung auf unseren Flüssen. Deshalb wurde 1961 durch das **Detergentiengesetz** vorgeschrieben, daß nur solche Tenside als Waschmittel verwendet werden dürfen, die zu mindestens 80 % abgebaut werden. Tensidmoleküle mit linearen Ketten erfüllen diese Bedingung, so daß heute fast nur noch lineare Alkylbenzolsulfonate synthetisiert werden.

Die Alkylsulfate und die Alkylbenzolsulfonate reagieren als Salze starker Säuren neutral und werden aufgrund der Löslichkeit ihrer Calciumsalze durch hartes Wasser nicht ausgefällt.

b) *Kationaktive Tenside (Invertseifen)*

Sie enthalten die Ammoniumgruppe —$NH_3^\oplus$ oder —$NR_3^\oplus$ als hydrophilen Rest.
Beispiel:

$$CH_3-(CH_2)_n-\underset{\underset{CH_3}{|}}{\overset{\overset{CH_3}{|}}{N^\oplus}}-CH_2-\langle\bigcirc\rangle \quad Cl^\ominus$$

Wegen ihrer toxischen Wirkung für Bakterien verwendet man sie in der Medizin zur Desinfektion. Weitere Anwendung finden sie in der Textil- und Lederveredlung sowie als Emulgier- und Dispergiermittel. Als Waschmittel spielen sie kaum eine Rolle.

c) *Nichtionogene Tenside*

Diese Tenside enthalten als hydrophilen Rest eine stark polare, neutrale Gruppe wie z. B. die —$O+CH_2$—CH_2—$O+_x$H-Gruppe. Dieser Polyetherteil ist hydrophil, da die Ethergruppe von Wassermolekülen hydratisiert werden kann.
Sie lassen sich aus höheren Alkoholen und Ethylenoxid herstellen:

$$CH_3-(CH_2)_m-\underline{\overset{..}{O}}-H + x\ CH_2-CH_2 \xrightarrow{(+ H^\oplus)} CH_3-(CH_2)_m-\underline{\overset{..}{O}}+CH_2-CH_2-\underline{\overset{..}{O}}+_xH$$

Die nichtionogenen, meist flüssigen Tenside sind gegen die Härtebildner des Wassers unempfindlich und zeigen sowohl im sauren als auch im alkalischen Bereich eine gute Waschwirkung. Weiterhin neigen sie bei ausgezeichneter Reinigungswirkung weniger zur Schaumbildung als anionische Tenside; sie finden deshalb bevorzugt in Geschirrspülmaschinen Verwendung.

d) *Amphotenside*

Amphotenside enthalten eine zwitterionische hydrophile Gruppe.
Beispiel:

$$CH_3-(CH_2)_n-\overset{\overset{|\overset{\textstyle O}{|}|}{\|}}{C}-\overline{N}H-(CH_2)_m-\overset{\overset{\textstyle CH_3}{|}}{\underset{\underset{\textstyle CH_3}{|}}{N}^{\oplus}}-CH_2-COO^{\ominus}$$

Sie finden als Haarwaschmittel und als Badezusätze für Kinder Verwendung. Infolge ihrer hohen Herstellungskosten kommen sie als Waschmittel nicht in Frage.

Die folgende Abbildung verdeutlicht das Verhalten der verschiedenen Tensidarten an der Phasengrenzfläche.

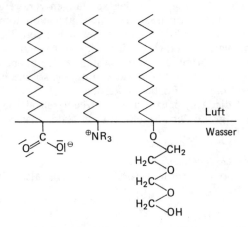

Abb. 2/5. Anordnung verschiedener Tensidtypen an einer Phasengrenzfläche.

2.2.3 Die Zusammensetzung moderner Waschmittel

Ein modernes Waschmittel ist ein Gemisch aus 10 bis 15 Bestandteilen. Die Art der Zusammensetzung richtet sich nach dem Verwendungszweck. Feinwaschmittel enthalten kaum bleichende und alkalisch reagierende Zusatzstoffe, dafür aber mehr Tenside als die Vollwaschmittel.

Ein Waschmittel besteht nur zu 10 bis 15% aus anionischen und nichtionogenen Tensiden.

Zu 30 bis 40% enthalten sie *Wasserenthärtungsmittel.* Hartes Wasser enthält gelöste Calcium-, Magnesium- und Hydrogencarbonationen ($HCO_3^{\ominus}$). Beim Erhitzen findet eine Autoprotolyse der Hydrogencarbonationen statt, bei der Carbonationen entstehen, die mit den Calcium- bzw. Magnesiumionen schwerlösliche Carbonate bilden (Kesselstein). Der entstehende feinkristalline Niederschlag aus Calciumcarbonat und Magnesiumcarbonat lagert sich in der Waschmaschine und an der Faser ab. Durch die Scheuerwirkung der Salze wird die Gewebefaser angegriffen. Heute verwendet man als Enthärtungsmittel vorwiegend *Natriumpolyphosphate,* die mit Calcium- und Magnesiumionen *wasserlösliche* Komplexverbindungen bilden.

$$Na^{\oplus} \, ^{\ominus}\overline{|O|}-P-\overline{|O|}-P-\overline{|O|}-P-\overline{|O|}^{\ominus} \, Na^{\oplus} \; + \; Ca^{2\oplus} \longrightarrow \left[\begin{array}{c} {}^{\ominus}O \quad |O| \quad \diagdown O \diagdown \quad |O| \quad \diagdown O \diagdown \quad |O| \quad \diagdown O \diagdown^{\ominus} \\ \\ \end{array} \right]^{3\ominus} + 5 \, Na^{\oplus}$$

Polyphosphate unterstützen die Wirkungsweise des Tensids, indem sie aus Schmutzteilchen $Ca^{2\oplus}$-, $Mg^{2\oplus}$-, $Fe^{3\oplus}$- und $Al^{3\oplus}$-Ionen herauslösen und den Schmutz dadurch „aufbrechen". Weiterhin absorbieren Schmutzteilchen gerne Polyphosphatanionen, wodurch die gegenseitige Abstoßung zwischen Schmutzpartikel und Faser verstärkt wird.

Da Polyphosphate über die Abwässer in großen Mengen in die Gewässer gelangen, führt dies zu einer *Überdüngung* stehender oder langsam fließender Gewässer. Als Phosphatdünger verursachen sie eine **Eutrophierung** (übermäßiges Wachstum von Algen und Wasserpflanzen). Nach dem Absterben der Pflanzen tritt infolge verstärkter Fäulnisprozesse ein Sauerstoffmangel ein, der zu einem Fischsterben und letztlich zur Verlandung der Gewässer führen kann.

Wegen dieser starken Umweltbelastung durch die Polyphosphate sucht man weltweit nach Ersatzstoffen. Hier haben sich die *Zeolithe* als besonders brauchbar erwiesen. Dies sind Aluminiumsilikate (Alumosilikate), die ein festes anionisches Raumnetzwerk bilden, das von langen hohlraumartigen Kanälen durchzogen ist. Im Innern dieser Röhren befinden sich Wassermoleküle und die Alkalimetallionen der Alumosilikate. Diese können nun als Ionenaustauscher wirken, wobei die Alkalimetallionen in den Hohlräumen durch die Calciumionen des harten Wassers ausgetauscht werden, und somit aus dem Wasser entfernt werden. Wasserenthärter auf Alumosilikatbasis sind als „Sasil" im Handel.

Farbige Verunreinigungen wie Obst-, Gemüse- oder Rotweinflecke lassen sich nur durch *oxidativen Abbau* entfernen. Früher bewirkte dies die Rasenbleiche, bei der unter Lichteinwirkung Wasserstoffperoxid gebildet wird. Dieses zerfällt dann in atomaren Sauerstoff, der stark oxidierend wirkt. Heute setzt man den Vollwaschmitteln bis zu 30 % Bleichmittel zu, so daß die Bleichung schon während des Waschvorgangs abläuft. Als solches dient vor allem *Natriumperborat,* das in wäßriger Lösung Wasserstoffperoxid abspaltet.

$$\left[\begin{array}{c} H-\overline{O} \diagdown \quad \overline{O}-\overline{O} \diagdown \quad \overline{O}-H \\ \qquad B \qquad \qquad B \\ H-\overline{O} \diagup \quad \overline{O}-\overline{O} \diagup \quad \overline{O}-H \end{array} \right]^{2\ominus} + \; 4\,H_2O \longrightarrow 2\,H_2O_2 \; + \; 2 \left[\begin{array}{c} H-\overline{O} \diagdown \quad \overline{O}-H \\ \qquad B \\ H-\overline{O} \diagup \quad \overline{O}-H \end{array} \right]^{\ominus}$$

Dieses zerfällt unter Bildung stark oxidierend wirkender Sauerstoffradikale. Das Temperaturoptimum der Bleichwirkung liegt bei 90 bis 100 °C.

Das erste Waschmittel, das die Bleichwirkung von Natriumperborat ausnutzte, war Persil, das Perborat und Silikat enthielt.

Schwermetallkationen katalysieren die Zersetzung des Perborats in unkontrollierter Weise. Dadurch wird die Bleichwirkung verschlechtert und die Faser geschädigt. Um diese Wirkung auszuschalten, komplexiert man die Schwermetallkationen, indem man sogenannte *Stabilisatoren* (0,2 bis 2 %) wie z. B. Ethylendiamintetraacetat (EDTA) zusetzt.

$$Na^\oplus {}^\ominus OOC-CH_2 \diagdown N-CH_2-CH_2-N \diagup CH_2-COO^\ominus Na^\oplus$$
$$Na^\oplus {}^\ominus OOC-CH_2 \diagup \qquad \diagdown CH_2-COO^\ominus Na^\oplus$$

Wegen der zunehmenden Bedeutung der 60°C-Waschmittel muß man durch *Kaltbleichaktivatoren* das Optimum herabsetzen.

Vergrauungsinhibitoren (0,5 bis 2%) wie z.B. Carboxymethylcellulose (CMC) verhindern, daß der abgelöste Schmutz sich wieder auf der Faser absetzt. In der CMC sind die Hydroxylgruppen der Cellulose durch —O—CH$_2$—COOH-Gruppen ersetzt. Durch gerichtete Adsorption der Vergrauungsinhibitoren an der Faseroberfläche wird ein erneutes Absetzen der gelösten Schmutzteilchen auf der Faser verhindert. Beim Spülen wird in der ersten Phase der gelöste und dispergierte Schmutz weggespült und in der zweiten Phase der Vergrauungsinhibitor wieder von der Faser abgelöst.

Zum Schutz der Metallteile der Waschmaschinen setzt man Silikate (Wasserglas) als *Korrosionsschutzmittel* zu (3 bis 5%).

Eine zu starke Schaumbildung läßt sich durch *Schauminhibitoren* (3 bis 5%) vermeiden. Hierzu eignen sich die Salze der Behensäure CH$_3$—(CH$_2$)$_{20}$—COOH, Silikonöle sowie Trialkylmelamine.

$$\begin{array}{ccc} CH_3 & CH_3 & CH_3 \\ | & | & | \\ -Si-\overline{O}-Si-\overline{O}-Si-\overline{O}- \\ | & | & | \\ CH_3 & CH_3 & CH_3 \end{array}$$
Silikonöl

Melamin (Struktur mit NH$_2$-Gruppen am Triazinring)

Mehrmals gewaschene Wäsche erhält mit der Zeit einen Gelbstich, der als Schmutz empfunden wird. Daher versucht man den Weißeindruck durch *optische Aufheller* (0,1 bis 0,3%) zu verstärken. Gelbstichiges Gewebe absorbiert Blau stärker als andere Farben. Optische Aufheller absorbieren nun UV-Strahlung, die zu etwa 4% im Tageslicht enthalten ist und geben bei der Fluoreszenz längerwelliges blaues Licht ab (*Stokes'sche* Regel). Das emittierte Blaulicht kompensiert den Gelbstich der Wäsche durch additive Farbmischung zu einem blaustichigen Weiß, das vom menschlichen Auge als besonders weiße Farbnuance empfunden wird.

Eiweißhaltige Verschmutzungen wie z.B. Kakao-, Blut-, Milch- und Eiflecken sind mit normalen Waschmitteln nur schwer zu entfernen. Durch Zusatz von eiweißhaltigen Enzymen, den *Proteasen* (0,1 bis 1%), können solche Flecken entfernt werden, da Proteasen wasserunlösliche Proteine in kleinere wasserlösliche Proteine spalten. Die Enzyme sind aber nur bei Waschtemperaturen bis zu 65°C wirksam.

In der Bundesrepublik Deutschland sind heute etwa 80% der Waschmittel mit Enzymzusätzen versehen. Enzymhaltige Waschmittel werden in der Werbung als „*biologisch aktiv*" angepriesen. Die notwendigen Enzyme werden hauptsächlich aus Bakterienkulturen im technischen Maßstab gewonnen.

Zusätzlich werden den Waschmitteln noch *Duftstoffe* (0,1 bis 0,2%), *Farbstoffe* sowie *Neutralsalze* (5 bis 15%) zugesetzt.

Tabelle 2/4. Bestandteile der verschiedenen Waschmittel.

Bestandteil	Vollwasch-mittel	60°C-Waschmittel	Feinwasch-mittel
anionische und nichtionische Tenside	10 –15%	8 –15%	20 –30%
Enthärter (Pentanatriumtriphosphat)	30 –40%	40 –70%	10 –25%
Bleichmittel (Natriumperborat)	20 –30%	0 –20%	
Stabilisatoren (EDTA)	0,2– 2%	0,2– 2%	
Vergrauungsinhibitoren (CMC)	0,5– 2%	1 – 3%	0 – 1%
Korrosionsschutzmittel (Wasserglas)	3 – 5%		
Schauminhibitoren (Trialkylmelamine)	3 – 5%	1 – 5%	
optische Aufheller (Blankophore)	0,1– 0,2%		
Enzyme (Proteasen)	0,1– 1%	0,2– 1%	0 – 5%
Duftstoffe	0,1– 0,2%	0,1– 0,2%	0,1– 0,5%
Neutralsalze	5 –15%		2 – 6%

2.2.4 Versuche

V 1 Herabsetzung der Oberflächenspannung

Chemikalien: flüssiges Spülmittel; Al-Pulver

Geräte: 600-ml-Becherglas; große Petrischale; Nähnadel; 2 Tropfpipetten

Durchführung: a) Man füllt das Becherglas mit Wasser und legt auf die Oberfläche vorsichtig eine Nähnadel. Auf die Wasseroberfläche gibt man vergleichsweise zunächst mit einer Pipette einen Tropfen Wasser und anschließend einen Tropfen Spülmittel (nicht zu nahe an der Nadel eintropfen!).

b) In der mit Wasser gefüllten Petrischale verrührt man eine Spatelspitze Aluminiumpulver, so daß ein nicht zusammenhängender, dünner Belag entsteht. Dann läßt man aus der Tropfpipette einen Tropfen des Spülmittels auf die Mitte der Oberfläche zufließen.

V 2 Benetzung von Fasern

Chemikalien: Stoffprobe aus Wolle; Samt (möglichst neu und ungewaschen); flüssiges Spülmittel

Geräte: 2 Tropfpipetten

Durchführung: Auf die Stoffprobe bringt man mit einer Pipette vorsichtig Wassertropfen, die ohne zu zerfließen auf der Faser liegen bleiben sollen. Anschließend läßt man aus der Pipette ein wenig von dem Spülmittel auf die Wassertropfen auffließen.

V 3 Emulgatorwirkung

Chemikalien: Paraffinöl (oder ähnlich viskoses Öl); Sudan III; flüssiges Spülmittel; Waschmittelpulver

Geräte: 3 Reagenzgläser mit Gummistopfen

Durchführung: Man füllt 3 Reagenzgläser mit je ca. 4 ml Öl, welches man mit wenigen Kristallen Sudan III unter Schütteln anfärbt. Nach Zugabe etwa der gleichen Menge Wasser wird ein Gemisch mit einer Spatelspitze Waschmittelpulver, ein weiteres mit einigen Tropfen Spülmittel versetzt. Alle 3 Reagenzgläser werden verkorkt und gleichlange kräftig geschüttelt. Man beobachte die Gemische beim Stehenlassen.

V 4 Verminderung der Grenzflächenspannung zwischen Öl und Wasser

Chemikalien: Paraffinöl (oder Sonnenblumenöl bzw. Rizinusöl); Sudan III; flüssiges Spülmittel

Geräte: 50-ml-Erlenmeyerkolben (oder enghalsiges, durchsichtiges Medikamentenfläschchen); 2000-ml-Becherglas; Abdeckplatte

Durchführung: Der Erlenmeyerkolben wird mit durch Sudan III angefärbtem Öl randvoll gefüllt, die Abdeckplatte aufgelegt und in das zu etwa ¾ mit Wasser gefüllte Becherglas gestellt. Man schiebt die Abdeckplatte vorsichtig zur Seite und entfernt sie. Nach etwa 1 Minute gibt man einige Tropfen flüssiges Spülmittel auf die Wasseroberfläche.

V 5 Dispergierwirkung von Tensiden

Chemikalien: Ruß oder Holzkohlepulver; flüssiges Spülmittel

Geräte: 2 Filtertrichter und -papier; 2 Erlenmeyerkolben (50 ml)

Durchführung: Man stellt sich je eine Suspension von Ruß in Wasser bzw. in Tensidlösung her und läßt 2 Minuten stehen. Beide Suspensionen werden dann filtriert.
Vergleich der Filtrate!

V 6 Herstellung von Kernseife

Chemikalien: NaOH-Plätzchen; Brennspiritus; Kokosfett

Geräte: Porzellanschale (10 cm); Thermometer; Glasstab

Durchführung: 10 g Fett werden in etwa 5 ml Brennspiritus bei kleiner Flamme (Vorsicht!) langsam auf ca. 70 °C erwärmt. Dann fügt man portionsweise innerhalb von 10 Minuten 10 ml einer 20%igen Natronlauge (10 bis 11 NaOH-Plätzchen in 10 ml Wasser) unter ständigem Rühren hinzu. Die Temperatur sollte auf etwa 70 °C gehalten werden.
Danach läßt man erkalten und gibt ein Stückchen der leimartigen Masse in ein Reagenzglas mit einigen ml Wasser. Nach kräftigem Schütteln muß deutliche Schaumbildung auftreten.

V 7 Seifenherstellung nach dem Carbonatverfahren

Chemikalien: Ölsäure; Na_2CO_3
Geräte: 100-ml-Becherglas; 10-ml-Meßzylinder; Glasstab
Durchführung: Man stellt etwa 15 ml gesättigte Sodalösung her und gibt dazu ca. 3 ml Ölsäure. Das Gemisch wird im Becherglas unter Rühren schwach erwärmt. Das Gemisch kann infolge der CO_2-Entwicklung stark aufschäumen. Nach einigen Minuten wird eine Probe der hergestellten Seife im Reagenzglas mit lauwarmem destilliertem Wasser geschüttelt.

V 8 Reaktion von Seifenlösung

Chemikalien: Kernseife; Phenolphthalein; alkoholische Seifenlösung; Brennspiritus bzw. Butanol
Geräte: Trichter; Filter; Mörser; Pistill
Durchführung: Zu einer aus einem kleinen Plättchen geschabter Kernseife hergestellten wäßrigen Seifenlösung und einer alkoholischen Seifenlösung gibt man je einen Tropfen Phenolphthalein.
(Man kann eine alkoholische Seifenlösung notfalls aus pulverisierter Kernseife und Brennspiritus (besser: Butanol) herstellen, indem man nach kürzerem Schütteln filtriert. Daß sich Seife gelöst hat, läßt sich zeigen, indem ein Teil des Filtrates kräftig mit Wasser geschüttelt wird: Schaumbildung!).

V 9 Reaktion wäßriger Seifenlösung mit Säuren

Chemikalien: Kernseife; HCl verd.; H_2SO_4 verd.; CH_3COOH verd.
Durchführung: Man löst 3 bis 4 Plättchen geschabter Kernseife in ca. 15 ml Wasser unter leichtem Erwärmen auf und verteilt gleichmäßig auf 3 Reagenzgläser.
Zu den Seifenlösungen fügt man jeweils 2 ml verd. Salzsäure bzw. Schwefelsäure oder Essigsäure.
Beobachtung?
Man läßt einige Minuten stehen und beobachtet erneut.

V 10 Reaktion wäßriger Seifenlösung mit Salzlösungen

Chemikalien: Kernseife; $CaCl_2$; $MgCl_2$; $Pb(NO_3)_2$
Durchführung: Man stellt sich wie in V 9 3 Reagenzgläser mit Seifenlösung her.
Aus je 1 Spatelspitze der obigen Salze stellt man mit ca. je 2 ml Wasser Lösungen her und versetzt die Seifenlösung jeweils mit einer der Salzlösungen.
Beobachtung?
Man prüfe anschließend durch Schütteln auf Schaumbildung.

V 11 Aussalzen von Seife

Chemikalien: Kernseife; NaCl
Durchführung: Man stellt sich durch Auflösen von ca. 3 Plättchen geschabter Kernseife in etwa 5 ml Wasser eine Seifenlösung her. Zu dieser gibt man etwa 5 ml einer gesättigten Kochsalzlösung hinzu.
Beobachtung?
Man prüfe anschließend durch Schütteln auf Schaumbildung.

V 12 Zusammenhang zwischen Wasserhärte und Schaumbildung bei Seifenlösungen

Chemikalien: Kernseife; $CaSO_4$; Na_2CO_3
Geräte: Trichter; Filterpapier; 4 Reagenzgläser mit Stopfen
Durchführung: Man stelle sich eine Seifenlösung aus 3 bis 4 Plättchen geschabter Kernseife und etwa 10 ml erwärmtem Wasser her.
Zur Herstellung einer gesättigten $CaSO_4$-Lösung gibt man zu ca. 10 ml Wasser 1 Spatelspitze $CaSO_4$, schüttelt und filtriert. Diese Lösung verteilt man auf 2 Reagenzgläser, gibt in eines 1 bis 2 Spatelspitzen Na_2CO_3 und filtriert.
Man stellt 2 weitere Reagenzgläser mit je 5 ml dest. Wasser bzw. Leitungswasser bereit.
In jedes der 4 Reagenzgläser gibt man nun tropfenweise von der hergestellten Seifenlösung zu und schüttelt nach jedem zugegebenem Tropfen kräftig. Es ist festzustellen, wieviele Tropfen der Seifenlösung jeweils zugegeben werden müssen, damit sich ein dauerhafter Schaum bildet.

V 13 Waschwirkung von Seifenlösung

Chemikalien: Kernseife; Kerze
Geräte: Porzellanschale; Filterpapier; Reagenzglas mit Stopfen
Durchführung: Man berußt zunächst die Unterseite einer Porzellanschale über einer brennenden Kerze, wischt den Ruß mit einem Filterpapier ab, zerkleinert dieses und verteilt die Papierschnitzel auf 2 Reagenzgläser.
Man fügt zu dem einen ca. 10 ml Wasser, zu dem anderen 10 ml einer Seifenlösung (Herstellung vgl. V 12), verkorkt, schüttelt kräftig und beobachtet, nachdem sich die Papierschnitzel abgesetzt haben.

V 14 Herstellung von Cetylsulfat

Chemikalien: Cetylalkohol; Phenolphthalein; H_2SO_4 konz.; NaOH konz.
Geräte: 100-ml-Becherglas
Durchführung: 2 ml Wasser werden im Reagenzglas mit der gleichen Menge konzentrierter Schwefelsäure versetzt (**Vorsicht! Schutzbrille!**). Zu der Lösung gibt man 3 Spatelspitzen Cetylalkohol und erwärmt das Gemisch über kleiner Flamme, bis weiße Dämpfe aufsteigen (1 bis 2 Minuten). Die Mischung wird sofort in ein Becherglas zu ca. 50 ml Wasser gegossen, mit einigen Tropfen Phenolphthalein versetzt und mit konz. Natronlauge bis zur schwachen Rotfärbung neutralisiert.
Eine Probe wird im Reagenzglas kräftig geschüttelt.

V 15 Eigenschaften von Neutralwaschmitteln

Chemikalien: Fettalkoholsulfatlösung bzw. Fewa (1 Spatelspitze in 10 ml Wasser); Phenolphthalein; $MgCl_2$-Lösung (1 Spatel $MgCl_2$ in 5 ml Wasser); NaCl-Lösung (1 Spatel NaCl in 5 ml Wasser); verd. Essigsäure
Geräte: 4 Reagenzgläser mit Stopfen
Durchführung: Man verteilt die Fewa-Lösung auf 4 Reagenzgläser. Zu diesen Lösungen gibt man 3 Tropfen Phenolphthaleinlösung, fügt 3 Tropfen $MgCl_2$-Lösung bzw. 3 Tropfen NaCl-Lösung bzw. 2 ml verd. Essigsäure hinzu.
Anschließend werden die Reagenzgläser verkorkt und kräftig geschüttelt.

V 16 Nachweis von Perborat (Bleichmittel) in einem Vollwaschmittel

Chemikalien: Vollwaschmittel (z. B. Persil); MnO_2; Holzspan; H_2SO_4 konz.; Methanol
Geräte: Mörser und Pistill; Porzellanschale; Glasstab; 2 10-ml-Meßzylinder
Durchführung: a) Im Mörser werden 7 ml Vollwaschmittel mit einer Spatelspitze MnO_2 gut vermischt. Das Gemisch wird im Reagenzglas über kleiner Flamme erhitzt, wobei ein glimmender Holzspan in das Reagenzglas gehalten wird.
b) Nachweis von Borat:
In einem Porzellanschälchen gibt man zu einem Spatel Vollwaschmittel 2 ml Methanol und versetzt vorsichtig mit ½ ml konz. H_2SO_4. Man rührt um und zündet an.

V 17 Phosphatnachweis im Vollwaschmittel

Chemikalien: Ammoniummolybdat $(NH_4)_2MoO_4$; HNO_3 konz.; Vollwaschmittel
Geräte: Trichter; Filterpapier
Durchführung: Einige Spatel Vollwaschmittel werden in ca. 5 ml Wasser gelöst. Man filtriert und versetzt das Filtrat mit ca. 10 Tropfen konz. Salpetersäure. Nach Zufügen von 1 Spatelspitze festem Ammoniummolybdat erwärmt man über kleiner Flamme, bis ein gelber Niederschlag (bzw. Trübung) auftritt.

V 18 Nachweis eines optischen Aufhellers

Chemikalien: Vollwaschmittel; Papiertaschentücher
Geräte: 2 Bechergläser (300 ml); UV-Lampe
Durchführung: Man legt je ein Taschentuch kurz in ein Becherglas mit Wasser bzw. einer Waschmittellösung.
Beide Tücher werden im abgedunkelten Raum mit dem Licht einer UV-Lampe bestrahlt.

V 19 Nachweis von Komplexbildnern

Chemikalien: Vollwaschmittel; Kernseifenlösung; HCl verd.; $FeCl_3$; NH_4SCN
Geräte: 100-ml-Becherglas; Trichter; Filterpapier
Durchführung: a) Man löse in einem Reagenzglas eine kleine Spatelspitze $FeCl_3$ in 2 ml verd. Salzsäure und gebe dazu ein Körnchen NH_4SCN. Die tiefrote Lösung wird mit Wasser verdünnt. In einem zweiten Reagenzglas stellt man sich eine Waschmittellösung her und gibt zu dieser portionsweise die rote Lösung hinzu.

b) In einem 100-ml-Becherglas gibt man zu 20 ml (hartem) Leitungswasser einige ml Kernseifenlösung. Trübung! Man fügt ca. 10 ml einer filtrierten Waschmittellösung hinzu und erwärmt mehrere Minuten bis zur Klärung.

2.2.5 Aufgaben

A 1 Welche der folgenden Stoffe werden grenzflächenaktiv sein? Geben Sie, wenn möglich, den Tensidtyp an!

a) $CH_3-(CH_2)_{18}-COO^{\ominus}Na^{\oplus}$ b) $CH_3-SO_3^{\ominus}Na^{\oplus}$

c) $CH_3-COO^{\ominus}Na^{\oplus}$ d) $CH_3-(CH_2)_{20}-\overset{\oplus}{\underset{\underset{CH_3}{|}}{N}}-CH_2-COO^{\ominus}$
$\phantom{d) CH_3-(CH_2)_{20}-N-}CH_3$ e) $CH_3-(CH_2)_{18}-\overset{\oplus}{P}(CH_3)_3 \ Cl^{\ominus}$

A 2 Erklären Sie, warum eine Seifenlösung alkalisch reagiert!

A 3 Gibt man zu einer Seifenlösung konzentrierte Kochsalzlösung bzw. verdünnte Salzsäurelösung, so tritt in beiden Fällen Ausflockung ein.
Erklären Sie die Beobachtung und gehen Sie dabei auf die Unterschiede ein!

A 4 Formulieren Sie den Mechanismus der alkalischen Fettverseifung!

A 5 Hexadecen-(1) wird mit konzentrierter Schwefelsäure unter Bildung eines Alkylsulfats umgesetzt. Formulieren Sie einen Mechanismus für diese Reaktion!

A 6 Welche Gesamtladung trägt das folgende Amphotensid in saurer bzw. in alkalischer Lösung?

$$CH_3-(CH_2)_{18}-\overset{\overset{\displaystyle CH_3}{|}}{\underset{\underset{\displaystyle CH_3}{|}}{\overset{\oplus}{N}}}-CH_2-SO_3^{\ominus}$$

3 Farbstoffe

3.1 Physik der Farbentstehung

Die Farbigkeit von Stoffen kommt durch Wechselwirkung von Licht mit Materie zustande. Normales weißes Licht ist ein kleiner Teil des elektromagnetischen Spektrums und setzt sich kontinuierlich aus elektromagnetischen Wellen zusammen (vgl. Bd. 1, Kap. 1.2). Dabei ist jede elektromagnetische Welle durch eine Frequenz f und eine Wellenlänge λ gekennzeichnet, die über die Beziehung $c = \lambda \cdot f$ miteinander verknüpft sind, wobei c die Geschwindigkeit des Lichtes ist.

Mit Hilfe eines Prismas (Brechung) oder Gitters (Beugung) kann man das weiße Licht in Spektralfarben zerlegen (vgl. Tab. 3/1), wobei man ein *kontinuierliches* Spektrum erhält. Dieses ist durch einen Wellenlängenbereich von 400 bis 750 nm gekennzeichnet, wobei sich jede Spektralfarbe über einen bestimmten *Abschnitt* erstreckt. Werden die gesamten Spektralfarben mit Hilfe einer Sammellinse vereint, so erhält man wieder weißes Licht.

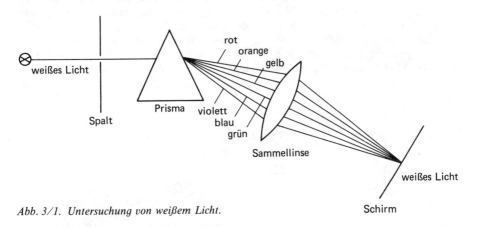

Abb. 3/1. Untersuchung von weißem Licht.

Nach dem Korpuskelmodell des Lichts (vgl. Bd. 1, Kap. 1.3) faßt man Licht als Teilchenstrom von Photonen auf, wobei jedem Photon die Energie $E_{Phot} = h \cdot f$ zukommt.

Der Wechselwirkungspartner des Lichtes, die Materie, ist aus Atomen bzw. Molekülen aufgebaut, deren Elektronen nur ganz bestimmte Atom- bzw. Molekülorbitale mit diskreter Energie besetzen. Die Energieniveaus können in einem Energieniveauschema nach steigender Energie angeordnet werden (Abb. 3/2).

Durch Energiezufuhr kann ein Elektron von einem besetzten Orbital in ein unbesetztes angehoben werden. Geschieht die Energiezufuhr durch elektromagnetische Strahlung, so wird durch Absorption gerade ein Photon vernichtet, und das Molekül gelangt in einen angeregten Zustand. Die Energie des absorbierten Photons muß gerade der Energiedifferenz zwischen den beiden Orbitalen entsprechen.

$$\Delta E = h \cdot f$$

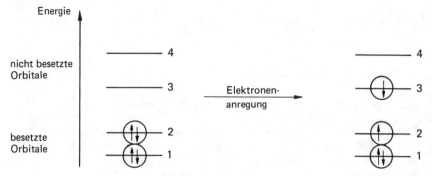

Abb. 3/2. Energieniveauschema.

Für den Elektronenübergang von Orbital 2 nach 3 gilt dann

$$E_3 - E_2 = h \cdot f_{23}$$

Bestrahlt man eine Substanz, die das obige Energieniveauschema besitzt, mit weißem Licht, so werden elektromagnetische Wellen bzw. Photonen der Frequenz f_{23} absorbiert. Dem Licht, das die Materie verläßt (d. h. einfach hindurchgelassen oder reflektiert wird), fehlen die Lichtwellen der Frequenz f_{23}. Dieses Restlicht kann im Auge nicht den Farbeindruck weiß hinterlassen. Werden z. B. die Photonen der roten Spektralfarbe absorbiert, so ergibt das Restlicht im Auge den Farbeindruck blaugrün. Man kann dies in einem Modellexperiment simulieren (Abb. 3/3).

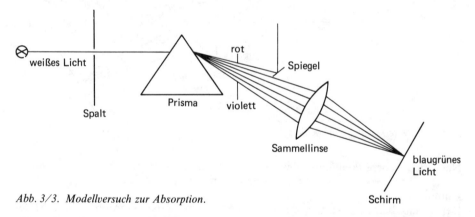

Abb. 3/3. Modellversuch zur Absorption.

Das blaugrüne Licht auf dem Schirm ist eine Mischfarbe, da es aus mehreren Spektralfarben besteht und folglich mit einem Prisma in diese zerlegt werden kann.
Die Farben Rot (Spektralfarbe) und Blaugrün (Restfarbe) nennt man zueinander komplementär. Unter **Komplementärfarben** versteht man die Farben zweier Lichter, die sich zu Weiß ergänzen.
Ein Stoff erscheint also farbig, wenn er sichtbares Licht eines ganz bestimmten Wellenlängenbereichs absorbiert. Man sieht allerdings nicht das absorbierte Licht, sondern dessen Komplementärfarbe. Die Farbe eines Stoffes wird somit durch die Mischfarbe der nicht absorbierten Lichtwellen bestimmt.

Tabelle 3/1.[1] Absorptionsbandenlage und Farbe

Wellenlängenbereich des absorbierten Lichts	Farbe des absorbierten Lichts	Komplementärfarbe = beobachtete Farbe
400–435 nm	violett	gelbgrün
435–480 nm	blau	gelb
480–490 nm	grünblau	orange
490–500 nm	blaugrün	rot
500–560 nm	grün	purpur
560–580 nm	gelbgrün	violett
580–595 nm	gelb	blau
595–605 nm	orange	grünblau
605–750 nm	rot	blaugrün

Eine Substanz, die alle Spektralfarben hindurchläßt oder reflektiert, erscheint uns weiß; eine Substanz, die hingegen von allen Spektralfarben mehr als etwa 90% absorbiert, erscheint unserem Auge schwarz.

Wenn man von der Farbe eines Körpers spricht, so meint man normalerweise die Farbe, die sich bei der Bestrahlung mit weißem Licht ergibt. Bestrahlt man einen Körper mit Licht einer anderen Spektralzusammensetzung, so ergibt sich für unser Auge ein anderer Farbeindruck: ein Stoff, der in weißem Licht gelb aussieht, erscheint im blauen Spektrallicht schwarz, da er die Eigenschaft besitzt, blaues Spektrallicht zu absorbieren.

Bei der Absorption eines Photons nimmt ein Atom oder Molekül Energie auf und befindet sich anschließend in einem angeregten Zustand. Die Verweildauer τ ist nur relativ kurz; nach etwa 10^{-8} s kehrt das Teilchen in den Grundzustand zurück. Dabei muß die vorher aufgenommene Lichtenergie wieder abgegeben werden. Dies kann durch folgende Prozesse geschehen:

1. Am häufigsten findet ein sogenannter strahlungsloser Übergang statt. Hierbei wird die Überschußenergie in Schwingungs-, Rotations- und Translationsenergie umgewandelt, was sich makroskopisch durch eine Temperaturerhöhung bemerkbar macht.
2. Das angeregte Atom oder Molekül emittiert ein Photon und kehrt in den Grundzustand zurück. Diese Reemission von Licht bezeichnet man je nach der Dauer des angeregten Zustandes als **Fluoreszenz** ($\tau < 10^{-4}$ s) oder **Phosphoreszenz** ($\tau > 10^{-4}$ s). Die Wellenlänge des emittierten Lichts ist im allgemeinen größer als die des absorbierten (Stokes'scher Satz).
3. Die Überschußenergie wird zum Spalten von Bindungen oder zum Einleiten anderer chemischer Reaktionen benutzt. Man bezeichnet solche Reaktionen, die durch Licht initiiert werden, als *photochemische* Reaktionen.

3.1.1 Aufgaben

A 1 Begründen Sie, warum ein Stoff, der nur im UV-Bereich absorbiert, farblos bzw. weiß erscheint!

---

1 Um die Farbe Grün zu beobachten, müßte die Komplementärfarbe zu Grün, also Purpur, absorbiert werden. Da aber Purpur keine Spektralfarbe ist, sondern eine additive Farbmischung aus Rot und Violett, müssen grüne Substanzen sowohl rotes als auch violettes Licht absorbieren.

A 2 Geben Sie zwei Fälle an, bei denen ein Körper orange aussieht!

A 3 Welche Farbeigenschaften müssen farbige Stoffe haben, damit sie im Gemisch den Farbeindruck Schwarz ergeben?

3.2 Elektronenanregungsspektroskopie

Da jedes Molekül über mehrere besetzte und unbesetzte Molekülorbitale verfügt, kann es Lichtwellen verschiedener Frequenzen absorbieren. Mit jeder Frequenz, bei der Absorption stattfindet, ist ein Elektronenübergang zwischen zwei Molekülorbitalen verbunden (Abb. 3/4).

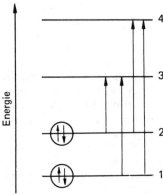

Abb. 3/4. Mögliche Elektronenübergänge.

Für Elektronenübergänge liegen die Wellenlängen der absorbierten Lichtwellen im Bereich von 100 bis 1000 nm.[1]

Dem Bereich zwischen 100 und 400 nm entspricht die *ultraviolette,* dem über 750 nm die *infrarote* Strahlung.

Um quantitative Aussagen über die Farbe einer Verbindung zu erhalten, vermißt man ein sogenanntes Elektronenanregungsspektrum dieser Verbindung. Dazu strahlt man nacheinander Licht verschiedener Wellenlänge ein und mißt die jeweilige Intensität I des austretenden Lichtes als Funktion der Wellenlänge λ. Für die Intensität des austretenden Lichtes gilt für eine bestimmte Wellenlänge das Lambert-Beersche Gesetz (Abb. 3/5):

$$E = \lg \frac{I_0}{I} = \varepsilon \cdot c \cdot d \quad \text{oder} \quad I = I_0 \cdot 10^{-\varepsilon c d} \quad \text{bei} \quad \lambda = \text{const.}$$

$I_0 =$ *Intensität des eingestrahlten Lichtes der Wellenlänge λ* c = *molare Konzentration*
I = *Intensität des austretenden Lichtes der Wellenlänge λ* d = *Schichtdicke*
ε = *molarer Extinktionskoeffizient* E = *Extinktion*[2]

Je mehr Licht ein Stoff absorbiert, desto größer wird die Extinktion. Man gibt das LB-Gesetz in der Form $E = \varepsilon \cdot c \cdot d$ an, da dann ein proportionaler Zusammenhang zwischen E und c besteht. Das LB-Gesetz findet seine Hauptanwendung bei der Konzentrationsbestimmung farbiger Substanzen.

---

1 Dieser Bereich gilt nicht für die Anregung von Elektronen aus den inneren Orbitalen.
2 Beachte, daß die Extinktion keine Maßeinheit besitzt!

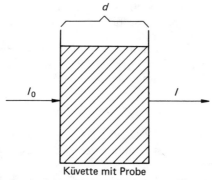

Der molare Extinktionskoeffizient ist eine reine Molekülkonstante, die von der Wellenlänge abhängt und ein Maß für die Wahrscheinlichkeit ist, daß ein Photon der Energie $h \cdot f$ absorbiert wird.

Wenn ein Elektronenabsorptionsspektrum aufgenommen wird, so muß die eingestrahlte Lichtintensität I_0 mit der Lichtintensität I, die die Probe verläßt, verglichen und daraus die Extinktion berechnet werden. Trägt man nun die Extinktion als Funktion der Wellenlänge auf, so erhält man ein Elektronenanregungsspektrum, das im allgemeinen aus einer Reihe breiter *Absorptionsbanden* besteht (Abb. 3/6).

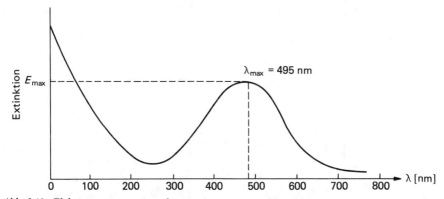

Abb. 3/6. Elektronenanregungsspektrum.

Aufgrund der bisherigen Überlegungen sollte man ein Linienspektrum erwarten, da nur Lichtwellen bestimmter Frequenzen absorbiert werden sollten. Der Grund für die beobachteten breiten Absorptionsbanden liegt darin, daß neben der Elektronenanregung gleichzeitig eine Vielzahl von Schwingungen angeregt werden (vgl. Kap. 9).

Die Bandenlage charakterisiert man durch die Wellenlänge λ_{max}, bei der die Extinktion ein relatives Maximum hat. Wie stark eine Substanz unabhängig von c und d Licht der Wellenlänge λ_{max} absorbiert, gibt man durch den molaren Extinktionskoeffizienten $\left(\varepsilon_{max} = \dfrac{E_{max}}{c \cdot d} \right)$ am Absorptionsmaximum an. Aus dem Elektronenan-

45

regungsspektrum einer Substanz kann man somit eindeutig auf ihre Farbe zurück-schließen. In unserem Beispiel absorbiert die Substanz am meisten blaugrünes Licht; sie besitzt also die Farbe rot.

Eine farbige Substanz muß nicht notwendigerweise das Absorptionsmaximum im sichtbaren Bereich haben, sondern es reicht schon, wenn sich ein Teil der Absorptionsbande in den sichtbaren Bereich des Spektrums erstreckt.

3.2.1 Aufgaben

LK A1 Zeichnen Sie den Graphen $I = f(d)$ (Intensität als Funktion der durchstrahlten Schichtdicke d) für das Lambert-Beer'sche Gesetz und interpretieren Sie ihn (ε, c sind konstant)!

LK A2 Eine $7,5 \cdot 10^{-5}$ molare Kaliumpermanganatlösung hat eine Extinktion $E = 0,1818$ in einer 1,5 cm langen Zelle bei einer Wellenlänge $\lambda_{max} = 525$ nm. Berechnen Sie den molaren Extinktionskoeffizienten und geben Sie seine Maßeinheit an!

A3 Welche Farbe haben die folgenden Verbindungen, wenn sie die aufgezeichneten Elektronenanregungsspektren liefern?

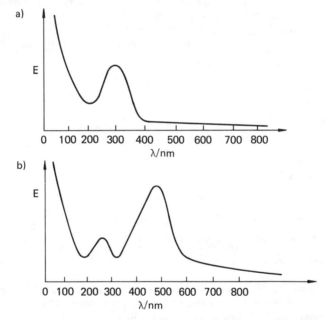

A4 In welchem Wellenlängenbereich absorbiert eine blau aussehende Verbindung?

LK A5 Der Blutfarbstoff Oxyhämoglobin hat zwei Absorptionsbanden bei $\lambda_{1\,max} = 420$ nm und $\lambda_{2\,max} = 560$ nm, wobei die erstere intensiver ist als die zweite. In konzentrierter Lösung sieht Oxyhämoglobin dunkelrot aus, während es in stark verdünnter Lösung strohgelb aussieht. Geben Sie für die Konzentrationsabhängigkeit des Farbeindrucks eine Erklärung!

46

3.3 Zusammenhang von Struktur und Farbe

3.3.1 Allgemeine Betrachtungen

Zur vertieften Deutung der Farbigkeit von Verbindungen muß der Zusammenhang zwischen Elektronenanregungsspektrum und Molekülstruktur bekannt sein. Dazu eignet sich die **Molekülorbitaltheorie (MO-Theorie)** der chemischen Bindung. Nach der MO-Theorie entstehen die Molekülorbitale durch Überlappung geeigneter s- und p-Atomorbitale (bei organischen Verbindungen brauchen keine d-Orbitale berücksichtigt zu werden). Bei der Überlappung zweier Atomorbitale entstehen immer *zwei* Molekülorbitale, nämlich ein **bindendes MO** mit niedrigerer Energie und ein **antibindendes MO** mit höherer Energie als die Ausgangsorbitale.

Im Wellenbild des Elektrons (vgl. Bd. 1, Kap. 1.4) entstehen die beiden MO's durch konstruktive (Verstärkung) bzw. destruktive (Abschwächung) Interferenz zweier Wahrscheinlichkeitswellen. Diese werden durch die Wellenfunktionen $(\varphi^\alpha; \varphi^\beta)^{1)}$ der beiden Atomorbitale dargestellt. Die Wellenfunktionen der beiden resultierenden MO's ergeben sich, indem man die Wellenfunktionen addiert bzw. subtrahiert. Dies entspricht ganz dem Vorgehen bei der Interferenz von klassischen Wellen, wo man auch die Wellenfunktionswerte addieren muß. Betrachtet man das H_2-Molekül, so interferieren hier die beiden 1s-Atomorbitale $(\varphi^\alpha_{1s}; \varphi^\beta_{1s})$ der beiden H-Atome (H_α und H_β). Der Ausdruck Orbital φ_{1s} bedeutet, daß dem 1s-Orbital die Wellenfunktion $\varphi_{1s}(x, y, z)$ zugeordnet wird.

$$\psi_b^{MO} = C(\varphi^\alpha_{1s} + \varphi^\beta_{1s}) \quad \text{bindendes MO}$$
$$\psi_a^{MO} = C(\varphi^\alpha_{1s} - \varphi^\beta_{1s}) \quad \text{antibindendes MO}$$

C ist eine Normierungskonstante, die hier nicht weiter interessieren soll. Die Wahrscheinlichkeit $\Delta W(x, y, z)$, ein Elektron in einem Volumenelement ΔV in der Umgebung eines Raumpunktes mit den Koordinaten x, y, z zu finden, ist

$$\Delta W(x, y, z) = |\psi(x, y, z)|^2 \cdot \Delta V$$

Demnach ergibt sich für ein *bindendes MO*

$$\Delta W_b(x, y, z) = C^2(\varphi^\alpha_{1s}(x, y, z) + \varphi^\beta_{1s}(x, y, z))^2 \cdot \Delta V$$
$$= C^2(\varphi^{\alpha 2}_{1s} + \varphi^{\beta 2}_{1s} + 2\varphi^\alpha_{1s}\varphi^\beta_{1s}) \cdot \Delta V$$

Die Aufenthaltswahrscheinlichkeit eines Elektrons in einem bindenden MO ist nicht einfach gleich der Summe der Aufenthaltswahrscheinlichkeiten der interferierenden Atomorbitale, sondern sie ist um den Interferenzterm $2C^2\varphi^\alpha_{1s}\varphi^\beta_{1s} \cdot \Delta V$ vermehrt (konstruktive Interferenz). Dieser Interferenzterm bedeutet eine *Ladungsanhäufung* zwischen den Atomkernen, da dort sowohl φ^α_{1s} als auch φ^β_{1s} gleichzeitig große Werte annehmen.[2] Sie bewirkt einen besseren Zusammenhalt der beiden Atomrümpfe infolge stärkerer Coulomb'scher Anziehungskräfte und stellt somit die eigentliche Ursache für das Zustandekommen der Elektronenpaarbindung dar. Zusätzlich findet eine stärkere Delokalisierung der Elektronen statt, was zu einer Verringerung der Impulsunschärfe der Elektronen und damit ihrer kinetischen Energie führt.

---

1 α, β bedeutet Indizierung und keinen Potenzexponenten.
2 Das berechnete Produkt $\varphi^\alpha_{1s}\varphi^\beta_{1s}$ kann als Maß für die Stärke der Überlappung zwischen den Atomkernen angesehen werden.

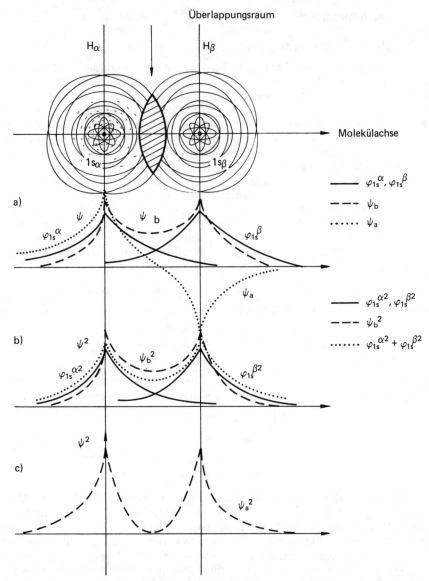

Abb. 3/7. Wellenfunktionen und Wahrscheinlichkeitsdichten beim bindenden und antibindenden Molekülorbital im H₂-Molekül.

a) Wellenfunktionen im
b) Wahrscheinlichkeitsdichten im bindenden } *Molekül-*
c) Wahrscheinlichkeitsdichten im antibindenden } *orbital*

Beim *antibindenden* Molekülorbital kommt es dagegen zu einer *Verminderung* der Aufenthaltswahrscheinlichkeit zwischen den Atomkernen, so daß sich die Kerne stärker abstoßen, was *destabilisierend* wirkt. Man kann dies mit zwei Wellen vergleichen, die sich mit zwei Amplituden entgegengesetzten Vorzeichens überlagern und sich somit beeinträchtigen oder sogar aufheben (destruktive Interferenz).

$$\Delta W_a(x, y, z) = C^2(\varphi_{1s}^{\alpha 2} + \varphi_{1s}^{\beta 2} - 2\varphi_{1s}^{\alpha}\varphi_{1s}^{\beta}) \cdot \Delta V$$

Stellt man die energetischen Verhältnisse in einem **M**olekülorbital**e**nergie**d**iagramm (MOED) dar, so erhält man die Darstellung der Abb. 3/8.

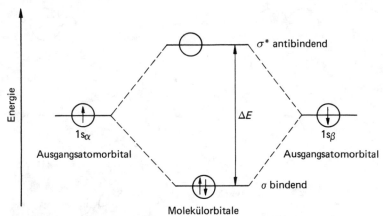

Abb. 3/8. MOED für ein H₂-Molekül.

Die Besetzung der MO's mit Elektronen erfolgt wie bei den Atomorbitalen gemäß dem Aufbauprinzip unter Anwendung des Pauli-Verbots und der Hund'schen Regel. Wenn zwei Atomorbitale gleicher Orbitalenergie überlappen, kommt es im Rahmen dieses Modells zu einer symmetrischen *Aufspaltung* der ursprünglichen Energieniveaus. Die Aufspaltung ΔE ist umso größer, je besser die beiden Atomorbitale miteinander überlappen und je stabiler die resultierende Bindung ist.

Je nach der Symmetrie der resultierenden MO's unterscheidet man zwischen σ- und **π-Molekülorbitalen.** σ-MO's sind **zylindersymmetrisch** bezüglich der *Kern-Kern-Verbindungsachse*, während π-MO's eine **Knotenebene** besitzen, die durch die Kern-Kern-Verbindungsachse läuft. So können zwei p-Atomorbitale sowohl σ- als auch π-Bindungen bilden (vgl. Abb. 3/10). *Antibindende MO's* haben zusätzlich noch *Knotenebenen senkrecht* zur Kern-Kern-Verbindungsachse. Man kennzeichnet sie durch *.

a) Interferenz von s—Atomorbitalen

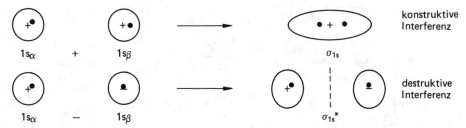

Abb. 3/9. Bildung von σ- und π-MO's durch Interferenz von s-Atomorbitalen und p-Atomorbitalen.

b) Interferenz von p—Atomorbitalen

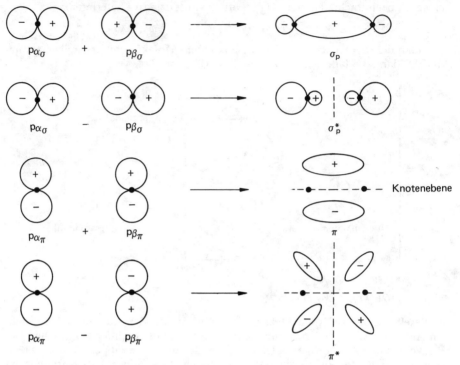

Abb. 3/9.   Bildung von σ- und π-MO's durch Interferenz von s-Atomorbitalen und p-Atomorbitalen

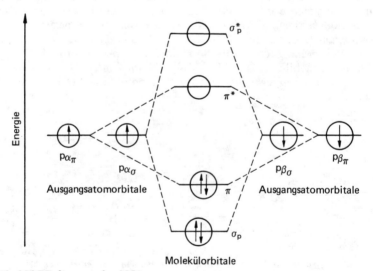

Abb. 3/10. MOED für σ- und π-MO's.

Das Vorzeichen in den „Orbitallappen" bedeutet hier keine Ladung, sondern gibt das Vorzeichen der Wellenfunktion an.
Da die Überlappung der p-AO's bei der Bildung einer σ-Bindung stärker und effektiver ist als bei der Bildung einer π-Bindung, ist hier die Aufspaltung größer ($\Delta E_\sigma > \Delta E_\pi$).
Neben den σ- und π-MO's gibt es noch sogenannte **nichtbindende Einzentrenmolekülorbitale**, die dann vorliegen, wenn ein Atom des Moleküls freie (einsame) Elektronenpaare trägt (Symbol: n). Ihre Energie liegt meist zwischen den bindenden und antibindenden MO's. Somit ergibt sich für die MO-Typen folgendes grobe Energieschema:

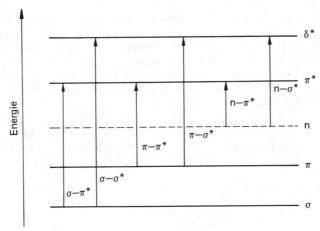

Abb. 3/11. Energieniveauschema für Molekülorbitale.

Die σ-σ*-Übergänge erfordern die meiste Energie und können nur von Quanten aus dem kurzwelligen UV-Bereich bewirkt werden ($\lambda \approx 100$ bis 130 nm). Diese Übergänge tragen nichts zur Farbigkeit bei (vgl. Kap. 3.1). Das gleiche gilt für die σ-π*- ($\lambda \approx 140$ bis 160 nm), π-σ*- ($\lambda \approx 140$ bis 160 nm) und n-σ*- ($\lambda \approx 150$–190 nm) Übergänge.

Die π-π*-Übergänge erfolgen je nach Art des Moleküls im Bereich von 160 bis 1000 nm, d. h. sie sind bei geeigneten organischen Molekülen für die Farbe verantwortlich.

Der n-π*-Übergang erfolgt bei 250 bis 1000 nm. Im Gegensatz zum π-π*-Übergang sind aber die Absorptionsbanden des n-π*-Übergangs nur wenig intensiv (ε_{max} ist sehr klein), und diese Banden werden somit meist von den intensiveren π-π*-Banden im Spektrum überdeckt. Aus diesem Grund haben die n-π*-Übergänge für die Farbigkeit ebenfalls nur eine geringe Bedeutung.
Somit deuten Lichtabsorptionen im langwelligen UV-Bereich ($\lambda > 190$ nm) und sichtbaren Gebiet des Spektrums auf π-π*- und n-π*-Übergänge hin.

3.3.1.1 Aufgaben

A 1 Begründen Sie anhand der möglichen Elektronenübergänge, warum Verbindungen wie Methan, Alkane und Wasser farblos sind!

LK A 2 Erklären Sie mit Hilfe der MO-Theorie, warum ein He_2-Molekül nicht stabil ist!

LK A 3 Könnte es nach der MO-Theorie ein $He_2^{\oplus}$-Molekülion geben?

3.3.2 Chromophore und die Strukturabhängigkeit der Absorptionsbandenlage

Die Lage der Absorptionsbande im Elektronenanregungsspektrum wird durch die Art des Elektronenübergangs und somit von der energetischen Lage der Molekülorbitale bestimmt. Da die beteiligten MO's häufig auf bestimmte Molekülbereiche lokalisiert sind (die sich allerdings über mehrere Atome erstrecken), ordnet man diesen Bereichen **charakteristische funktionelle Gruppen** zu. Soll die Absorptionsbande im langwelligen UV- ($\lambda > 190$ nm) bzw. im sichtbaren Bereich des Spektrums liegen, muß es sich bei diesen Gruppen um Doppelbindungssysteme handeln, bei denen ein π-π*- bzw. n-π*-Übergang möglich ist. Diese Gruppen bezeichnet man als **Chromophore**[1]. Es sind Gruppen, bei denen durch Absorption von UV-Strahlung oder sichtbarem Licht π-Elektronen angeregt werden. In Tab. 3/2 sind einige Beispiele für einfache chromophore Gruppen wiedergegeben.

Tabelle 3/2. Chromophore Gruppen

chromophore Gruppe	Art des Übergangs	λ_{max}/nm	ε_{max}/l mol^{-1} cm^{-1}
$>C=C<$	π-π*	160–190	8 000–18 000
$-C\equiv C-$	π-π*	170–180	2 000– 7 000
	π-π*	180–190	800– 1 500
$>C=\underline{O}$	n-π*	270–300	10– 20
	π-π*	220–240	
$>C=\underline{S}$	n-π*	460–510	50– 200
	π-π*	180–200	6 000–10 000
$>C=\overline{N}\backslash$	n-π*	240–270	10– 20
	π-π*		
$-\overline{N}=\overline{N}-$	n-π*	330–350	5– 20
$-NO_2$	π-π*	200–220	10 000
	n-π*	270–300	10– 100
$-\underline{N}=\underline{O}$	n-π*	665	20

Diese einfachen Chromophore bewirken im allgemeinen noch keine Farbigkeit einer Verbindung.

Enthält ein Molekül gleichzeitig mehrere chromophore Gruppen, die über mehrere Einfachbindungen voneinander getrennt sind, so wird eine chromophore Gruppe von der Anwesenheit einer anderen kaum beeinflußt.

---

1 chromophor (gr.) = Farbträger.

Beispiel: $\underset{\substack{\parallel \quad \parallel}}{CH_2}$ $\lambda_{max} = 175$ nm $\quad CH_2{=\!=\!=}CH_2$ $\lambda_{max} = 165$ nm

Stehen dagegen die chromophoren Gruppen miteinander in konjugativer Wechselwirkung, so wird die Absorptionsbande des energieärmsten π-π^*-Übergangs nach längeren Wellenlängen verschoben und die Bande wird intensiver (ε_{max} steigt).
Man bezeichnet die Verschiebung eines Absorptionsmaximums zu längeren Wellenlängen hin als **bathochrome**[1] **Verschiebung.**
Eine Verschiebung des Absorptionsmaximums zum kürzerwelligen Bereich nennt man **hypsochrome Verschiebung.**
Eine Verstärkung der Absorptionsintensität heißt hyperchromer Effekt, eine Erniedrigung hypochromer Effekt.

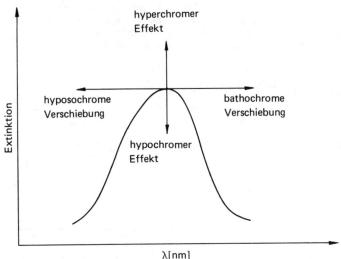

Abb. 3/12. *Mögliche Veränderung der Absorptionsbanden.*

Der Einfluß der Konjugation auf die Lage des Absorptionsmaximums des energieärmsten π-π^*-Übergangs soll anhand der Tab. 3/3 verdeutlicht werden, in der die Absorptionsmaxima der Polyene H—(CH=CH)$_n$—H aufgeführt sind.

Tabelle 3/3. Polyene H—(CH=CH)$_n$—H

n	λ_{max}/nm	ε_{max}/l mol^{-1} cm^{-1}	Farbe
1	162	10 000	farblos
2	217	21 000	farblos
3	257	34 000	farblos
4	290	59 000	farblos
5	318	121 000	farblos
6	344	138 000	farblos
8	368	210 000	farblos
10	400		grüngelb
15	504		rot

1 bathochrom (gr.) = farbvertiefend.

53

Regel 1: **Bei zunehmender Ausdehnung des konjugierten π-Systems wird die Absorptionsbande des energieärmsten π-π*-Übergangs intensiver (hyperchromer Effekt) und stärker in den längerwelligen Bereich verschoben (bathochrome Verschiebung).**

Die Begründung dieser Regel soll durch den Vergleich der MOED's von Ethen und Butadien gegeben werden. Wir können uns das π-System des Butadiens aus den beiden π-Systemen von zwei Ethenkörpern zusammengesetzt denken (konjugative Wechselwirkung zweier Doppelbindungen).

Genauso wie zwei Atomorbitale unter Bildung eines bindenden und eines antibindenden Molekülorbitals in Wechselwirkung treten, können dies auch zwei lokalisierte Molekülorbitale unter Bildung zweier delokalisierter MO's. So können im Fall des Butadiens die zwei π-MO's der beiden Ethenkörper in Wechselwirkung treten, ebenso die beiden π*-MO's.

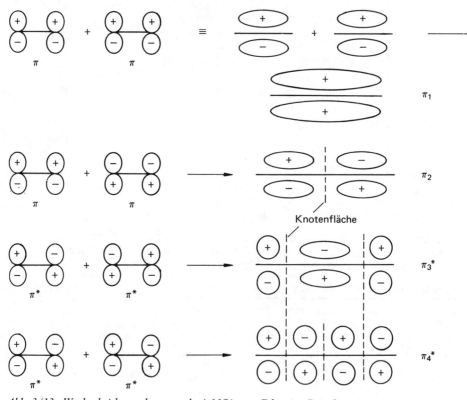

Abb. 3/13. Wechselwirkung der π- und π*-MO's von Ethen im Butadien.

Im MOED sieht das wie folgt aus:

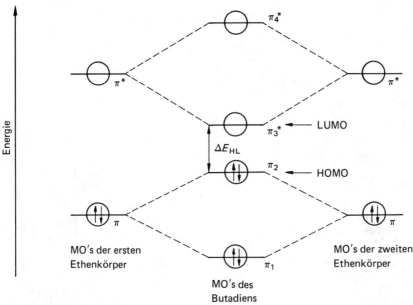

Abb. 3/14. MOED des Butadiens.

Zu beachten ist, daß die Energie der MO's mit steigender Zahl der Knotenflächen zunimmt, da jede Knotenfläche senkrecht zur Kern-Kern-Verbindungsachse eine zusätzliche antibindende Wechselwirkung anzeigt. Infolge der Wechselwirkung der beiden Doppelbindungen steigt die Energie des höchsten besetzten Moleülorbitals (**HOMO** = **h**ighest **o**ccupied **mo**lecular orbital) und sinkt die Energie des niedrigsten unbesetzten MO's (**LUMO** = **l**owest **uno**ccupied **mo**lecular orbital). Dies bedeutet, daß die Energiedifferenz zwischen HOMO und LUMO, die dem energieärmsten π-π*-Übergang entspricht, kleiner ist als im Ethen. Entsprechend kann man sich nun das Oktatetraen(1,3,5,7) aus zwei Butadienkörpern aufgebaut denken. Dabei nimmt ΔE_{HL} noch weiter ab (Abb. 3/15).
Neben dem HOMO-LUMO-Übergang gibt es noch weitere π-π*-Übergänge, die im nahen UV-Bereich liegen.

Damit Polyene farbig sind, müssen sehr viele Doppelbindungen in Konjugation treten ($n \geq 10$). Es gibt aber konjugierte Systeme, die bereits bei einer viel geringeren Anzahl konjugierter Doppelbindungen farbig sind.

Tabelle 3/4. Einfluß des Bindungsausgleiches auf die Lage der Absorptionsbanden.

	symmetrische Cyanine $(CH_3)_2\overline{N}-(CH=CH)_{n-1}-CH=\overset{\oplus}{N}(CH_3)_2$		Merocyanine $(CH_3)_2\overline{N}-(CH=CH)_{n-1}-CH=O$		Polyene $H-(CH=CH)_n-H$	
n	λ_{max}/nm	Farbe	λ_{max}/nm	Farbe	λ_{max}/nm	Farbe
2	313	farblos	270	farblos	217	farblos
3	416	gelb	360	farblos	257	farblos
4	519	rot	415	gelb	290	farblos
5	625	blau	460	orange	318	farblos

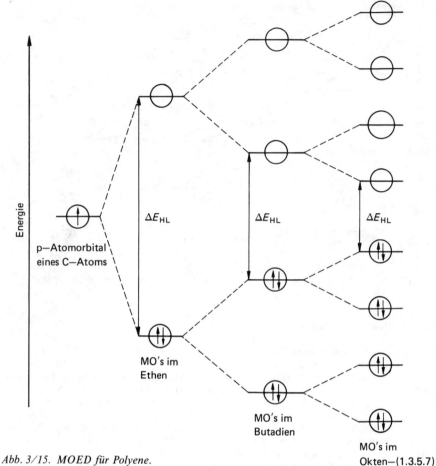

Abb. 3/15. *MOED für Polyene.*

p—Atomorbital eines C—Atoms

ΔE_{HL}

MO's im Ethen

MO's im Butadien

MO's im Okten—(1.3.5.7)

Bei den Polyenen liegen praktisch alternierend Doppel- und Einfachbindungen vor (relativ starke Lokalisierung der Doppelbindung). Dabei ist die Bindungsordnung 1 bei einer Einfachbindung, bei isolierten Doppelbindungen ist sie 2. Bei delokalisierten π-Systemen liegt sie zwischen 1 und 2 (z. B. bei Benzol bei 1,5).

Bei den symmetrischen Cyaninen haben die C—C-Bindungen innerhalb der Kette alle die gleiche Bindungsordnung; es hat also ein Bindungsausgleich zwischen Einfach- und Doppelbindungen stattgefunden. Bei den Merocyaninen ist dies nur teilweise der Fall. Dies kann man anhand der mesomeren Grenzstrukturen für Polyene, symmetrische Cyanine und Merocyanine erkennen.

Beim *Butadien* (als Vertreter für die Polyene) haben die beiden zwitterionischen Grenzstrukturen mit Doppelbindungscharakter

$$H_2C=CH-CH=CH_2 \longleftrightarrow \overset{\oplus}{H_2C}-CH=CH-\overset{\ominus}{\overline{C}}H_2 \longleftrightarrow \overset{\ominus}{H_2\overline{C}}-CH=CH-\overset{\oplus}{C}H_2$$

56

an der C_2—C_3-Bindung nur einen sehr geringen Anteil an der tatsächlichen Elektronenstruktur des Moleküls.

Bei den *symmetrischen Cyaninen* hat man dagegen zwei gleichwertige Grenzstrukturen, die sich in der Lage der Doppelbindungen unterscheiden (Bindungsordnung = 1,5).

$$(CH_3)_2\bar{N}-CH=CH-CH=\overset{\oplus}{N}(CH_3)_2 \quad\longleftrightarrow\quad (CH_3)_2\overset{\oplus}{N}=CH-CH=CH-\bar{N}(CH_3)_2$$

Es liegt also ein vollständiger Bindungsausgleich zwischen Einfach- und Doppelbindungen vor, d. h. die Lokalisierung der Doppelbindungen im Molekül ist aufgehoben.

Bei den *Merocyaninen* hat die zweite Grenzstruktur zwar eine

$$(CH_3)_2\bar{N}-CH=CH-CH=\bar{O} \quad\longleftrightarrow\quad (CH_3)_2\overset{\oplus}{N}=CH-CH=CH-\bar{O}I^{\ominus}$$

geringere Beteiligung am tatsächlichen Bindungszustand des Moleküls, aber ihre Beteiligung ist größer als im Fall der zwitterionischen Grenzstrukturen des Butadiens. Somit liegt hier ein stärkerer Bindungsausgleich als beim Butadien vor.

Regel 2: **Je ausgeprägter der Bindungsausgleich zwischen Einfach- und Doppelbindungen ist, umso längerwellig absorbiert ein konjugiertes π-Bindungssystem (bathochrome Verschiebung).**

Bei Anwendung dieser Regel muß man π-Bindungssysteme von etwa gleicher Länge miteinander vergleichen.

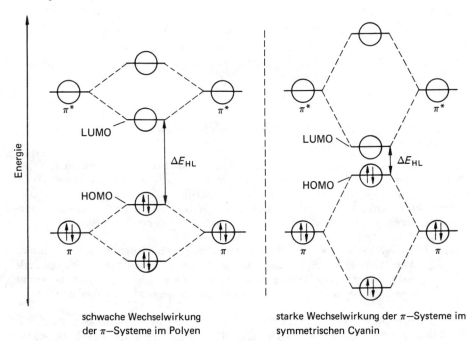

schwache Wechselwirkung der π–Systeme im Polyen

starke Wechselwirkung der π–Systeme im symmetrischen Cyanin

Abb. 3/16. Einfluß des Bindungsausgleichs auf das MOED.

Zur Begründung dieser Regel betrachten wir zwei Doppelbindungen, die miteinander in Wechselwirkung treten sollen. Es ergibt sich jetzt wieder das gleiche MOED wie beim Butadien. Je stärker nun aber die beiden π-Systeme der beiden Doppelbindungen miteinander in Wechselwirkung treten, desto größer wird die Aufspaltung der ursprünglichen π- und π*-MO's. Das bedeutet aber, daß ΔE_{HL} kleiner wird, was einer bathochromen Verschiebung der Absorptionsbande gleichkommt.

Häufig können kleine Veränderungen innerhalb eines Moleküls ein alternierendes π-Bindungssystem in ein System mit Bindungsausgleich überführen. So ist das Aurin in saurer Lösung (pH < 7) gelb gefärbt ($\lambda_{max} = 435$ nm). Hier ist ΔE_{HL} noch relativ groß, da ein System mit alternierenden Bindungen vorliegt.

Fügt man zu der Lösung eine Base, so färbt sie sich kirschrot ($\lambda_{max} = 555$ nm), da die Base von der phenolischen OH-Gruppe ein Proton abspaltet. Im resultierenden Anion liegt aber ein ausgeglichenes π-Bindungssystem vor, wie die Grenzstrukturen zeigen.

Auf diesem Prinzip beruhen die meisten *Indikatoren*. In diesem Fall wird eine bathochrome Verschiebung durch Salzbildung bewirkt, die man deshalb auch als **Halochromie** bezeichnet.

3.3.3 Beeinflussung der Absorptionsbandenlage durch Substituenteneffekte

Führt man in ein Doppelbindungssystem einen + M- bzw. − M-Substituenten ein, der mit dem π-System des Chromophors in konjugative Wechselwirkung treten kann, so wird die Absorptionsbande ins langwellige Gebiet des Spektrums, also bathochrom verschoben. Substituenten mit + *M-Effekt* bezeichnet man als **auxochrome Gruppen**, solche mit − *M-Effekt* als **antiauxochrome Gruppen**.

Regel 3: **Auxochrome bzw. antiauxochrome Gruppen bewirken eine bathochrome Verschiebung des Absorptionsmaximums eines Chromophors. Eine optimale bathochrome Verschiebung erhält man, wenn gleichzeitig eine auxochrome und antiauxochrome Gruppe in Konjugation mit dem Chromophor treten.**

Beispielhaft soll der π-π*-Übergang im Ethen und seine Beeinflussung durch die Einführung einer auxochromen Gruppe (z. B. —$\overline{N}R_2$, —$\overline{O}$—R und Alkylgruppe) betrachtet werden.

$CH_2{=}CH_2 \; \lambda_{max} = 165 \; nm$	$CH_2{=}CH{-}\overline{N}R_2 \; \lambda_{max} = 215 \; nm$
$CH_2{=}CH{-}CH{=}CH_2 \; \lambda_{max} = 217 \; nm$	$CH_2{=}CH{-}CH{=}CH{-}\overline{N}R_2 \; \lambda_{max} = 267 \; nm$

Die Molekülorbitale von $CH_2{=}CH{-}\overline{D}$ ($\overline{D} = +$ M-Substituent mit freiem Elektronenpaar) kann man veranschaulichen, indem man eine konjugative Wechselwirkung zwischen den π- bzw. π^*-MO's der zugrundeliegenden Ethenkörper und dem Donatoreinzentrenmolekülorbital (freies Elektronenpaar) annimmt. Hierbei handelt es sich um eine Wechselwirkung zwischen Orbitalen φ_1 und φ_2 ungleicher Energie, wobei zwei neue Molekülorbitale ψ_1 und ψ_2 entstehen, von denen eines energieärmer (stabiler) ist als das Ausgangsorbital φ_1, das andere energiereicher (instabiler) als das Ausgangsorbital φ_2 (Abb. 3/17).

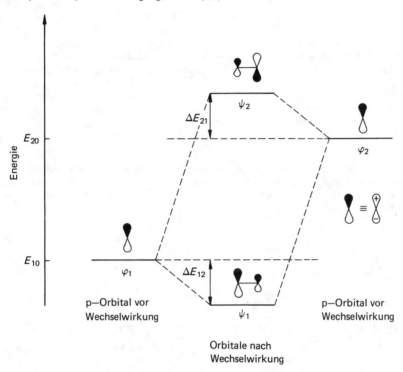

Abb. 3/17. *Wechselwirkung zweier Ausgangsorbitale ungleicher Energie.*

Das energieärmere MO ψ_1 ähnelt dem energieärmeren Ausgangsorbital φ_1, während das energiereichere MO ψ_2 mehr dem energiereicheren Ausgangsorbital φ_2 ähnelt.
Mathematisch bedeutet dies, daß die Ausgangsorbitale φ_1 und φ_2 mit unterschiedlichen Anteilen (C_1, C_2) überlagert werden.
Wellenfunktion des energieärmeren MO's:

$$\psi_1 = C_1 \varphi_1 + C_2 \varphi_2 \quad \text{mit} \quad C_1 > C_2$$

Wellenfunktion des energiereicheren MO's:

$$\psi_2 = C_1^* \varphi_1 - C_2^* \varphi_2 \quad \text{mit} \quad C_1^* < C_2^*$$

Dies bedeutet für das MO ψ_1, daß die Wahrscheinlichkeit, ein Elektron von ψ_1 in einem Raumbereich des Ausgangsorbitals φ_1 zu finden, größer ist als im Raumbereich von φ_2. Die

59

umgekehrte Aussage gilt für ψ_2. Da das stabilere MO ψ_1 dem Ausgangsorbital ähnelt, sagt man, daß das Ausgangsorbital φ_1 infolge der Wechselwirkung mit φ_2 um einen Betrag ΔE_{12} stabilisiert wird (Abb. 3/17). Entsprechend wird φ_2 um einen Betrag ΔE_{21} destabilisiert. (Beachte: ΔE_{ij} = Energieänderung des i-ten MO's durch Wechselwirkung mit dem j-ten MO.) Eine quantenmechanische Näherungsrechnung zeigt, daß $\Delta E_{12} = -\Delta E_{21}$, d. h. φ_1 wird um den gleichen Betrag stabilisiert wie φ_2 destabilisiert wird. Weiterhin ergibt sich, daß die Energieänderung infolge der Wechselwirkung der Orbitale umgekehrt proportional zur ursprünglichen Energiedifferenz $E_{10} - E_{20}$ der wechselwirkenden Orbitale ist und näherungsweise proportional zum Quadrat ihres Überlappungsgrades S_{12}.

Der Interferenzterm $\varphi_1 \cdot \varphi_2$ (vgl. Kap. 3.3.1) ist ein Maß für den Überlappungsgrad S_{12}. Es gilt also:

$$\Delta E_{12} \approx k \cdot \frac{S_{12}^2}{E_{10} - E_{20}} < 0 \qquad \Delta E_{21} \approx k \cdot \frac{S_{12}^2}{E_{20} - E_{10}} > 0$$

k ist eine Konstante. Der Fall $E_{10} = E_{20}$ wurde schon im Kap. 3.3.1 behandelt. Für ihn treffen die obigen Näherungsformeln nicht zu. Die Größe der Orbitallappen in den MO-Skizzen soll andeuten, wie stark die entsprechenden Ausgangsorbitale φ_1 bzw. φ_2 im resultierenden MO beteiligt sind.

Kann ein MO φ_i gleichzeitig mit mehreren Orbitale φ_j (j ≠ i) wechselwirken, so ergibt sich für jede Wechselwirkung eine Energieänderung des Orbitals i von ΔE_{ij}. Die gesamte Energieänderung des i-ten Orbitals ist die Summe aller Energieänderungen infolge der Wechselwirkung mit Nachbarorbitalen:

$$\Delta E_i = \sum_{j \neq i} \Delta E_{ij}$$

Wendet man diese Erkenntnisse auf die Wechselwirkung eines freien Elektronenpaars einer Donatorgruppe $\overline{D}$ mit dem π- und π^*-MO des Ethenkörpers an, so ergibt sich für den Fall, daß das Donatororbital $\varphi_{\overline{D}}$ energetisch tiefer liegt als das besetzte π-MO im Ethen, das MO-Schema der Abb. 3/18.

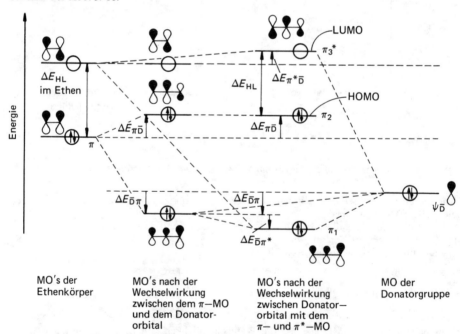

Abb. 3/18. Wechselwirkung einer Donatorgruppe mit einem π-System.

π_1 ähnelt dem Donatororbital, während π_2 und π_3^* dem π- bzw. π^*-MO ähneln. Durch die Wechselwirkung des Donatororbitals mit dem π- und dem π^*-MO des Ethenkörpers wird das Donatororbital um den Betrag $\Delta E_{\overline{D}\pi} + \Delta E_{\overline{D}\pi^*}$ stabilisiert. Das π-MO wird um $\Delta E_{\pi^*\overline{D}}$ destabilisiert; entsprechend wird das π^*-MO um $\Delta E_{\pi^*\overline{D}}$ destabilisiert. Da aber die Energie des Donatororbitals näher bei dem π-MO liegt als bei dem π^*-MO, wird das π-MO stärker destabilisiert als das π^*-MO, wodurch die Energiedifferenz ΔE_{HL} im Vergleich zum Ethen kleiner ist. Dies hat eine bathochrome Verschiebung zur Folge. Näherungsweise kann man sogar von der Destabilisierung des π^*-MO's absehen. Dann erkennt man leicht, daß die Destabilisierung des π-MO's ein Maß für den + M-Effekt des Donators ist. Je größer der + M-Effekt der auxochromen Gruppe, desto kleiner wird ΔE_{HL} und umso größer wird die bathochrome Verschiebung.

Macht man die schwach hellgelbe Lösung von p-Nitrophenol alkalisch, so färbt sie sich intensiv gelb, da die auxochrome OH-Gruppe durch das stärker auxochrome $-\overline{O}|^{\ominus}$ ersetzt wird, das einen stärkeren + M-Effekt besitzt.

$$O_2N-\langle\bigcirc\rangle-\overline{O}-H \;+\; {}^{\ominus}|\overline{O}-H \;\rightleftarrows\; O_2N-\langle\bigcirc\rangle-\overline{O}|^{\ominus} \;+\; H_2O$$

$\lambda_{max} = 320$ nm (hellgelb) $\qquad\qquad\qquad\qquad$ $\lambda_{max} = 400$ nm (gelb)

Die hellgelbe Farbe des Nitrophenols kommt durch die breite Absorptionsbande zustande, die sich als Ausläufer noch über $\lambda = 400$ nm erstreckt.

Im allgemeinen enthalten die Chromophore mehrere π-MO's, mit denen das Donatororbital wechselwirken kann. Für die Farbigkeit ist aber praktisch nur die Wechselwirkung des Donatormolekülorbitals mit dem HOMO und dem LUMO des Chromophors interessant.

Antiauxochrome Gruppen bestehen als $-$M-Substituenten meist aus polaren Doppelbindungssystemen (z. B. $>C=\overline{O}$; $-NO_2$; etc.). Die konjugative Wechselwirkung des π-Systems der antiauxochromen Gruppe mit dem π-System des Chromophors führt zu einer Verkleinerung des energieärmsten π-π^*-Energieabstands.

Dies zeigt das MO-Schema des Acroleins ($CH_2{=}CH{-}CH{=}\overline{O}$), das man durch Wechselwirkung der π-MO's der Ethenkörper mit den π-MO's der Carbonylgruppe erhält.

Abb. 3/19. MO-Schema des Acroleins.

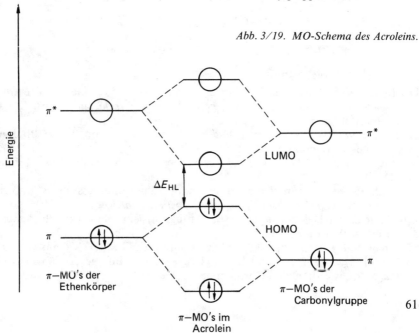

61

Beispiele:
$$CH_2=CH_2 \qquad\qquad \lambda_{max} = 165\ nm$$

$$CH_2=\overline{O} \qquad\qquad \lambda_{max} = 185\ nm$$

$$CH_2=CH-CH=\overline{O} \qquad\qquad \lambda_{max} = 207\ nm$$

$$CH_2=CH-CH=CH_2 \qquad\qquad \lambda_{max} = 217\ nm$$

$$CH_2=CH-CH=CH-CH=\overline{O} \qquad\qquad \lambda_{max} = 237\ nm$$

Eine verstärkte bathochrome Verschiebung erzielt man, wenn man *gleichzeitig* eine *auxochrome* und eine *antiauxochrome Gruppe* in ein Chromophorensystem einführt.

Beispiele:
$$CH_2=CH-CH=CH_2 \qquad\qquad \lambda_{max} = 217\ nm$$

$$CH_2=CH-CH=CH-CH=\overline{O} \qquad\qquad \lambda_{max} = 237\ nm$$

$$CH_2=CH-CH=CH-\overline{N}(CH_3)_2 \qquad\qquad \lambda_{max} = 267\ nm$$

$$(CH_3)_2\overline{N}-CH=CH-CH=CH-CH=\overline{O} \qquad\qquad \lambda_{max} = 347\ nm$$

Häufig bewirkt die gleichzeitige Einführung einer auxochromen und antiauxochromen Gruppe noch zusätzlich einen Bindungsausgleich zwischen Doppel- und Einfachbindungen im chromophoren System, was eine starke bathochrome Verschiebung ergibt. Dies ist besonders dann der Fall, wenn die beiden Gruppen an entgegengesetzten Stellen des π-Systems sitzen. So kann man sich das symmetrische Cyanin mit n=2 vom Chromophor Butadien abgeleitet denken, bei dem eine —$\overline{N}(CH_3)_2$-Gruppe als Auxochrom und eine —$CH\!\!=\!\!\overset{\oplus}{N}(CH_3)_2$-Gruppe als Antiauxochrom eingeführt wurden.

Beispiele:
$$CH_2=CH-CH=CH_2 \qquad\qquad \lambda_{max} = 217\ nm$$

$$(CH_3)_2\overline{N}-CH=CH-CH=CH_2 \qquad\qquad \lambda_{max} = 267\ nm$$

$$CH_2=CH-CH=CH-CH=\overset{\oplus}{N}(CH_3)_2 \qquad\qquad \lambda_{max} = 270\ nm$$

$$(CH_3)_2\overline{N}-CH=CH-CH=CH-CH=\overset{\oplus}{N}(CH_3)_2 \qquad\qquad \lambda_{max} = 416\ nm$$

$$(CH_3)_2\overset{\oplus}{N}=CH-CH=CH-CH=CH-\overline{N}(CH_3)_2$$

Die Regeln 1 bis 3 lassen sich derart zusammenfassen, daß eine *starke Delokalisation der π-Elektronen häufig zu einer bathochromen Verschiebung* führt. Die starke Delokalisation kann wie folgt bewirkt werden:

a) durch *räumliche Verlängerung und Ausdehnung* des konjugierten Bindungssystems des Chromophors (Regeln 1; 3),

b) durch einen *Bindungsausgleich* zwischen Einfach- und Doppelbindungen (Regel 2),

c) durch *räumliche Ausdehnung* des konjugierten Bindungssystems infolge der *Wechselwirkung des Chromophors mit Substituenten* (Regel 3).

Das Ausmaß der Delokalisierung läßt sich häufig sehr einfach durch Betrachtung der Grenzstrukturen erkennen. Hierzu sei die Lichtabsorption der Stilbene beschrieben. Stilben (1,2-Diphenyl-Ethen) absorbiert mit $\lambda_{max} = 306$ nm langwelliger als Benzol ($\lambda_{max} = 262$ nm) und Ethen ($\lambda_{max} = 165$ nm) infolge des längeren konjugierten Bindungssystems im Chromophor (Regel 1).

Durch Einführung auxochromer und antiauxochromer Gruppen in den Grundkörper Stilben kann man farbige Substanzen erhalten (Regel 3).

Stilben

λ_{max} = 370 nm (hellgelb)

λ_{max} = 340 nm (farblos)

λ_{max} = 495 nm (rot)

Die starke Beteiligung der zweiten Grenzstruktur beim p,p'-Dimethylaminonitrostilben führt zu einem starken Bindungsausgleich, so daß die konjugative Wechselwirkung zwischen der Ethendoppelbindung und den beiden aromatischen Benzolringen verstärkt wird. Dadurch kommt die starke bathochrome Verschiebung zustande.

3.3.4 Versuche

V 1 Bathochromer Effekt bei Phenolderivaten

Chemikalien: Phenol; 4-Nitrophenol; 2,4,6-Trinitrophenol (Pikrinsäure); Methanol; NaOH verd.

Durchführung: Man löst jeweils zwei Spatelspitzen Phenol, 4-Nitrophenol und Pikrinsäure in ca. 5 ml Methanol und verteilt jede Lösung auf zwei Reagenzgläser. Zu jeweils einer der verschiedenen Lösungen fügt man einige Tropfen verd. NaOH hinzu und vergleicht die Farbe der alkalischen mit der ursprünglichen Lösung.

V 2 Hypsochromer Effekt bei einem Anilinderivat

Chemikalien: 4-Nitroanilin; Methanol; Anilin; HCl konz.; NaOH-Plätzchen

Durchführung: Man löst eine Spatelspitze 4-Nitroanilin in 2 bis 3 ml Methanol und gibt 1 ml konz. HCl hinzu. Anschließend fügt man NaOH-Plätzchen hinzu: mit konz. Natronlauge kehrt die Ausgangsfarbe wieder.

V 3 Bathochromer Effekt durch eine antiauxochrome Gruppe

Chemikalien: N,N-Dimethylanilin; konz. HCl; $NaNO_2$; konz. NaOH; Ether; Eis

Geräte: 400 ml-Becherglas

Durchführung: Zu einigen Tropfen Dimethylanilin gibt man 5 ml Eiswasser und fügt ca. 1 ml konz. HCl hinzu. Die Mischung wird in Eiswasser gekühlt. Man stellt in einem zweiten Reagenzglas eine konzentrierte $NaNO_2$-Lösung her (2 Spatelspitzen in 2 ml Wasser) und kühlt ebenso. Nach etwa 2 Minuten gibt man die Natriumnitritlösung tropfenweise unter Kühlung zur Dimethylanilinlösung. Man lasse solange stehen, bis sich ein deutlicher orange-gelber Niederschlag abgesetzt hat. Die überstehende Lösung wird dekantiert und ein Teil der Niederschlagsuspension zu frisch hergestellter konz. Natronlauge (5 Plätzchen auf 2 ml Wasser) gegeben. Es entsteht ein smaragdgrüner Niederschlag, den man durch Zugabe von Ether in der Etherphase lösen kann.

Hinweis: Das aus der salpetrigen Säure gebildete Nitrosylion $NO^{\oplus}$ greift als elektrophiles Agens in p-Stellung an, wobei an der Dimethylaminogruppe protoniertes p-Nitrosodimethylanilin entsteht, das in salzsaurer Lösung als Chlorid ausfällt (orange-gelbe Farbe).

Was geschieht durch Zugabe einer Base?

V 4 Bathochromer Effekt bei der Anilierung des Chinons

Chemikalien: p-Benzochinon; verd. Essigsäure; Anilin

Durchführung: Man löse unter Erwärmen im Reagenzglas eine Spatelspitze p-Benzochinon in etwa 6 ml Wasser. In einem zweiten Reagenzglas löse man etwa ½ ml Anilin in ca. 5 ml Essigsäure. Diese Lösung gibt man langsam zur Chinonlösung.

Es erfolgt zunächst eine nucleophile Addition an eine der aktivierten Doppelbindungen im Chinon. Das entstehende Hydrochinonderivat wird anschließend durch Sauerstoff oxidiert (vgl. auch Bd. 1, Kap. 9.1.4.3).

Reaktionsmechanismus für die Addition?

V 5 Einfluß des Bindungsausgleichs auf die Farbigkeit beim Aurin

Chemikalien: Phenol; Oxalsäure; Brennspiritus; H_2SO_4 konz.; HCl konz.; konz. NaOH; pH-Papier

Durchführung: Man füllt in ein Reagenzglas ca. 1 cm hoch Phenol, fügt 3 Spatelspitzen Oxalsäure sowie einige Tropfen H_2SO_4 konz. zu und erhitzt bei kleiner Flamme bis zur Rotfärbung. Nach dem Abkühlen wird die Schmelze mit Brennspiritus versetzt, geschüttelt und vom Unlöslichen abdekantiert. Die Lösung wird mit NaOH alkalisch gemacht (pH-Papier!). Durch anschließende HCl-Zugabe kann die Färbung rückgängig gemacht werden.

Deuten Sie die auftretenden Färbungen (vgl. Kap. 3.3.2), ohne auf die Synthese des Aurins einzugehen.

V 6 Fluoreszenz bei Eosin und Fluorescein

Chemikalien: Eosin; Fluorescein
Geräte: UV-Lampe oder starke Weißlichtlampe (Dia-Projektor)
Durchführung: Es werden in Reagenzgläsern sehr stark verdünnte wäßrige Lösungen von Eosin und Fluorescein hergestellt und mit UV-Licht bestrahlt.

V 7 Phosphoreszenz

Chemikalien: Weinsäure; Fluorescein
Geräte: UV-Lampe oder starke Weißlichtlampe (Dia-Projektor)
Durchführung: Im Reagenzglas wird ein Spatel Weinsäure mit einer Spur Fluorescein über kleiner Flamme bis zur Schmelze erhitzt. Nach dem Abkühlen auf Raumtemperatur (evtl. unter fließendem Wasser) bestrahlt man im abgedunkelten Raum das Gemenge einige Sekunden mit UV-Licht oder dem Licht einer Projektorlampe. Man entferne das Reagenzglas aus dem Lichtbereich und beschreibe die Beobachtung.
Nach Abkühlen des Gemenges im Tiefkühlfach eines Kühlschranks wiederhole man den Versuch und vergleiche.

V 8 Photochemische Reaktion

Chemikalien: HCl verd.; AgNO_3-Lösung
Geräte: UV-Lampe oder starke Weißlichtlampe (Dia-Projektor)
Durchführung: Man stellt aus Silbernitratlösung und verdünnter Salzsäure einen Niederschlag von Silberchlorid her und bestrahlt einige Minuten unter UV-Licht oder dem Licht eines Projektors.

3.3.5 Aufgaben

A 1 Welche Verbindung absorbiert bei größerer Wellenlänge?

a) $CH_3-CH=CH-\overset{\displaystyle |O|}{\underset{}{C}}-CH_3$ oder $CH_2=CH-CH_2-\overset{\displaystyle |O|}{\underset{}{C}}-CH_3$

b) $CH_3-\overset{\displaystyle |O|}{\underset{}{C}}-\overset{\displaystyle |O|}{\underset{}{C}}-CH_3$ oder $CH_3-\overset{\displaystyle |O|}{\underset{}{C}}-CH_2-\overset{\displaystyle |O|}{\underset{}{C}}-CH_3$

c)

oder

d) $(CH_3)_2\bar{N}-$⟨◯⟩$-CH=CH-$⟨◯⟩$-NO_2$ oder $(CH_3)_2\bar{N}-$⟨◯⟩$-CH=CH-$⟨◯⟩$-NO_2$

65

e) $(CH_3)_2\overline{N}-CH=CH-CH=CH-CH=\overline{O}$ oder $(CH_3)_2\overline{N}-CH=CH-CH=CH-CH=\overset{\oplus}{N}(CH_3)_2$

f) $CH_2=CH-\overline{O}-CH_3$ oder $CH_2=CH-\overline{N}(CH_3)_2$

g) $(CH_3)_2\overline{N}-\!\!\left\langle\!\!\!\bigcirc\!\!\!\right\rangle\!\!-CH=\!\!\left\langle\!\!\!\bigcirc\!\!\!\right\rangle\!\!=\overset{\oplus}{N}(CH_3)_2$ oder $(CH_3)_2\overline{N}-\!\!\left\langle\!\!\!\bigcirc\!\!\!\right\rangle\!\!-CH=\!\!\left\langle\!\!\!\bigcirc\!\!\!\right\rangle\!\!=\overline{O}$

A 2 Begründen Sie die Zuordnung der Bandenart zu der Bandenlage im Fall des $>\!C=\overline{O}$-Chromophors (vgl. Tab. 3/2.)!

A 3 p-Nitrodimethylanilin gibt in Wasser eine gelbe Lösung. Beim Ansäuern wird die Lösung farblos. Geben Sie dafür eine Erklärung!

A 4 Begründen Sie, warum der n-π*-Übergang beim $>\!C=\overline{S}$-Chromophor bei größerer Wellenlänge erfolgt als bei dem $>\!C=\overline{O}$-Chromophor!

LK A 5

stark unterschiedliche Elektronenanregungsspektren, wobei die Bande bei II ins langwellige Gebiet verschoben wird.

haben praktisch gleiche Spektren. Geben Sie dafür eine Erklärung!

LK A 6 Die langwelligste Bande bei cis-Stilben (1,2-Diphenylethen) liegt bei $\lambda = 285$ nm, die von trans-Stilben bei 306 nm. Geben Sie dafür eine Erklärung!

3.4   Der Begriff des Farbstoffs

Jeder Stoff, der im Bereich 400 nm $< \lambda <$ 750 nm Licht absorbiert, erscheint *farbig*. Aber nicht jeder farbige Stoff ist als Farbstoff geeignet. Von einem *Farbstoff* verlangt man, daß er die Fähigkeit besitzt, andere Stoffe wie z. B. Textilfasern oder Leder möglichst licht- und waschecht zu *färben*. Außerdem muß der Farbstoff säure- und laugenbeständig sein. Aus diesem Grund sind Indikatoren nicht als Farbstoffe geeignet.
Die Farbstoffe können nach verschiedenen Gesichtspunkten eingeteilt werden:
a) nach der *chemischen Konstitution* der Farbstoffmoleküle (z. B. Azo-Farbstoffe, Triphenylmethanfarbstoffe usw.),
b) nach der *Art des Färbeprozesses* (Beizenfarbstoffe, Direktfarbstoffe, Küpenfarbstoffe, Reaktivfarbstoffe usw.).

3.4.1 Beispiele für die chemische Konstitution der Farbstoffe

3.4.1.1 Azofarbstoffe

Azofarbstoffe enthalten als Chromophor die beiderseits aromatisch gebundene Azogruppe.

Aromatische Verbindung $\boxed{-N=N-}$ aromatische Verbindung

Sie stellen mengenmäßig die größte und bedeutendste Farbstoffgruppe dar.

Ihr einfachster Vertreter ist das Azobenzol $\langle\bigcirc\rangle-N=N-\langle\bigcirc\rangle$, dessen langwelligster π-π*-Übergang bei $\lambda_{max} = 330$ nm liegt. Wegen der n-π*-Übergänge im sichtbaren Bereich erscheint die Substanz allerdings orange gefärbt. Durch Einführung von auxochromen und antiauxochromen Gruppen wird die intensive π-π*-Bande in den sichtbaren Bereich verschoben. Dann wird die Farbe im wesentlichen vom π-π*-Übergang bestimmt, da dieser sehr viel intensiver ist als der n-π*-Übergang. Auf diese Weise erzielt man aber meist nur Lichtabsorptionen im kurzwelligen Bereich des sichtbaren Lichtes, so daß diese Azoverbindungen meist gelb, orange oder allenfalls rot aussehen. Durch Einführung mehrerer Azogruppen, die möglichst über Naphthalinringe verknüpft sein sollen, läßt sich das delokalisierte π-System soweit ausdehnen, daß man auch blaue, grüne und sogar schwarze Azofarbstoffe erhält. Es liegen dann meist mehrere π-π*-Übergänge im sichtbaren Bereich vor.

Beispiele:

p–Aminoazobenzol	β–Naphtholorange	Echtrot
Farbe: gelb	Farbe: orange	Farbe: rot
$\lambda_{max}^{\pi\text{-}\pi^*} = 390$ nm	$\lambda_{max}^{\pi\text{-}\pi^*} = 484$ nm	$\lambda_{max}^{\pi\text{-}\pi^*} = 500$ nm

Direkttiefschwarz EW

Die Synthese der Azofarbstoffe geschieht meist über die **Azokupplungsreaktion,** bei der man zunächst ein *Diazoniumsalz* herstellt. Primäre Amine reagieren mit salpetriger Säure in Gegenwart von Mineralsäure HX unter Bildung des Diazoniumkations.

$$R-\overline{N}H_2 + HNO_2 + HX \longrightarrow R-N\equiv\overset{\oplus}{N}| + X^{\ominus} + 2\,H_2O$$

In der Praxis setzt man das Amin in wäßriger Lösung mit Natriumnitrit und überschüssiger Mineralsäure um. Die Mineralsäure erzeugt dabei zunächst aus den Nitritionen salpetrige Säure und aus dieser das Distickstofftrioxid N_2O_3:

$$H-\underline{\bar{O}}-\bar{N}=\underline{\bar{O}} \xrightleftharpoons{+H^{\oplus}} H-\underset{\oplus}{\overset{H}{\underset{|}{\bar{O}}}}-\bar{N}=\underline{\bar{O}} \xrightleftharpoons[-H_2O]{+\,^{\ominus}|\underline{\bar{O}}-\bar{N}=\underline{\bar{O}}} \underline{\bar{O}}=\bar{N}-\underline{\bar{O}}-\bar{N}=\underline{\bar{O}}$$

Dann überträgt das N_2O_3 ein Nitrosylkation ($NO^{\oplus}$) auf das freie Elektronenpaar am Stickstoffatom des primären Amins.

$$R-\overset{H}{\underset{H}{\bar{N}}} + \underline{\bar{O}}=\bar{N}-\underline{\bar{O}}-\bar{N}=\underline{\bar{O}} \xrightleftharpoons{-NO_2^{\ominus}} R-\overset{H}{\underset{H}{\overset{|}{\underset{|}{N}}}}-\bar{N}=\underline{\bar{O}} \xrightleftharpoons{-H^{\oplus}}$$

$$R-\bar{N}=\bar{N}-\underline{\bar{O}}-H \xrightleftharpoons{+H^{\oplus}} R-\bar{N}=\bar{N}-\underset{\oplus}{\overset{H}{\underset{|}{\underline{O}}}}-H \xrightleftharpoons[-H_2O]{} R-\overset{\oplus}{N}\equiv N|$$

Diazohydroxid   Diazoniumkation

Da im Diazoniumkation die Struktur des stabilen molekularen Stickstoffs bereits „vorgebildet" ist, spaltet dies leicht Stickstoff ab, wobei ein Carbeniumion entsteht, das dann weitere Reaktionen eingehen kann (Addition eines Nucleophils, Eliminierung, Umlagerung usw.).

$$R-\overset{\oplus}{N}\equiv N| \longrightarrow R^{\oplus} + |N\equiv N|$$

Dies tritt immer ein, wenn R ein aliphatischer Rest ist, so daß aliphatische Diazoniumsalze praktisch nicht isolierbar sind. Ist R hingegen ein aromatischer Rest, so wird das Diazoniumkation durch die Konjugation der $N\equiv N$-π-Elektronen mit dem aromatischen π-System mesomeriestabilisiert, so daß aromatische Diazoniumsalze unterhalb 5°C stabil sind. (Bei Temperaturen oberhalb 5°C findet Stickstoffabspaltung unter Bildung von Phenol in wäßriger Lösung statt.)

I   II   III

IV   V   VI

Das Diazoniumsalz besitzt am endständigen Stickstoffatom elektrophile Eigenschaften (Elektronenmangel), wie aus der Grenzstruktur II ersichtlich wird. Zu beachten ist, daß für die *elektrophilen* Eigenschaften nicht die Ladung, sondern das *Elektronendefizit* maßgebend ist. Aus diesem Grund sind die Diazoniumionen in der Lage, Aromaten unter *elektrophiler Substitution* anzugreifen. Wegen der starken Delokalisation der positiven Ladung (vgl. Grenzstrukturen) ist es nur ein schwaches elektrophiles Reagenz. Deshalb können nur stark aktivierte Aromaten wie z.B. aromatische Amine (starker +M-Effekt der Aminogruppe) und Phenole (starker +M-, +I-Effekt des $-\underline{\bar{O}}|^{\ominus}$ im Phenolatanion) mit Diazoniumionen umgesetzt werden. Die Elektrophilie des Diazoniumkations kann durch $-$M- und $-$I-Substituenten erhöht werden (z.B. $-NO_2$ usw.).

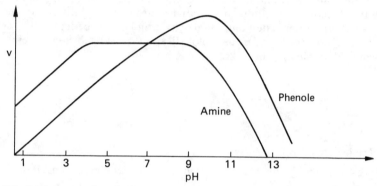

σ−Komplex

Wegen der *Größe* des angreifenden Diazoniumions erfolgt der Angriff fast ausschließlich in *para-Stellung* zum Erstsubstituenten.

Für jede Kupplungsreaktion gibt es einen optimalen pH-Wert. Dies kann man feststellen, wenn man die Reaktionsgeschwindigkeit v einer Azokupplungsreaktion als Funktion des pH-Wertes untersucht (Abb. 3/20).

Abb. 3/20. Reaktionsgeschwindigkeit der Azokupplungsreaktion als Funktion des pH-Wertes.

Kuppelt man mit Aminen, so arbeitet man am besten in einem pH-Bereich von 4 bis 9. Im stärker sauren Bereich ist die Konzentration an freiem Amin zu gering und das protonierte Amin kann wegen des Wegfalls des + M-Effektes der ursprünglichen NH_2-Gruppe nicht angegriffen werden. Im stärker basischen Bereich wird das Diazoniumkation in das Diazohydroxid umgewandelt, das nicht mehr zur elektrophilen Substitution befähigt ist.

Diazohydroxid

Bei Phenolen als Kupplungspartner liegt der optimale pH-Wert bei 9 bis 10. Das Phenolation ist wegen des starken + M- und + I-Effektes des $—\overline{O}|^{\ominus}$ wesentlich reaktiver als das Phenol selbst. Da mit steigendem pH-Wert die freie Phenolationenkonzentration zunimmt, sollte die Reaktionsgeschwindigkeit mit steigendem pH-Wert ansteigen. Allerdings nimmt bei pH-Werten größer als 10 die Diazoniumkationenkonzentration wegen der Diazohydroxidbildung wieder ab, so daß der optimale pH-Wert bei 9 bis 10 liegt. Dies nutzt man aus, wenn man Naphthalinderivate, die sowohl die NH_2- als auch die OH-Gruppe enthalten, als Kupplungspartner benutzt. Bei pH 5 bis 7 dirigiert die NH_2-Gruppe, bei pH 8 bis 10 die OH-Gruppe.

69

Manche Azofarbstoffe finden als *Indikatoren* Verwendung. Die Wirkung eines Indikators beruht darauf, daß Indikatorsäure und Indikatorbase unterschiedliche Farbe besitzen. Methylorange ist bei pH-Werten größer als 4 gelborange ($\lambda_{max} = 473$ nm) gefärbt.

Die zweite Grenzstruktur hat nur einen geringen Anteil an dem tatsächlichen Elektronenzustand, d.h. der Bindungsausgleich ist gering (schwache Delokalisation der π-Elektronen). Bei pH-Werten kleiner als 3,5 wird Methylorange an einem N-Atom der Azogruppe protoniert und nimmt dabei eine rote Farbe an ($\lambda_{max} = 510$ nm). Das protonierte Methylorange (Indikatorsäure) ist mesomeriestabilisiert, da jetzt die zweite Grenzstruktur der ersten nahezu gleichwertig ist. Das bedeutet, daß der Bindungsausgleich sehr stark ist (große Delokalisation), was nach Regel 2 eine starke bathochrome Verschiebung bewirkt.

3.4.1.2 Triphenylmethanfarbstoffe

Diese Farbstoffklasse leitet sich vom *Triphenylcarbeniumion* als Chromophor ab.

$\lambda_{max} = 428$ nm Farbe: gelb

Durch Einführung auxochromer Gruppen in Parastellung kann man die Lichtabsorption weiter ins langwellige Gebiet verschieben.

Fuchsondimethylimmoniumchlorid
$\lambda_{max} = 480$ nm

Grenzstruktur II hat den größten Anteil an der tatsächlichen Elektronenverteilung, da in ihr alle Atome valenzmäßig abgesättigt sind (Oktett).
Führt man eine zweite $(CH_3)_2\overline{N}$-Gruppe ein, so beobachtet man eine weitere bathochrome Verschiebung.

(H₃C)₂N̄— structures I, II, III diagrams

$$(H_3C)_2\bar{N}\!-\!\!\langle\rangle\!-\!\overset{\oplus}{C}\!-\!\langle\rangle\!-\!\bar{N}(CH_3)_2 \quad\longleftrightarrow\quad (H_3C)_2\bar{N}\!-\!\!\langle\rangle\!-\!C\!=\!\langle\rangle\!=\!\overset{\oplus}{N}(CH_3)_2$$

I   II

$$\longleftrightarrow\quad (H_3C)_2\overset{\oplus}{N}\!=\!\langle\rangle\!=\!C\!-\!\langle\rangle\!-\!\bar{N}(CH_3)_2 \quad\longleftrightarrow\quad \text{etc.}$$

III

Malachitgrün $\lambda_{max_1} = 420$ nm $\lambda_{max_2} = 623$ nm Farbe: grün

Die Grenzstrukturen II und III sind gleichstark am tatsächlichen Elektronenzustand beteiligt. Die zusätzliche auxochrome Gruppe erhöht die Delokalisation und sorgt für einen Bindungsausgleich. Führt man eine dritte $(CH_3)_2\bar{N}$-Gruppe ein, so kommt man zum *Kristallviolett*. Man sollte zunächst eine weitere bathochrome Verschiebung erwarten. Statt dessen beobachtet man eine hypsochrome Verschiebung ($\lambda_{max} = 593$ nm). Hierfür kann man folgende Erklärung geben:

Betrachtet man ein Molekülmodell für das Triphenylcarbeniumion, so erkennt man, daß sich die 6 ortho-ständigen H-Atome bei planarer Anordnung gegenseitig stören würden, so daß die Benzolringe aus der Ebene herausgedreht werden und sich eine propellerartige Struktur ausbildet. Dadurch wird die konjugative Wechselwirkung und damit die Delokalisation der π-Elektronen eingeschränkt. Beim Malachitgrün besteht nun eine optimale konjugative Wechselwirkung zwischen den Benzolringen, die die —$\bar{N}(CH_3)_2$-Gruppe tragen. Aus diesem Grund ebnen sich diese beiden Phenylringe auf Kosten des dritten ein, der dafür entsprechend aus der Ebene herausgedreht wird. Durch die starke Delokalisation zwischen diesen beiden Benzolringen wird die starke bathochrome Verschiebung verständlich. Beim Kristallviolett sind hingegen alle drei Benzolringe gleichwertig, so daß alle etwas aus der Ebene herausgedreht werden und sich wiederum eine propellerartige Struktur herausbildet. Dadurch wird die Delokalisation aber eingeschränkt, was eine hypsochrome Verschiebung im Vergleich zum Malachitgrün zur Folge hat.

Säuert man eine Kristallviolett-Lösung leicht an, so wird eine $(CH_3)\bar{N}$-Gruppe protoniert. Dadurch wird der entsprechende Benzolring nicht mehr so stark an der Mesomerie beteiligt, und das System ähnelt dem des Malachitgrüns. Die Lösung erscheint deshalb grün. Bei stärkerem Ansäuern färbt sich die Lösung gelb, da durch die zweite Protonierung einer $(CH_3)\bar{N}$-Gruppe das System dem Fuchsondimethylimmoniumchlorid gleicht.

violett   grün   gelb

Triphenylmethanfarbstoffe zeigen neben der Absorption eine starke Reflexion und wurden deshalb früher wegen ihrer leuchtenden Farbtöne geschätzt. Sie sind jedoch nicht sehr wasch- und lichtecht und finden heute nur noch zur Herstellung von Druckfarben, Kopierstiften usw. Verwendung.

Bei der Synthese der Triphenylmethanfarbstoffe setzt man eine Verbindung mit positiv polarisiertem C-Atom (Benzaldehyd, Benzophenon[1] usw.) mit einem Anilin- oder Phenolderivat um. In einer elektrophilen Substitutionsreaktion bildet sich das Triphenylmethangerüst. Entsteht das farblose Triphenylmethan $(C_6H_5)_3C$—H, so muß dieses noch zum Carbinol $(C_6H_5)_3C$—O—H oxidiert werden, das dann beim Ansäuern unter Bildung eines Carbeniumions Wasser abspaltet.

Beispiel: Synthese des Malachitgrüns

Malachitgrün

Mit den Triphenylmethanfarbstoffen eng verwandt sind die *Phthaleine,* deren Synthese vom Phthalsäureanhydrid ausgeht.

Phenolphthalein erhält man durch Zusammenschmelzen von einem Mol Phthalsäureanhydrid mit zwei Mol Phenol in Gegenwart von konzentrierter Schwefelsäure. In saurer Lösung liegt Phenolphthalein in der *farblosen Lactonform* vor (Lactone sind cyclische Ester von Hydroxycarbonsäuren). Bei Zugabe von Basen wird der Lactonring geöffnet, und es entsteht ein *delokalisiertes chinoides* Bindungssystem, das sich durch seine tiefrote Farbe ($\lambda_{max} = 550$ nm) zu erkennen gibt. Durch Zugabe von Säure ist die Reaktion umkehrbar, worauf die Indikatorwirkung beruht.

1

Phthalsäure-
anhydrid   Phenol

chinoide Form

Fluorescein ergibt sich beim Zusammenschmelzen von einem Mol Phthalsäureanhydrid mit zwei Mol Resorcin bei 200 °C in Gegenwart von Zinkchlorid. Dabei entsteht zunächst die farblose Lactonform, die dann bei Zugabe von Natronlauge in
die chinoide Form übergeht. Das Fluorescein hat eine gelbrote Eigenfarbe
($\lambda_{max} = 485$ nm) und zeigt daneben in wäßriger Lösung eine grüne Fluoreszenz, die
auch in starker Verdünnung ($4 \cdot 10^{-8}$) noch erkennbar ist.

Fluorescein   Eosin $\lambda_{max} = 537$ nm

Durch Bromierung von Fluorescein erhält man *Eosin,* das zur Herstellung von roter
Tinte verwandt wird.

3.4.1.3 Anthrachinonfarbstoffe

Diese Farbstoffe leiten sich vom *Anthrachinon* als Chromophor ab.

Anthrachinon

73

Es ist selbst schwach gelb gefärbt ($\lambda_{max} = 327$ nm). Durch Einführung von auxochromen Gruppen erzielt man bathochrome Verschiebungen, und man kann Lichtabsorptionen im gesamten sichtbaren Spektralbereich erzielen. Wichtigster Farbstoff ist das *Alizarin,* das rote Kristalle bildet, die sich in Alkalien mit purpurroter Farbe lösen.

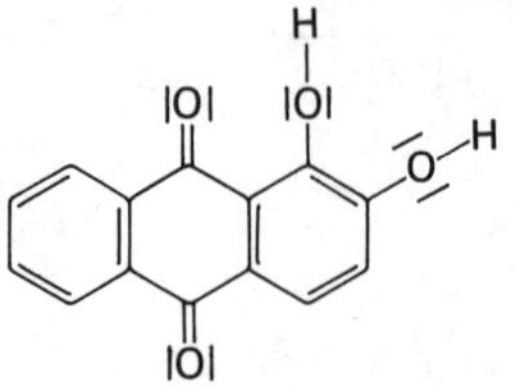

Alizarin

Alizarin ist ein Farbstoff, der schon im Altertum aus der Krappwurzel gewonnen wurde. Erst 1868 gelang es Graebe und Liebermann, diesen Farbstoff künstlich zu synthetisieren.

Die Synthese von Anthrachinonfarbstoffen verläuft allgemein über Friedel-Crafts-Acylierungen mit Phthalsäureanhydrid unter Ringschluß beim Einwirken von konzentrierter Schwefelsäure. Dies zeigt folgende Alizarinsythese:

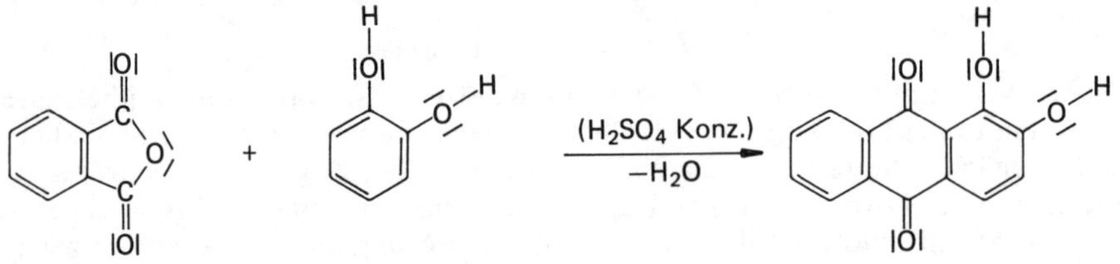

Phthalsäureanhydrid   Brenzkatechin   Alizarin

Mit Metallionen bildet Alizarin Komplexverbindungen, deren Farbton je nach Metallkation verändert ist. Diese Komplexe bezeichnet man auch als *Farblacke;* der Aluminiumkomplex ist als Türkisch-Rot bekannt geworden.

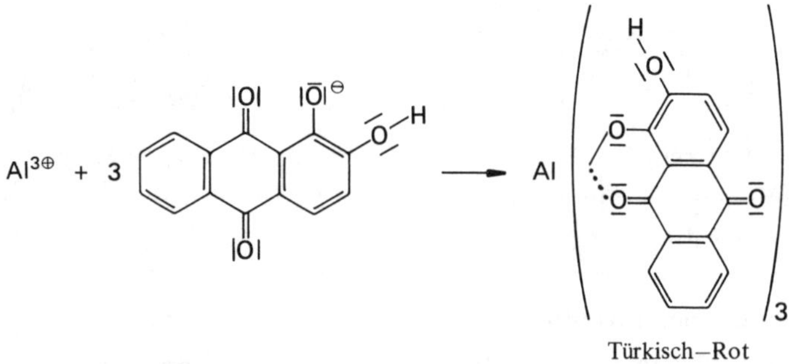

Türkisch–Rot

3.4.1.4 Indigoide Farbstoffe

Diese Farbstoffe enthalten als Chromophor das konjugierte 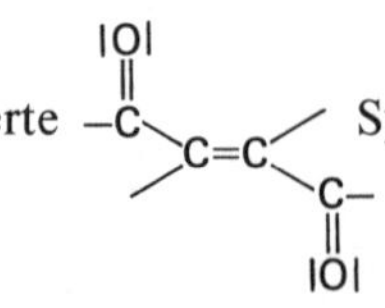 System in der trans-Konformation.

Indigo ($\lambda_{max} = 606$ nm) selbst wurde früher als blauer Farbstoff aus pflanzlichem Material gewonnen, während man ihn heute künstlich herstellt. Es kommt ausschließlich in der trans-Form vor, die durch Wasserstoffbrückenbindungen stabilisiert wird:

Indigo

Reines Indigo ist in Wasser unlöslich. Um damit färben zu können, muß man es in eine lösliche Verbindung überführen. Dies geschieht durch Reduktion mit Natriumdithionit ($Na_2S_2O_4$) zu Indigoweiß, das in Alkalien löslich ist. Man bezeichnet diesen Vorgang als *Verküpen* und zählt Indigo deshalb zu den **Küpenfarbstoffen.** Die gelbliche Lösung läßt man dann auf die Faser „aufziehen". An der Luft wird das Indigoweiß wieder zu blauem Indigo oxidiert, das durch van-der-Waals'sche Anziehungskräfte an die Faser gebunden wird (vgl. Kap. 3.4.2).

Indigoweiß

Heute benutzt man Indigo hauptsächlich zum Färben von Jeans. Von den vielen Indigosynthesen sei eine Laboratoriumsmethode nach Adolf von Baeyer aufgeführt.

Das Dibromindigo stellt den antiken *Purpur* dar, der früher aus dem Drüsensekret der Purpurschnecke gewonnen wurde.

Purpur

3.4.1.5 Versuche

Azofarbstoffe

V 1 Darstellung von p-Aminoazobenzol (Anilingelb)

Chemikalien: Anilin; Brennspiritus; HCl konz.; $NaNO_2$; Eiswürfel
Geräte: hohes Becherglas (400 ml); Glasstab; Rg
Durchführung: In ein Rg gibt man etwa 1 ml Anilin, versetzt vorsichtig mit der gleichen Menge konzentrierter Salzsäure und füllt mit Wasser auf die Hälfte des Rg auf. Zu dieser Lösung gibt man einige kleine Eisstückchen und stellt sie in das Becherglas zu Eiswasser.
Anschließend gibt man portionsweise eine gut vorgekühlte Lösung aus 2 Spateln Natriumnitrit in etwa 4 ml Wasser zu. Zu dieser Lösung gibt man eine eisgekühlte Lösung von 1 ml Anilin in 4 ml Ethanol. Das Gemisch wird gut durchgeschüttelt und zwischendurch wieder gekühlt (Anilin nicht mit den Fingern berühren!).

V 2 Darstellung von Naphtholrot

Chemikalien: Anilin; β-Naphthol; $NaNO_2$; HCl konz.; NaOH verd.; Eiswürfel
Geräte: hohes Becherglas (400 ml); Glasstab; Rg
Durchführung: In ein Rg gibt man etwa 1 ml Anilin und versetzt vorsichtig mit der gleichen Menge konzentrierter Salzsäure, fügt einige kleine Stückchen Eis zu und stellt es in das Becherglas zu Eiswasser.
Zu dieser Lösung gibt man unter ständiger Kühlung portionsweise eine gut vorgekühlte Lösung aus 2 Spateln Natriumnitrit in etwa 4 ml Wasser.
Anschließend fügt man eine Lösung aus 1 Spatel β-Naphthol in 1 ml verdünnter Natronlauge zu.

V 3 Darstellung von Bismarckbraun

Chemikalien: m-Phenylendiamin; $NaNO_2$; HCl konz.; Eis
Geräte: 100-ml-Becherglas; 600-ml-Becherglas; Rg
Durchführung: 1 Spatel m-Phenylendiamin wird im 100-ml-Becherglas zu etwa 20 ml Wasser gegeben und mit ca. 2 ml konzentrierter Salzsäure versetzt. Die entstehende Lösung wird im 600-ml-Becherglas in Eiswasser gekühlt.
Im Rg wird eine Spatelspitze Natriumnitrit in 10 bis 12 ml Wasser gelöst und ebenfalls im Eiswasser gekühlt.
Anschließend wird die Natriumnitritlösung langsam in die m-Phenylendiaminlösung gerührt. Es entsteht der Farbstoff Bismarckbraun mit folgender Formel:

Formulieren Sie grob den Reaktionsmechanismus!

V 4 Darstellung von Helianthin (Methylorange)

Chemikalien: Sulfanilsäure; Dimethylanilin; Essigsäure verd.; $NaNO_2$; HCl verd.; NaOH verd.; dest. Wasser

Geräte: Becherglas (100 ml); Glasstab; Rg

Durchführung: Eine Spatelspitze Sulfanilsäure wird in dem Becherglas zu etwa 80 ml Wasser gegeben. Man versetzt mit einigen Tropfen verdünnter Essigsäure und fügt eine Spatelspitze Natriumnitrit hinzu. In einem Rg stellt man eine Mischung aus 1 ml Dimethylanilin, einigen Tropfen verdünnter Salzsäure und etwa 10 ml Wasser her.

Dieses Gemisch setzt man unter Umrühren langsam der Flüssigkeit im Becherglas zu.

In 3 Rg werden zu jeweils ca. 5 ml Wasser, bzw. NaOH verd. und HCl verd. einige Tropfen des Reaktionsprodukts hinzugegeben.

Triphenylmethanfarbstoffe

V 5 Darstellung von Phenolphthalein

Chemikalien: Phthalsäureanhydrid; Phenol; H_2SO_4 konz.; NaOH konz.; HCl verd.

Geräte: Becherglas (100 ml); Rg

Durchführung: In einem Rg wird eine Spatelspitze Phthalsäureanhydrid mit zwei Spatelspitzen Phenol und einigen Tropfen konzentrierter Schwefelsäure über kleiner Flamme zur Schmelze erhitzt.

Den Inhalt gibt man in ein Becherglas, das mit etwa 10 ml Wasser gefüllt ist.

Von der Lösung gibt man 1 bis 2 ml in ein Rg und fügt tropfenweise bis zur Färbung konzentrierte Natronlauge zu. Die Lösung wird anschließend mit verdünnter Salzsäure angesäuert.

V 6 Darstellung von Malachitgrün

Chemikalien: Dimethylanilin; Benzaldehyd; PbO_2; H_2O_2 (10%ig); H_2SO_4 konz.; HCl konz.

Durchführung: In einem Rg wird über kleiner Flamme ein Gemisch aus 1 ml Dimethylanilin, 0,5 ml Benzaldehyd und 0,5 ml konzentrierter Schwefelsäure erhitzt. Man läßt abkühlen, fügt 1 bis 2 ml konzentrierte Salzsäure zu und erhitzt bis zum Sieden. Dabei färbt sich die Flüssigkeit braun.

Man läßt wiederum abkühlen und gibt eine Spatelspitze Bleidioxid sowie 1 ml 10%iges H_2O_2 hinzu. Eine Probe wird mit Wasser verdünnt.
Beobachtung?

Zu dieser Probe gibt man konzentrierte Salzsäure zu, bis eine Farbänderung eintritt.
Erklärung?

Hinweis: Vergleichen Sie mit Fuchsindimethylimmoniumchlorid!

V 7 Darstellung von Fluorescein

Chemikalien: Phthalsäureanhydrid; Resorcin; H_2SO_4 konz.; HCl verd.; NaOH verd.
Geräte: Becherglas (200 ml); Rg
Durchführung: Im Rg werden je 1 Spatelspitze Phthalsäureanhydrid und Resorcin gemischt, mit wenigen Tropfen konzentrierter Schwefelsäure angefeuchtet und über kleiner Flamme erhitzt.
Die noch heiße, dunkelrote Schmelze gießt man ein 200 ml-Becherglas zu mit verdünnter Natronlauge schwach alkalisch gemachter wäßriger Lösung. Einen Teil der fluoreszierenden Lösung säuert man mit verdünnter Salzsäure an.

V 8 Darstellung von Alizarin

Chemikalien: Phthalsäureanhydrid; Brenzkatechin; H_2SO_4 konz.; NaOH verd.; dest. Wasser
Durchführung: Im Rg werden je eine Spatelspitze Phthalsäureanhydrid und Brenzkatechin gemischt und mit wenigen Tropfen konzentrierter Schwefelsäure angefeuchtet. Man erhitzt über kleiner Flamme und fügt zu der dunkelroten Schmelze verdünnte Natronlauge.
Anschließend verdünnt man mit destilliertem Wasser bis zur deutlich erkennbaren Violettfärbung.

3.4.1.6 Aufgaben

Azofarbstoffe

LK A 1 Formulieren Sie den Mechanismus für die Zersetzung von Benzoldiazoniumsalz in wäßriger Lösung unter Bildung von Phenol!

A 2 Formulieren Sie den Mechanismus für die Kupplung von Benzoldiazoniumsalz mit Phenol im basischen Medium!

A 3 Begründen Sie, warum die Azokupplungsreaktion nie in meta-Stellung erfolgt!

LK A 4 Aliphatische Amine reagieren nur bei pH > 3 mit salpetriger Säure, während aromatische Amine schon bei pH = 1 reagieren. Geben Sie dafür eine Begründung!

LK A 5 Welches Diazoniumsalz kuppelt am leichtesten mit Phenol?

LK A 6 reagiert mit Phenol, aber nicht mit Methoxybenzol.

reagiert sowohl mit Phenol als auch mit Methoxybenzol ($C_6H_5OCH_3$). Geben Sie eine Erklärung!

LK A 7   N,N-Dimethylanilin kuppelt sehr leicht mit Diazoniumsalzen in neutraler Lösung, N,N-2,6-Tetramethylanilin hingegen nicht. Geben Sie dafür eine Erklärung!

A 8   Schlagen Sie eine Synthese für folgende Azofarbstoffe vor:

a)

b)

c)

d)

LK   e) Direkttiefschwarz (vgl. Kap. 3.4.1.1)

f)

A 9   Ordnen Sie folgende Azofarbstoffe nach steigender Wellenlänge der Absorptionsbande:

A 10 Was kann man über die Absorption des Farbstoffs Direkttiefschwarz EW (vgl. Kap. 3.4.1.1) aussagen?

79

LK A 11 p-Dimethylaminoazobenzol ist hellgelb ($\lambda_{max} = 420$ nm) in wäßriger Lösung. Gibt man verdünnte Säure hinzu, so wird die Lösung intensiv rot ($\lambda_{max} = 530$ nm). Wird die Lösung dagegen noch stärker angesäuert, wird sie wieder gelb, wobei diesmal ein anderes Gelb als in der Ausgangslösung vorliegt ($\lambda_{max} = 430$ nm). Geben Sie dafür eine Erklärung!

$$(CH_3)_2\bar{N}-\!\!\left\langle\bigcirc\right\rangle\!\!-\bar{N}=\bar{N}-\!\!\left\langle\bigcirc\right\rangle$$

Triphenylmethanfarbstoffe

A 12 Geben Sie drei weitere Grenzstrukturen für das Fuchsondimethylimmoniumsalz (Kap. 3.4.1.2) an!

LK A 13 Formulieren Sie einen ausführlichen Mechanismus für die Bildung von Malachitgrün aus Benzaldehyd und Dimethylanilin!

A 14 Welche Struktur hat der Farbstoff, der beim Erhitzen von Benzophenon $C_6H_5\!-\!\underset{\underset{O}{\|}}{C}\!-\!C_6H_5$ mit Dimethylanilin in Gegenwart von Schwefelsäure entsteht?

A 15 Geben Sie die wichtigsten Grenzstrukturen für das Triphenylcarbeniumion an!

A 16 Erklären Sie, warum Triphenylcarbinol $(C_6H_5)_3COH$ im sauren Medium sehr leicht Wasser abspaltet!

LK A 17 Schlagen Sie einen Mechanismus für die Phenolphthaleinsynthese vor!

LK A 18 Beim Ansäuern bildet auch das Fluorescein eine Lactonform. Geben Sie die Struktur dieser Lactonform an!

A 19 Beim Zusammenschmelzen von Benzaldehyd mit Phenol in Gegenwart von konz. Schwefelsäure entsteht der Farbstoff Benzaurin!

$$H\!-\!\bar{O}\!-\!\left\langle\bigcirc\right\rangle\!\!-\!\!\underset{\underset{C_6H_5}{|}}{C}\!=\!\left\langle\bigcirc\right\rangle\!\!=\!\bar{O}$$

a) Erklären Sie seine Bildung!

b) Benzaurin besitzt im sauren Medium eine gelbrote Farbe. Mit Laugen färbt es sich violett. Geben Sie eine Erklärung!

LK A 20 In extrem basischem Medium wird Phenolphthalein wieder entfärbt. Geben Sie dafür eine Erklärung!

3.4.2 Färbetechniken von Textilfasern

Sollen Textilfasern angefärbt werden, so muß man dafür sorgen, daß der Farbstoff durch *elektrostatische Kräfte, Wasserstoffbrückenbindungen, van-der-Waals'sche Kräfte* oder *chemische Bindungen* an die Faser gebunden wird. Wie der Farbstoff auf die Faser aufgebracht wird, hängt entscheidend von der chemischen Struktur der Faser ab. Grob lassen sich die Fasern wie folgt einteilen:

- **Tierische Fasern** sind Wolle und Seide. Sie sind aus dem Protein Keratin aufgebaut, das längs der Hauptkette noch freie Carboxyl- und Aminogruppen enthält (vgl. Kap. 5).

- **Pflanzliche Fasern** enthalten meist Baumwolle, die aus Cellulose mit polaren OH-Gruppen und Etherbindungen besteht.
- **Synthetische Fasern** sind Polyamidfasern (z. B. Nylon, Perlon), Polyesterfasern (z. B. Diolen, Trevira) und Polyacrylnitrilfasern (z. B. Orlon, Dralon).

Nach den chemischen Reaktionen bzw. den Adsorptionsvorgängen, auf denen die Färbeverfahren beruhen, unterscheidet man folgende Farbstoffklassen:

a) **Saure Farbstoffe** enthalten funktionelle Gruppen wie —COOH, —SO$_3$H und phenolisches —OH, die als Protonendonatoren gegenüber basischen Fasern wirken können. Auf diese Weise entsteht eine Ionenbindung zwischen Faser und Farbstoffmolekül:

$$\text{(F)}-SO_3H + H_2\bar{N}-\boxed{\text{Faser}} \longrightarrow \text{(F)}-SO_3^{\ominus}H_3\overset{\oplus}{N}-\boxed{\text{Faser}}$$

(F) = Farbstoffmolekülrest

Neben solchen Ionenbindungen wird der Farbstoff noch durch Wasserstoffbrückenbindungen und Dipolkräfte an die Faser gebunden. Saure Farbstoffe kann man zum Färben von Wolle, Seide und Polyamidfasern benutzen.

b) **Basische Farbstoffe** enthalten die Amino- bzw. Alkylaminogruppe. Sie dienen ebenfalls zum Färben von Wolle und Seide:

$$\text{(F)}-\bar{N}H_2 + HOOC-\boxed{\text{Faser}} \longrightarrow \text{(F)}-\overset{\oplus}{N}H_3 \,{}^{\ominus}OOC-\boxed{\text{Faser}}$$

c) **Beizenfarbstoffe:** Beizen sind „Bindemittel". Sie binden sich einerseits an die Faser und sind andererseits in der Lage, selbst Farbstoffmoleküle zu binden. Als Beizen dienen häufig Metallsalzlösungen. So werden die Fasern z. B. mit der Lösung eines Al-, Cr(III)- oder Fe(III)-Salzes getränkt und anschließend gedämpft. Dabei entstehen durch Hydrolyse auf und in der Faser die Metallhydroxide in feinst verteilter Form. Die Metallionen binden dann durch Chelatkomplexbildung den Farbstoff an die Faser. Ein Beispiel für einen Beizenfarbstoff ist das Alizarin.

Cellulosefaser

Alizarin

d) **Entwicklungsfarbstoffe** werden direkt auf der Faser hergestellt. Dabei handelt es sich fast ausschließlich um Azofarbstoffe. Beispielsweise wird die Faser mit der alkalischen Lösung der Kupplungskomponente getränkt und danach in die eiskalte Lösung eines Diazoniumsalzes gehalten. Der gebildete Farbstoff wird durch Adsorption an der Faser festgehalten. Auf diese Weise kann Baumwolle gefärbt werden, nicht aber Wolle und Seide, da diese gegen Laugen nicht beständig sind (vgl. Kap. 5).

e) **Direktfarbstoffe** (Substantive Farbstoffe)

Sie ziehen direkt auf die ungebeizte Baumwolle auf. In wäßriger Lösung liegen sie in kolloidaler Form vor. Die Kolloidteilchen werden von der Faser adsorbiert und lagern sich in die submikroskopischen Hohlräume ein. Allen Direktfarbstoffen gemeinsam ist die ausgesprochen längliche Form der Farbstoffmoleküle. Die Bindungskräfte zwischen Faser und Farbstoff bestehen aus Wasserstoffbrückenbindungen, Dipolkräften und van-der-Waals-Kräften.

Kongorot als Beispiel für einen Direktfarbstoff

f) **Küpenfarbstoffe** sind unlöslich. Durch Reduktion werden sie in lösliche Verbindungen, die sogenannte *Leukoform* überführt. Diese meist farblose Lösung wird *Küpe* genannt. Die Fasern werden mit der Küpe getränkt, wobei die Leukoform auf die Faser zieht. In einem Oxidationsbad oder an der Luft erfolgt schließlich die Rückoxidation zum Farbstoff. Indigo ist ein typisches Beispiel für einen Küpenfarbstoff.

g) **Reaktivfarbstoffe** enthalten aktivierte funktionelle Gruppen, die mit bestimmten funktionellen Gruppen der Makromoleküle der Faser chemisch reagieren. Hier erfolgt die Bindung an die Faser durch echte kovalente Bindungen. Aus diesem Grund sind diese Farbstoffe auch besonders waschecht. Sehr häufig färbt man auf diese Weise Cellulosefasern. Hierbei gehen die OH-Gruppen der Cellulose eine nucleophile Substitution mit substituierbaren Gruppen im Farbstoffmolekül ein, z.B. mit Chlor.

Hier ist die reaktive Gruppe der Chlortriazinring.

Es gibt auch Farbstoffe mit reaktiven aliphatischen Gruppen, bei denen eine nucleophile Addition an eine aktivierte Doppelbindung erfolgt:

h) **Dispersionsfarbstoffe:** Manche synthetischen Fasern sind hydrophob und lassen sich deshalb mit wasserlöslichen Farbstoffen kaum anfärben. Man benutzt deshalb Farbstoffe, die in Wasser in äußerst geringem Maße löslich sind, die sich aber in der Faser selbst lösen. Zum Färben bringt man den Farbstoff zusammen mit Dispergiermitteln in eine äußerst feine Verteilung, aus der die Farbstoffmoleküle über die flüssige Phase in die Faser hineindiffundieren.

82

3.4.2.1 Versuche

V 1 Beizenfarbstoff

Chemikalien: Alizarin; Aluminiumacetat; Natriumacetat; Baumwollappen (oder Baumwollfäden)

Geräte: 3 600-ml-Bechergläser; Glasstab; Dreifuß; Asbestnetz

Durchführung: In ein Becherglas gibt man 3 Spatel Al-Acetat in 200 ml Wasser und legt den Baumwollappen kurz in die Beize. Der durchfeuchtete Lappen wird über einen Glasstab gehängt und einige Minuten Wasserdampf ausgesetzt (dazu wird in einem anderen Becherglas Wasser zum Sieden gebracht).
Anschließend wird der Lappen in der Färbelösung, die man in einem Becherglas aus 2 Spateln Alizarin und 1 Spatelspitze Na-Acetat in ca. 200 ml Wasser bereitet hat, etwa 3 Minuten zusammen mit einem ungebeiztem Lappen gekocht.
Nach dem Färben werden die Stoffproben in heißem Wasser ausgespült.

V 2 Küpenfarbstoff

Chemikalien: Indigo; $Na_2S_2O_4$; NaOH (fest); Baumwollappen (oder Baumwollfäden)

Geräte: 100-ml-Becherglas; 600-ml-Becherglas mit passendem Uhrglas

Durchführung: 2 Spatel Indigo, 3 Spatel $Na_2S_2O_4$ (Na-Dithionit) und 5 Plätzchen NaOH werden im 100-ml-Becherglas mit ca. 20 ml Wasser erhitzt bis eine gelbe Lösung entsteht (evtl. noch etwas Dithionit zufügen). Die gelbe Lösung gibt man in ein anderes Becherglas zu ca. 200 ml heißem Wasser. Ein Baumwollstreifen wird etwa 5 Minuten in der siedenden Küpenlösung gekocht (das Becherglas zwischenzeitlich mit einem Uhrglas abdecken!). Beobachtung?
Man entnimmt den Baumwollstreifen der Lösung, wäscht ihn unter fließendem Wasser aus und läßt an der Luft trocknen.

V 3 Direktfarbstoff

Chemikalien: Kongorot; Na_2CO_3; Baumwollstreifen (oder -fäden); NaCl

Geräte: 600-ml-Becherglas

Durchführung: 1 Spatel Kongorot wird mit etwa 10 Spateln NaCl und 2 bis 3 Spateln Na_2CO_3 in ca. 200 ml Wasser gelöst. In dieser Färbelösung wird der Baumwollstreifen einige Minuten zum Sieden erhitzt und anschließend unter kaltem Wasser abgespült.

V 4 Entwicklungsfarbstoff

Chemikalien: Sulfanilsäure; $NaNO_2$; NaOH verd.; Eis; HCl verd.; β-Naphthol; weißer Wollstreifen

Geräte: 2 200-ml-Bechergläser; Thermometer

Durchführung: 1 Spatelspitze Sulfanilsäure wird in etwa 10 ml NaOH verd. gelöst. Dazu gibt man eine Lösung von 1 Spatelspitze $NaNO_2$ in ca. 20 ml Wasser. Diese Mischung kühlt man mit Eis und gibt langsam etwa 20 ml HCl verd. zu, wobei die Temperatur der Lösung 5°C nicht übersteigen soll. In einem zweiten Becherglas löst man eine Spatelspitze β-Naphthol in 50 ml Wasser und gibt 10 ml verd. NaOH hinzu. In diese β-Naphthollösung gibt man einen weißen Wollstreifen. Den getränkten Wollstreifen gibt man in die Diazoniumsalzlösung. Anschließend wäscht man die gefärbte Wolle unter fließendem Wasser aus.

V 5 Säurefarbstoff

Chemikalien: Eosin; Na_2SO_4; NH_3-Lsg. konz.; Woll- und Baumwollappen (bzw. -fäden)

Geräte: 600-ml-Becherglas; Glasstab

Durchführung: Ein Spatel Eosin wird in 100 ml Wasser gelöst. Man fügt 1 g Na_2SO_4 und 1 ml NH_3-Lsg. konz. zu. In diese Farblösung wird eine weiße Woll- und Baumwollprobe getaucht und 15 Minuten zum Sieden erhitzt. Die Proben werden unter fließendem Wasser ausgewaschen.

V 6 Basenfarbstoff

Chemikalien: Fuchsin; Eisessig; Na-Acetat; Wollappen

Geräte: 600-ml-Becherglas

Durchführung: 1 Spatel Fuchsin gibt man in ein Becherglas zu gut 100 ml heißem Wasser, fügt etwa 10 ml Eisessig, sowie einige Spatelspitzen Na-Acetat zu, gibt die Stoffprobe in die Farblösung und erwärmt knapp 10 Minuten über kleiner Flamme. Die Probe wird unter fließendem Wasser ausgewaschen.

4   Makromolekulare Chemie 1: Kunststoffe

4.1   Einführung

In der „Makromolekularen Chemie" treten sogenannte **Makromoleküle** auf, in denen mehr als 1000 Atome kettenartig durch kovalente Bindungen (Hauptvalenzen) verknüpft sind.

Während niedermolekulare Verbindungen aus Molekülen genau gleicher Struktur und Größe bestehen, sind *makromolekulare Verbindungen* (Polymere) Gemische (gleichartiger) homologer Makromoleküle *unterschiedlicher Größe* und *Kettenlänge*[1].

Makromolekulare Stoffe kann man je nach Herkunft zwei großen Gruppen zuordnen:

- Natürlich vorkommende makromolekulare Stoffe, die **Biopolymere** genannt werden, falls sie in Lebewesen auftreten. Sie lassen sich unterteilen in
  - Polysaccharide: Cellulose, Stärke, Glykogen (vgl. Kap. 6)
  - Proteine und Polypeptide: Albumine, Globuline, Kollagen, Casein, Enzyme, Keratin (vgl. Kap. 5 und 8)
  - Polynucleotide: Nucleinsäuren
  - Polyprene: Kautschuk, Guttapercha

  Einige Biopolymere werden als Rohmaterial und als Werkstoffe benutzt; z. B. Cellulose (Baumwolle, Jute, Hanf), Proteine (Seide, Wolle), Kautschuk.
- Synthetisch hergestellte makromolekulare Stoffe

Werden synthetische Polymere oder künstlich veränderte Biopolymere wegen besonderer physikalischer Eigenschaften als Werkstoffe verwendet, so bezeichnet man sie als *Kunststoffe*.

Makromolekulare Verbindungen können im Prinzip aus organischen oder anorganischen Bausteinen bestehen, jedoch sind die meisten bedeutenden makromolekularen Verbindungen organischer Natur. Die dominierende Rolle organischer Verbindungen in der Makromolekularen Chemie beruht auf der starken Tendenz der C-Atome, sich mit sich selbst unter Bildung langer Ketten zu verknüpfen.

Aufgrund der Molekülgröße haben makromolekulare Verbindungen *besondere physikalische Eigenschaften:*

Wegen der großen Moleküloberfläche nehmen die *zwischenmolekularen Kräfte* so stark zu, daß diese stärker werden als die Atombindungen zwischen den einzelnen Atomen der Molekülkette. Da dann einzelne Atombindungen vor der Überwindung der zwischenmolekularen Kräfte gespalten werden, können makromolekulare Verbindungen *nicht mehr ohne Zersetzung zum Sieden* gebracht und damit nicht mehr destilliert und getrennt werden.

Weiterhin zeigen Lösungen von Polymeren eine *hohe Viskosität*. Wegen der Größe der einzelnen Makromoleküle haben Lösungen von makromolekularen Verbindun-

---

1 Eine Ausnahme bilden nur bestimmte Proteine (Enzyme, etc.) und Nucleinsäuren, die einheitlich makromolekulare Verbindungen sind.

gen *kolloidalen Charakter* (Bd. 1, Kap. 14.1.1), der mit Hilfe des Tyndall-Effektes nachweisbar ist.

Ausgangspunkt für vollsynthetische Kunststoffe war die Entdeckung von L. H. Baekeland (1905), daß sich Phenol und Formaldehyd zu einem harten, klaren Harz vereinigt, dem Bakelit. Schon im vorigen Jahrhundert war der kolloidale Charakter von Polymerlösungen bekannt (Lösungen von natürlichen Polymeren wie Kautschuk, Cellulose usw.). Man nahm lange Zeit an, daß diese Stoffe ebenfalls niedermolekular seien, daß sich aber die kleinen Moleküle über zwischenmolekulare Bindungen zu größeren kolloidalen Aggregaten (Assoziationskolloide) zusammenlagern. Hermann Staudinger (Freiburg, Nobelpreis 1953) zeigte nun um 1926, daß die kolloidalen Teilchen der Polymerlösung meist nur aus einem einzigen Riesenmolekül, dem Makromolekül bestehen (Molekülkolloide). Diese Erkenntnis stellte die Geburtsstunde der modernen Makromolekularen Chemie dar.

4.2 Strukturprinzipien bei Polymeren

Die einfachste Form eines Makromoleküls ist die *unverzweigte Kette.* Besteht diese Kette aus einer periodischen Folge von Atomen bzw. Atomgruppen, so spricht man von *regelmäßigen* Polymeren. Proteine und Nucleinsäuren sind dagegen aperiodisch gebaut.

Die **Struktureinheit** ist derjenige kleinste Ausschnitt aus der Kette des regelmäßigen Polymeren, der sich laufend wiederholt.

Die Polymerkette wird synthetisch aus niedermolekularen Verbindungen, sogenannten **Monomeren,** aufgebaut. Unter den **Grundbausteinen** einer Polymerkette versteht man die kleinsten Ausschnitte aus dem Makromolekül, die den niedermolekularen Monomeren entsprechen.

Beispiel: Polyethylen aus Ethen

$\cdots$—CH_2—CH_2—$(CH)_n$—CH_2—$\cdots$

Struktureinheit: —CH_2—

Niedermolekularer Ausgangsstoff ist das Monomer $H_2C\!\!=\!\!CH_2$

Grundbaustein: —CH_2—CH_2—

Dieses Beispiel zeigt, daß die Grundbausteine nicht notwendigerweise mit der Struktureinheit übereinstimmen müssen. Beim Polyvinylchlorid sind dagegen Grundbaustein und Struktureinheit identisch:

Monomeres   Grundbaustein
= Struktureinheit

(n+2) CH_2=CH $\longrightarrow$ —CH_2—CH$\left[\!CH_2\text{—CH}\!\right]_nCH_2$—CH—
|Cl| |Cl| |Cl| |Cl|

—CH_2—CH—
|Cl|

Am Anfang und am Ende einer Polymerkette befinden sich Gruppen, die nicht mit der Struktureinheit übereinstimmen und die die verbleibenden Valenzen an den Enden absättigen (Endgruppen). Der Einfluß der Endgruppen auf die Eigenschaften der Polymere kann wegen der großen Kettenlänge meistens vernachlässigt werden (eine Ausnahme bilden gewisse Abbaureaktionen, vgl. Kap. 4.5.3).

Bei der *konventionellen* Namensgebung der Polymere legt man den Namen des *Monomeren* zugrunde, aus dem das Polymere hergestellt wird und verbindet diesen mit der Vorsilbe „Poly"; z.B. Polyvinylchlorid, Polystyrol, Polyethylen. Die *systematische* Nomenklatur geht dagegen von der *Struktureinheit* aus und setzt vor den Namen der Struktureinheit die Silbe „Poly". Die systematische Bezeichnung von Polyethylen wäre dann Polymethylen.

Der **Polymerisationsgrad** *P* eines regelmäßigen Polymeren gibt die *Anzahl der Grundbausteine* in einer Polymerkette an. Experimentell bestimmt man den Polymerisationsgrad, indem man die Molmasse eines Makromoleküls mit der Molmasse des Grundbausteins vergleicht. Aufgrund der Größe des Makromoleküls kann die Molmasse der Endgruppen gegenüber der Molmasse des Makromoleküls vernachlässigt werden.

$$P = \frac{M - M_E}{M_G} \approx \frac{M}{M_G}, \quad \text{da} \quad M \gg M_E$$

M = Molmasse des Makromoleküls, M_E = Molmasse der Endgruppen, M_G = Molmasse des Grundbausteins

Da aber die meisten Polymere Gemische aus polymerhomologen Makromolekülen[1] unterschiedlichen Polymerisationsgrades sind, kann man in diesem Fall nur von Mittelwerten des Polymerisationsgrades $\langle P \rangle$ und der Molmasse $\langle M \rangle$ sprechen.

$$\langle P \rangle = \frac{\langle M \rangle}{M_G} \qquad \langle \ \rangle \ \text{deutet Mittelwertbildung an.}$$

Die Ursache der Uneinheitlichkeit der Polymere beruht darauf, daß die Synthesereaktionen statistischen Gesetzen unterliegen.

Durch die mittlere Molmasse bzw. den mittleren Polymerisationsgrad kann ein Polymeres nicht eindeutig gekennzeichnet werden, da sich verschiedene Polymere bei gleichem mittlerem Polymerisationsgrad in den Massen- und Zahlenverhältnissen der Polymerhomologen unterscheiden können. Zur genauen Beschreibung eines Polymeren ist daher die Kenntnis der Verteilung der Polymerisationsgrade erforderlich. Dies stellt man graphisch dar, indem man die relative Häufigkeit h(P) der Makromoleküle mit dem Polymerisationsgrad P als Funktion des Polymerisationsgrades auffaßt. Diese Graphen können im wesentlichen durch ihre Breite gekennzeichnet werden, die ein Maß für die Uneinheitlichkeit des Polymeren darstellt.

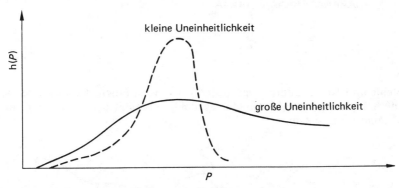

Abb. 4/1. Häufigkeitsverteilungsfunktion von Polymeren.

---

1 Makromoleküle gleicher Zusammensetzung (Atomverhältnisformel), aber unterschiedlichen Polymerisationsgrades heißen Polymerhomologe.

Zur Beschreibung der Struktur eines Polymeren unterscheidet man zwischen **Primär-, Sekundär-** und **Tertiärstruktur.**

Die **Primärstruktur** beschreibt die chemische Zusammensetzung aller am Aufbau eines Makromoleküls beteiligten Struktureinheiten bzw. Grundbausteine, deren Verknüpfungsart, ihre Mengenverhältnisse, deren Aufeinanderfolge und ihre Konfiguration.

Sie beschreibt somit die *Konstitution* und die *Konfiguration* eines Makromoleküls (vgl. Bd. 1, Kap. 12.1).

Beispiele unterschiedlicher *Konstitution:*

● Bei Polyvinylverbindungen sind zwei Verknüpfungsarten gleicher Grundbausteine möglich:

— Kopf-Schwanz-Verknüpfung $\quad \cdots\cdots -CH_2-CH-CH_2-CH- \cdots\cdots$

$$\begin{array}{cc} \quad\quad | & | \\ \quad\quad X & X \end{array}$$

— Kopf-Kopf-Schwanz- $\quad \cdots\cdots -CH_2-CH-CH-CH_2-CH_2-CH- \cdots\cdots$
  Schwanz-Verknüpfung

$$\begin{array}{ccc} | & | & | \\ X & X & X \end{array}$$

● Enthält ein Polymeres *unterschiedliche* Grundbausteine, so spricht man von **Copolymeren.** Bei zwei verschiedenen Grundbausteinen A und B sind folgende Anordnungen möglich:

— *Alternierende* Copolymere —ABABABABABAB—
— *statistische* Copolymere —AABABBBABBABABAAB—
— *Blockpolymere,* die aus langen Blöcken einer jeden Struktureinheit bestehen —AAAAAABBBBBBB—
— *Pfropfcopolymere,* bei denen Blöcke eines Monomeren auf das Rückgrat eines anderen Monomeren aufgepfropft sind.

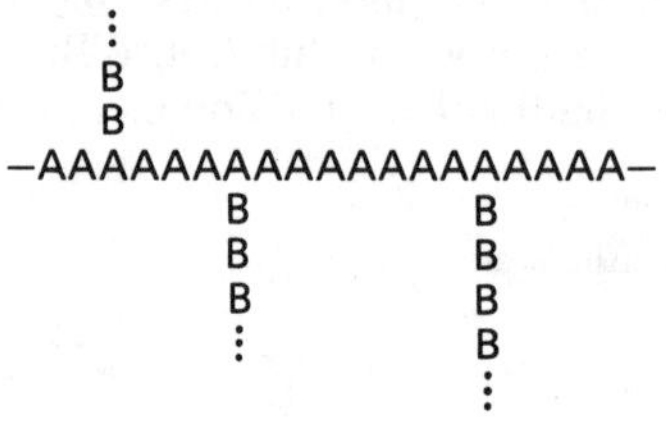

```
          ⋮
          B
          B
 —AAAAAAAAAAAAAAAAAAA—
          B       B
          B       B
          B       B
          ⋮       B
                  ⋮
```

Proteine und Nucleinsäuren (vgl. Kap. 5) stellen natürliche Copolymere dar.

● Weiterhin können die Makromoleküle noch verzweigt oder zwei- bzw. dreidimensional vernetzt sein.

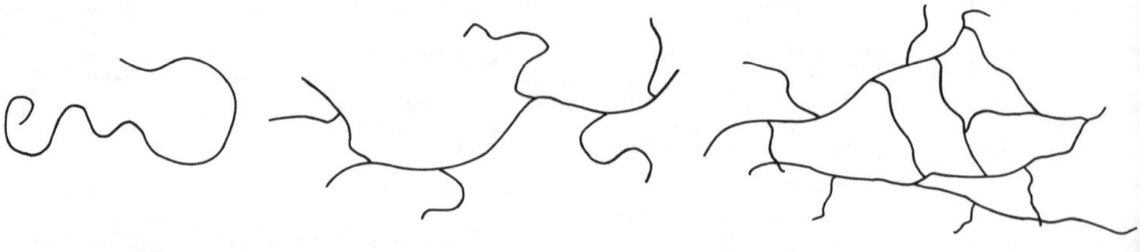

unverzweigtes Makromolekül   verzweigtes Makromolekül   vernetztes Makromolekül

Abb. 4/2. Gestalt von Makromolekülen.

Beispiele unterschiedlicher Konfiguration:
Enthält die Polymerkette Struktureinheiten, die Stereoisomerie in der Hauptkette bedingen, so unterscheidet man:

— *Isotaktische* Polymere

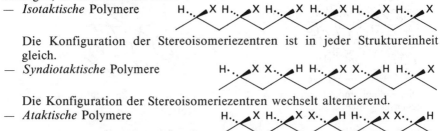

Die Konfiguration der Stereoisomeriezentren ist in jeder Struktureinheit gleich.

— *Syndiotaktische* Polymere

Die Konfiguration der Stereoisomeriezentren wechselt alternierend.

— *Ataktische* Polymere

Die Konfiguration der Stereoisomeriezentren wechselt statistisch.

Die meisten synthetischen Polymere sind ataktisch. Isotaktische Polymere zeichnen sich infolge ihrer regelmäßigen Struktur durch eine hohe Kristallinität aus. Polyvinylverbindungen zeigen im allgemeinen keine optische Aktivität, da auf beiden Seiten des Stereoisomeriezentrums praktisch gleiche Ketten vorliegen, deren unterschiedliche Kettenlänge bei der Größe der Gesamtkettenlänge bezüglich der Drehung der Polarisationsebene des Lichtes kaum ins Gewicht fällt. Enthält hingegen eine Seitengruppe R ein asymmetrisches C-Atom, so wird das Polymere optisch aktiv.

Die **Sekundärstruktur** beschreibt die *Konformation* eines *einzelnen* Makromoleküls. Aufgrund der freien Drehbarkeit um die Einfachbindungen der Polymerkette kann ein Makromolekül verschiedene räumliche Gestalt annehmen:

— *Ausgedehnte Kette*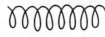

In Wirklichkeit liegt eine Zickzackkette vor (beschreibbar mit Hilfe der sp^3-Hybridisierung der C-Atome).

— *Statistisches Knäuel*

In dieser Form liegen die meisten Polymere in verdünnter Lösung vor. Infolge der thermischen Bewegung verändert das Knäuel dauernd seine Gestalt.

— gefaltete Kette

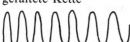

— spiralförmige Kette (Helix)

Die **Tertiärstruktur** (übermolekulare Struktur) beschreibt die gegenseitige Anordnung der einzelnen Makromoleküle innerhalb eines größeren Molekülverbandes. Hier sind z. B. folgende Strukturen möglich:

— Zellstruktur von statistischen
  Knäueln

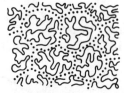

Die Knäuel durchdringen sich
gegenseitig nicht.

— Fransenmicelle

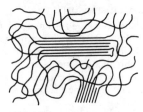

Jede Molekülkette durchläuft mehrere
kristalline und amorphe Bereiche.

— Spaghetti-Struktur

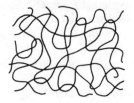

— Polymerkristall mit gefalteten
  Ketten

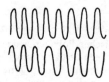

— Doppelhelixstruktur

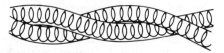

Die Zusammenlagerung von Makromolekülen zu übermolekularen Strukturen wird durch zwischenmolekulare Wechselwirkungskräfte wie Dispersionswechselwirkung, Dipol-Dipol-Wechselwirkungen und Wasserstoffbrückenbindungen bedingt.

Die Tertiärstruktur ist im wesentlichen für die *physikalischen* Eigenschaften des Polymeren verantwortlich.

4.2.1 Aufgaben

A 1 Geben Sie die Struktureinheiten folgender Polymere an!

a) $-CH_2-CH-CH_2-CH-CH_2-CH-CH_2-CH-$

b) $-(CH_2)_5-\overset{|O|}{\underset{\|}{C}}-\bar{O}-(CH_2)_5-\overset{|O|}{\underset{\|}{C}}-\bar{O}-(CH_2)_5-\overset{|O|}{\underset{\|}{C}}-\bar{O}-(CH_2)_5-\overset{|O|}{\underset{\|}{C}}-$

c) $-CH-\!\!-\!\!-CH-\!\!-\!\!-CH-\!\!-\!\!-CH-\!\!-\!\!-CH-$

A 2 Bei einer Polystyrolprobe wurde eine mittlere Molmasse von $50\,000$ g·mol^{-1} festgestellt. Berechnen Sie den mittleren Polymerisationsgrad!

LK A 3 Eine Polystyrolprobe hat folgende allgemeine Formel

Eine Probe von 10 kg Polystyrol liefert bei der Hydrolyse 6 g Ammoniak. Berechnen Sie den mittleren Polymerisationsgrad!

A 4 Zeichnen Sie die Strukturen von isotaktischem, syndiotaktischem und ataktischem Polystyrol auf!

LK A 5 Sind folgende Polymere optisch aktiv?

A 6 Aus Styrol und Vinylchlorid werde ein Polymeres gebildet. Zeichnen Sie die Strukturen eines alternierenden, statistischen und Blockpolymeren auf!

4.3 Physikalische Zustände und Eigenschaften von Polymeren

Infolge der großen Kettenlänge der Makromoleküle treten bei Polymeren besondere physikalische Eigenschaften auf.

Bei niedermolekularen Substanzen kann man den Aggregatzustand durch die einfache Angabe fest, flüssig und gasförmig beschreiben. Die Übergänge zwischen den Aggregatzuständen charakterisiert man durch die Schmelz- und Siedetemperatur. Bei den niedermolekularen Substanzen ist die Einteilung in Aggregatzustände in der Regel auch eine Einteilung nach Ordnungszuständen der Bausteine.

Bei *makromolekularen* Substanzen erweist sich die Einteilung nach den drei klassischen Aggregatzuständen als zu eng. So existiert der *gasförmige* Aggregatzustand bei Polymeren nicht. Für den Austritt eines Makromoleküls aus dem Flüssigkeitsverband müßten sehr viele zwischenmolekulare Wechselwirkungen aufgehoben werden. Dazu wäre ein so hoher Energiebetrag notwendig, daß vorher die chemischen Bindungen innerhalb der Makromoleküle zerstört würden.

Die Klassifikation *fest-flüssig* muß bei Polymeren hingegen *erweitert* werden. Bei niedermolekularen Verbindungen liegen die Teilchen im festen Zustand in einem regelmäßigen Kristallgitter vor, in dem die Teilchen lediglich intramolekulare Schwingungen, sowie schwache Schwingungen um die Gleichgewichtslage ausführen können. Die feste Phase ist bei $T < T_{Smp}$ stabil, da in diesem Fall wegen der niedrigen potentiellen Energie der Teilchen in ihrer Gleichgewichtslage die freie Enthalpie G_s der festen Phase kleiner ist als die der flüssigen Phase G_l. Die Entropie ist in der festen Phase viel geringer als in der flüssigen Phase. Mit steigender Temperatur nimmt die Bedeutung des Entropieterms zu ($G = H - T \cdot S$), so daß bei $T > T_{Smp}$ $G_l < G_s$ wird und damit die flüssige Phase stabiler wird als die feste Phase.

Aufgrund ihrer großen Kettenlänge lassen sich die Makromoleküle nicht ohne weiteres in ein Kristallgitter einordnen. Damit ein Makromolekül in ein Gitter eingebaut werden kann, darf es nicht in einer der entropisch günstigen, geknäuelten Konformationen vorliegen.

Da die Zahl der möglichen Konformationen im Kristallgitter stark eingeschränkt ist, wird der kristalline Zustand bei Polymeren entropisch äußerst ungünstig. Aus diesem Grund sind die meisten Polymeren *nicht vollkommen kristallin*. Ein Teil der Kettenabschnitte lagert sich zu *kristallinen Bereichen*, sogenannten *Kristalliten*, zusammen, wo sie von zwischenmolekularen Kräften zusammengehalten werden. Die Reste der Molekülkette verlaufen vollkommen ungeordnet zwischen den Kristalliten (vgl. Fransenmicelle S. 90). Die ungeordneten Bereiche bezeichnet man als *amorphe* Bereiche. Eine Kenngröße teilkristalliner Polymerer ist der **Kristallinitätsgrad** α: er gibt das Verhältnis des kristallinen Bereiches zum gesamten Bereich des Polymeren in Volumenprozent an. Durch die Kristallinität werden die mechanischen Eigenschaften des Polymeren beeinflußt: eine Erhöhung des Kristallinitätsgrades bewirkt eine größere mechanische Festigkeit (insbesondere höhere Zerreißfestigkeit), eine höhere Beständigkeit gegenüber Lösungsmitteln (abnehmende Quellfähigkeit) und eine geringere Durchlässigkeit gegenüber gasförmigen Stoffen.

Damit sich ein Makromolekül zumindest teilweise in kristalline Bereiche einbauen kann, müssen folgende Voraussetzungen gegeben sein:
— möglichst regelmäßige Struktur
   (Polyethylen kristallisiert leichter als Vinylpolymere. Isotaktische und syndiotaktische Vinylpolymere haben höhere Kristallinitätsgrade als ataktische.)
— die freie Drehbarkeit um die Einfachbindungen darf nicht stark behindert sein
— genügend Zeit für die Kristallisation.

Da mit zunehmender Ausbildung von kristallinen Bereichen die Beweglichkeit der restlichen Polymerkette immer stärker abnimmt, wird die Kristallisation kinetisch gehemmt. Der letztlich erreichte Kristallinitätsgrad hängt zudem noch entscheidend von der mechanischen und thermischen Behandlung der Polymerprobe ab.

Viele Polymere sind dagegen vollkommen *amorph*. Je nach dem Ausmaß der Molekularbewegung innerhalb der amorphen Probe bzw. der amorphen Bereiche bei teilkristallinen Polymeren gibt es verschiedene physikalische Zustände der amorphen Bereiche, wozu man drei Arten der Molekularbewegung betrachtet:

• die *makrobrownsche* Bewegung beschreibt die Translation der gesamten Polymerkette. Sie ist in der Schmelze möglich, in der sich die Makromoleküle als ganze Einheiten relativ zueinander bewegen.

• die *mikrobrownsche* Bewegung beschreibt die Bewegung der Kettensegmente innerhalb eines Makromoleküls. Darunter versteht man die kooperative Bewegung eines Teilbereichs der Polymerkette bestehend aus 5 bis 50 Atomen. Die Bewegung kommt durch Rotationen um Bindungen der Polymerkette zustande.

- die Seitengruppenbeweglichkeit besteht lediglich in Rotations- und Schwingungsbewegungen der Seitengruppen (Abb. 4/3).

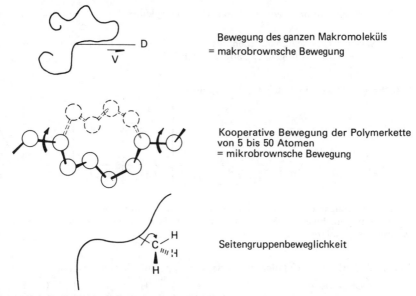

Bewegung des ganzen Makromoleküls
= makrobrownsche Bewegung

Kooperative Bewegung der Polymerkette von 5 bis 50 Atomen
= mikrobrownsche Bewegung

Seitengruppenbeweglichkeit

Abb. 4/3. Beweglichkeiten bei Makromolekülen.

Sind bei hinreichend tiefen Temperaturen sowohl die makro- als auch die mikrobrownsche Bewegung eingefroren, so liegt der *amorphe* Bereich im sog. **Glaszustand** vor, vergleichbar mit einem Teller gefrorener Spaghetti. Es handelt sich hierbei um keinen thermodynamischen Gleichgewichtszustand, sondern um einen kinetisch stabilen, eingefrorenen Zustand, der die Struktur einer plötzlich abgekühlten flüssigen Phase hat: die *weichelastischen* Eigenschaften[1] gehen verloren und das Material wird *hart* und *steif* (wenig biegsam).

Ist die Temperatur so tief, daß auch die Seitengruppenbeweglichkeit eingefroren ist, so wird das Material *spröde*. Man bezeichnet die Temperatur, unter der dies der Fall ist, als *Sprödigkeitstemperatur* T_S. Ein Material ist spröde, wenn es bei einer impulsartigen Krafteinwirkung wie Schlag zerbricht, ohne dabei merklich deformiert zu werden. Dabei kann die beim Schlag der Probe zugeführte Energie nicht in molekulare Bewegungsenergie umgewandelt werden. Vielmehr wird diese Energie zur lokalen Deformation von Bindungswinkeln und Dehnung von Bindungen genutzt, bis schließlich die Bindungen so stark gedehnt sind, daß sie brechen.

Erhöht man — ausgehend vom Glaszustand eines Polymeren — die Temperatur, so setzt schließlich die mikrobrownsche Bewegung wieder ein. Die Temperatur, bei der dies der Fall ist, heißt **Glastemperatur** T_g.

Sie hängt von verschiedenen Faktoren ab:
1. Von der *Segmentbeweglichkeit.*
  Alle Faktoren, die die Rotation um die Bindungen der Segmente behindern, versteifen die

---

1 Ein Material heißt elastisch, wenn es unter Einfluß einer Kraft verformt wird, und wenn nach Aufhebung der Krafteinwirkung die Verformung voll zurückgeht. Geht die Verformung nicht zurück, so heißt das Material plastisch (vgl. Knete).

Kette und erhöhen somit die Glastemperatur. So besitzen Polymere wie Polyethylen $(-CH_2-CH_2-)_n$ $T_g = 180$ K) eine niedrige Glastemperatur, während die Einführung eines

p-Phenylenringes *in die Kette* T_g erhöht (Polyphenylenoxid $-(\langle\bigcirc\rangle-O-)_n$ $T_g = 356$ K).

Große Seitengruppen schränken ebenfalls die Flexibilität der Kette ein und erhöhen ebenfalls T_g. Dies wird aus folgender Tabelle ersichtlich:

Tabelle 4/1. Glastemperatur und Seitengruppen

$\left(-CH_2-CH-\right)_n$ mit X	X	—H	—CH₃	⬡	⬡⬡
	T_g	180 K	253 K	373 K	408 K

2. Von der zwischenmolekularen *Wechselwirkung mit Nachbarketten.*
T_g steigt mit zunehmender Wechselwirkung an: polare Polymere haben höhere Glastemperaturen als unpolare.

Tabelle 4/2. Einfluß der Polarität der Seitengruppe auf die Glastemperatur

$\left(-CH_2-CH-\right)_n$ mit X	X	—H	—CH₃	—Cl	—OH
	T_g	180 K	253 K	350 K	358 K

3. Vom *Vernetzungsgrad.*
Mit steigendem Vernetzungsgrad eines Polymeren nimmt die Glastemperatur zu.
4. Von der *Molmasse.*
Die Glastemperatur nimmt mit steigender Molmasse zu, bis sie bei großen Molmassen einen nahezu konstanten Wert annimmt. Die freien Kettenenden einer Polymerkette besitzen eine größere Beweglichkeit als die Kettensegmente zwischen zwei Vernetzungspunkten. Je größer die Konzentration der freien Kettenenden wird, desto niedriger wird die Glastemperatur sein. Mit steigender Molmasse nimmt nun die Konzentration der freien Kettenenden ab, so daß die Glastemperatur ansteigt.

Oberhalb der Glastemperatur können sich Polymere je nach ihrer Struktur in verschiedenen physikalischen Zuständen befinden.

Schwach vernetzte Polymere befinden sich oberhalb der Glastemperatur im **entropieelastischen** Zustand (vgl. S. 95).

Vernetzungspunkte können sein:
a) Chemische Bindungen zwischen zwei Polymerketten (chemische Vernetzung),
b) Kristallite bei teilkristallinen Polymeren (kristalline Vernetzungen, vgl. Fransenmicelle S. 90),
c) Verhakungen bei amorphen Polymeren können kurzfristig als labile Vernetzungsstellen zwischen Polymerketten wirken (Verhakungsvernetzung).

Im entropieelastischen Zustand kann das Material durch relativ kleine Kräfte um ein Vielfaches seiner ursprünglichen Länge gedehnt werden. Man bezeichnet diese Stoffe deshalb auch als weichelastisch (gummielastisch). Die Dehnung geht aber vollkommen zurück, wenn die Kraft nicht mehr wirksam ist. Ab einer gewissen Krafteinwirkung ist eine weitere Dehnung nur noch sehr schwer möglich. Die Entropieelastizität, die nur bei schwach vernetzten Polymeren auftritt, kann man folgendermaßen erklären: Zwischen den Vernetzungspunkten nehmen die Kettensegmente eine der unzählig vielen energetisch gleichwertigen, ungeordneten geknäuelten Konformationen ein. Die Krafteinwirkung bewirkt nun aber eine Drehung um die Kettenbindungen, die in einer Dehnung des Polymeren in Richtung der Kraft resultiert. Dadurch müssen die Kettensegmente stark geordnete Konformationen einnehmen, die entropisch ungünstiger sind.

Bei der Entlastung kehren die Kettensegmente aufgrund ihrer mikrobrownschen Bewegung aus der geordneten wieder in die ungeordnete Lage zurück, wobei die Konfigurationsentropie zunimmt.[1]

unbelastet, hohe Entropie   belastet, niedrige Entropie

Abb. 4/4.   Entropieelastizität.

Mit Hilfe der Entropieelastizität kann man folgende Phänomene erklären:
1. Hängt man an ein Gummiband ein Gewicht als Belastung, so zieht sich das Band bei Erwärmung zusammen (vgl. Vers. 3).

   Ein gestrecktes, entropieelastisches Polymeres hat die Tendenz, in den entropisch günstigeren (höhere Entropie), zusammengezogenen Zustand überzugehen, was bei Temperaturerhöhung durch die Kettensegmentbeweglichkeit erreicht wird.
2. Beim *schnellen* Auseinanderziehen erwärmt sich das Gummiband, beim Zusammenziehen kühlt es sich ab.

   Beim Dehnen nimmt die Konfigurationsentropie des Gummis ab. Damit dieser Prozeß möglich ist, muß die thermische Entropie des Gummibandes zunehmen, was mit einem Temperaturanstieg verbunden ist.

Die Entropieelastizität ist streng von der **Energieelastizität** zu unterscheiden. Die Energieelastizität wird z. B. bei der Dehnung eines Metalldrahtes oder von Kristallen niedermolekularer Verbindungen beobachtet.

Die Energieelastizität beruht in molekularer Sicht auf einer Änderung von Bindungswinkeln und Bindungsabständen. Die zugeführte Energie wird in Form von potentieller Energie in den gedehnten Bindungen gespeichert. Da Bindungen nicht

---

1 Die Entropie eines Systems kann in zwei Anteile zerlegt werden:
  — Die Konfigurationsentropie S_{konf} ist ein Maß für die Anzahl der unterschiedlichen räumlichen Anordnungsmöglichkeiten der Moleküle und Molekülteile.
  — Die thermische Entropie S_{th} ist ein Maß für die Anzahl der verschiedenen Möglichkeiten, die Gesamtenergie auf die Einzelteilchen zu verteilen. Die thermische Entropie nimmt mit steigender Temperatur zu.
  Die Gesamtentropie eines Systems ist die Summe aus Konfigurationsentropie und thermischer Entropie: $S_{ges} = S_{konf} + S_{th}$

sehr weit gedehnt werden können, ohne zu brechen, lassen sich energieelastische Körper nur um 0,1 bis 1 % verlängern, ohne zu reißen.[1]

Weiterhin *dehnt* sich ein belasteter energieelastischer Körper (im Unterschied zum Gummiband) bei Temperaturerhöhung *aus*.

Im Gegensatz dazu beruht die Entropieelastizität auf der Beweglichkeit der Kettensegmente. Bei der entropieelastischen Dehnung werden die mittleren Bindungsabstände nicht verändert. Die dabei zugeführte Energie wird nicht in Form von potentieller Energie gespeichert, sondern in Form von lokaler Schwingungsenergie (Schwingungsenergie der Seitengruppen führt zu Temperaturerhöhung).

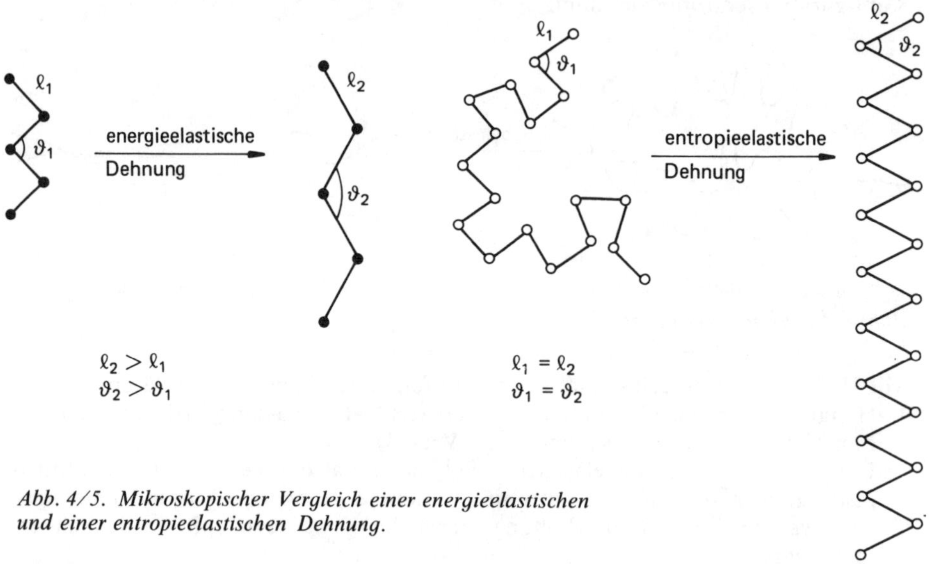

Abb. 4/5. Mikroskopischer Vergleich einer energieelastischen und einer entropieelastischen Dehnung.

Aus der Beschreibung der Entropieelastizität folgt, daß sie nur bei Polymeren mit amorphen Bereichen oberhalb der Glastemperatur auftreten kann. Die Polymeren müssen schwach vernetzt sein, um ein Abgleiten der Ketten gegeneinander zu vermeiden (viskoses Fließen). Sie dürfen aber auch nicht zu stark vernetzt sein, um eine ausreichende Beweglichkeit der Segmente zwischen den Vernetzungspunkten zu gewährleisten. Im Glaszustand oder im vollkommen kristallinen Zustand kann dagegen nur Energieelastizität auftreten. Man bezeichnet diese Stoffe dann als *hartelastisch*.

Polymere, die *kristalline* Bereiche enthalten, sind neben der Glastemperatur noch durch eine zweite Umwandlungstemperatur, die **Schmelztemperatur** T_{Smp} gekennzeichnet. Beim Schmelzpunkt werden die kristallinen Bereiche zerstört, und es kann nun allmählich die *makrobrownsche Bewegung* einsetzen. Es entsteht eine *viskose Flüssigkeit*. Teilkristalline Polymere sind somit nur im Temperaturbereich zwischen Glastemperatur und Schmelztemperatur entropieelastisch. Während niedermolekulare kristalline Verbindungen einen scharfen Schmelzpunkt besitzen, erstreckt sich der Schmelzvorgang bei Polymeren über einen Temperatur*bereich*. Die Schmelztemperatur wird von ähnlichen Faktoren beeinflußt wie die Glastemperatur.

---

1 Die Dehnung einer Schraubenfeder beruht nicht auf einer Verlängerung des Stahldrahtes, sondern auf einer Torsion.

Völlig amorphe Polymere sind unterhalb der Glastemperatur im Glaszustand. Oberhalb der Glastemperatur durchlaufen sie erst einen sogenannten **viskoelastischen Zustand.** In diesem Zustand verhält sich ein Polymeres bei kurzfristiger Belastung entropieelastisch, während bei längerer Belastung die Körper nach Beendigung der Krafteinwirkung nicht mehr vollständig in ihre Ausgangslage zurückkehren. Dies wird molekular wie folgt gedeutet: Oberhalb der Glastemperatur liegen die Molekülketten im verknäuelten Zustand vor und die einzelnen Molekülketten haben sich ineinander verhakt. Diese physikalischen Verhakungen übernehmen bei kurzzeitiger Krafteinwirkung die Rolle der Vernetzungspunkte (Verhakungsvernetzung). Bei Krafteinwirkung werden die einzelnen Kettensegmente gestreckt, und es wird ein Zustand niedrigerer Konfigurationsentropie erreicht. Dauert die Krafteinwirkung nur kurz an, so können sich die Verhakungen nicht lösen, und die Ketten nehmen nach der Krafteinwirkung wieder ihre wahrscheinlichste Knäuelgestalt an. Dauert dagegen die Krafteinwirkung längere Zeit an, so schlüpfen die Ketten aus ihren Verhakungen, und die Molekülketten gleiten voneinander ab. Es kommt zum viskosen Fließen. Da sich die Substanz in diesem Zustand sowohl viskos als auch elastisch verhält, bezeichnet man diesen Zustand als viskoelastisch. Der viskoelastische Zustand wird nicht nur von amorphen Polymeren durchlaufen, sondern kann auch von teilkristallinen Polymeren nach dem Aufschmelzen der Kristallite angenommen werden. Bei weiterer Temperatursteigerung nimmt die Molekularbewegung stark zu, bis sich bei der **Fließtemperatur** T_f die Verhakungen auch ohne äußere Krafteinwirkung lösen.

Da sich der Übergang vom viskoelastischen Zustand zur viskosen Flüssigkeit nur fließend vollzieht, läßt sich nur ein Temperaturbereich angeben. Oberhalb der Fließtemperatur verhält sich das Polymere wie eine viskose Flüssigkeit, deren Viskosität mit steigender Temperatur abnimmt. Noch weitere Temperaturerhöhung führt dann schließlich zur Zersetzung des Polymeren.

Bei amorphen Polymeren können wir folgende physikalische Zustände unterscheiden:

$$\text{glasartig} \xrightleftharpoons{T_g} \text{viskoelastisch} \xrightleftharpoons{T_f} \text{viskose Flüssigkeit}$$

Bei teilkristallinen Polymeren sind folgende Zustände zu unterscheiden:

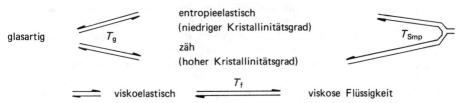

Ist der Anteil der kristallinen Bereiche groß, so kann der entropieelastische Zustand oberhalb der Glastemperatur nicht durchlaufen werden. Das Material verhält sich zwischen T_g und der Schmelztemperatur zäh und hart.

Bei *chemisch wenig vernetzten* Polymeren können nur zwei Zustände unterhalb der Zersetzungstemperatur unterschieden werden:

$$\text{glasartig} \xrightleftharpoons{T_g} \text{entropieelastisch}$$

Chemisch stark vernetzte Polymere bleiben unterhalb der Zersetzungstemperatur hart und wärmebeständig; sie sind nicht plastisch verformbar.

97

Nach ihrer technischen Verwendung teilt man Polymere in Fasern, Fluidoplaste, Elastomere, Thermoplaste und Duromere ein. Die Zugehörigkeit zu einer dieser Gruppen hängt von den konkreten Verarbeitungs- und Gebrauchsbedingungen ab (z. B. Temperatur).

Fasern bestehen aus langen unverzweigten oder wenig verzweigten fadenartigen Molekülen, die in Richtung der Fasern orientiert sind. Ihre Zugfestigkeit ist in Richtung der Faser sehr groß. Diese geht letztlich auf die Stärke der Bindung innerhalb der Polymermoleküle zurück.

Um die Ausdehnung der Polymerketten längs der Faser zu bewirken, werden aus der Schmelze oder der Lösung zunächst lange Fäden gezogen, die anschließend unterhalb der Glastemperatur verstreckt werden. Bei der Verstreckung orientieren sich dann die Molekülketten in Richtung der Faser, wodurch die Reißfestigkeit ansteigt. Damit die Ketten aber im gestreckten Zustand verbleiben und somit kein entropieelastisches Verhalten zeigen, müssen zwischen den Ketten starke zwischenmolekulare Kräfte herrschen, die verhindern, daß die Moleküle aneinander abgleiten.

Die Gebrauchstemperatur sollte unterhalb der Glastemperatur liegen. Besonders effektive zwischenmolekulare Kräfte bewirken Wasserstoffbrückenbindungen, wie dies z. B. in Polyamiden wie Nylon-6,6 der Fall ist:

Textilfasern müssen Schmelztemperaturen von über 200 °C und Glastemperaturen von 50 bis 80 °C besitzen. Um ein unbeabsichtigtes Kräuseln der Textilfaser beim Waschen und Reinigen, das mit mechanischen Belastungen verbunden ist, zu vermeiden, muß der Waschvorgang unterhalb der Glastemperatur durchgeführt werden (handwarme Waschlauge). Wichtige Fasern sind: Polyamidfasern (Nylon, Perlon), Polyester (Diolen, Trevira), Polyacrylnitril (Orlon, Dralon).

Fluidoplaste sind bei Zimmertemperatur fließende, fadenziehende Kunststoffe (Kleber).

Elastomere zeichnen sich durch eine hohe Entropieelastizität aus. Sie müssen aus schwach vernetzten (chemische oder kristalline Vernetzungen) Polymeren bestehen. Im Gegensatz zu den Fasern sollen die zwischenmolekularen Kräfte nur schwach sein, damit nach der Belastung der entropisch günstigere Knäuelzustand angenommen werden kann.

Die Gebrauchstemperatur liegt bei Elastomeren oberhalb der Glastemperatur. Unterhalb von T_g verhalten sie sich hartelastisch. Elastomere sind in Lösungsmitteln unlöslich; sie quellen lediglich, wenn Lösungsmittelmoleküle in das Netzwerk eindringen und es expandieren.

Zu den Elastomeren gehören synthetischer Kautschuk, Lycra (für elastische Gewebe).

Thermoplaste sind Polymere, die nicht chemisch vernetzt sind, deren Gebrauchstemperatur unterhalb der Glastemperatur liegt, und deren Verarbeitungstemperatur oberhalb der Schmelztemperatur (falls teilkristallin) bzw. ihrer Fließtemperatur liegt (z. B. Herstellung von Trinkbechern). Das Material muß aus unverzweigten oder wenig verzweigten Molekülen bestehen. Beim Erwärmen erweichen die Thermoplaste. Im erweichten Zustand können sie gegossen oder gepreßt werden. Thermoplaste werden verwendet als Fußbodenbeläge und teilweise als Geschirr (PVC, Polyacrylnitril, Polyethylen, Polystyrol).

Duromere (früher auch Duroplaste genannt) sind stark dreidimensional vernetzte Polymere. Ein solcher Stoff besteht sozusagen aus einem einzigen Riesenmolekül, das beim Erhitzen nicht weich wird, da dazu chemische Bindungen gespalten werden müßten. Die Vernetzung eines Duromeren erfolgt gleichzeitig oder nach der Formgebung (Aushärtung). Nach der Vernetzung kann das Material durch erneutes Erhitzen nicht mehr in eine neue Form gebracht werden. Ein charakteristisches Beispiel hierfür ist Bakelit.

4.3.1 Versuche

✓ 1 Verhalten von Polymerlösungen

Chemikalien: Polymethacrylsäuremethylester-Granulat (Plexiglas); Chloroform
Geräte: Erlenmeyerkolben (300 ml); 2 schmale Küvetten; Reuterlampe mit Kondensorlinse; durchbohrter Stopfen mit etwa 60 cm langem Glasrohr; Glasperlen
Durchführung: Man bedecke in einem 300-ml-Erlenmeyerkolben den Boden mit einer Schicht Plexiglas-Granulat (PMMA), versetze mit etwa 20 ml Chloroform und erhitze mit aufgesetztem Glasrohr im Abzug 5 bis 10 Minuten lang über sehr kleiner Flamme (Sparflamme).

a) Tyndall-Effekt
Die mit weiteren 10 ml Chloroform verdünnte Lösung wird in eine Küvette eingefüllt. Man bildet die Glühwendel einer Reuterlampe auf einer weit entfernten Wand scharf ab und bringt gleichzeitig die Küvette mit der obigen Lösung und eine Vergleichsküvette mit reinem Chloroform in den Strahlengang.

b) Viskositätsprüfung
Man fülle ein Reagenzglas zu etwa ⅔ mit der PMMA-Lösung aus Versuch a und ein zweites Reagenzglas gleich hoch mit Chloroform. Die Reagenzgläser werden mit gleichem Neigungswinkel schräg aufgestellt und je eine Glasperle hineingegeben.
Man vergleiche die Laufzeiten der Glasperlen in beiden Flüssigkeiten.

V 2 Verhalten von Polymeren beim Erwärmen

Chemikalien: 2 möglichst gleich dicke Stäbe oder Plättchen aus Polyvinylchlorid und Polystyrol

Geräte: Becherglas (400 ml); Thermometer; Tiegelzange

Durchführung: Im Becherglas wird Wasser bis auf etwa 50°C erhitzt. Die Prüfstücke werden für ca. 2 Minuten in das Wasser eingetaucht und nach dem Herausnehmen sofort auf Biegsamkeit überprüft. Man wiederholt die Prüfung alle 10°C bis zum Siedepunkt des Wassers.

V 3 Entropieelastizität

Chemikalien: Gummiring (Querschnitt 1 mm^2)

Geräte: Stativ; Gewichtssatz; Fön

Durchführung: Ein aufgeschnittener Gummiring wird an einer Stativklemme befestigt und mit Hilfe eines angeknoteten Gewichtes auf die 2- bis 3fache Länge gedehnt. Das Gewichtsstück soll möglichst dicht über der Tischplatte schweben. Nachdem man Längenkonstanz abgewartet hat, wird das Gummiband mit dem Fön gleichmäßig erwärmt.

Man beobachte die Höhe des Gewichtsstückes beim Erwärmen und anschließendem Abkühlen.

V 4 Verhalten eines Naturkautschukbandes

Chemikalien: Eiswasser; Band aus Naturkautschuk

Geräte: Pneumatische Wanne; Fön

Durchführung: a) Ein Naturkautschukband wird rasch möglichst stark gedehnt und im gedehnten Zustand an die Stirn gehalten.
Beobachtung?

b) Ein mittlerer Teil des Bandes von etwa 5 cm Länge wird stark gedehnt und für 1 bis 2 Minuten in Eis-Wasser gehalten, ohne die Dehnung zu verringern.
Anschließend erwärme man das Band im Luftstrom eines Föns.

4.3.2 Aufgaben

A 1 Polyvinylchlorid und Polyvinylidenchlorid $\left(\!\! \begin{array}{cc} CH-CH \\ | \quad | \\ |Cl| \ |Cl| \end{array} \!\!\right)_n$ werden nach dem gleichen Verfahren aus Monomeren hergestellt. Polyvinylchlorid ist amorph ($\alpha = 0$), während Polyvinylidenchlorid stark kristallin ist. Wie erklären Sie den Unterschied?

A 2 Wie hängt die Kristallisationsfähigkeit einer Polymerprobe von ihrer Uneinheitlichkeit ab?

A 3 Warum kann die Kristallisation einer Polymerprobe aus der Schmelze nur im Temperaturintervall $T_g < T < T_{Smp}$ erfolgen?

A 4 Warum erhält man beim schnellen Abkühlen einer Polymerschmelze eine amorphe Probe, während man beim langsamen Abkühlen eine teilkristalline Probe erhalten kann?

A 5 Warum steigt die Glastemperatur mit dem Kristallinitätsgrad an?

A 6 Ein Gummiband wird mit variablen Gewichten belastet und die Verlängerung Δl als Funktion der Gewichtskraft gemessen. Man erhält dabei folgenden Graphen. Interpretieren Sie ihn!

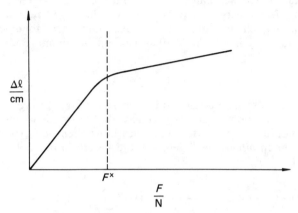

LK A 7 Begründen Sie, warum sich auch ein zusammengepreßtes Gas entropieelastisch verhält!

A 8 Warum nimmt der Kristallinitätsgrad α beim Verstrecken zu?

A 9 Warum muß das Bügeln von Textilfasern zwischen Glastemperatur und Schmelztemperatur erfolgen?

LK A 10 Ein polymeres Band wird mit einem konstanten Gewicht belastet und die Verlängerung Δl in Abhängigkeit von der Temperatur T gemessen. Interpretieren Sie den Graphen für ein amorphes (1) und teilkristallines (2) Polymeres!

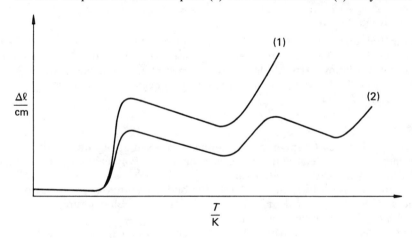

4.4 Synthese von Polymeren (Kunststoffen)

4.4.1 Allgemeines

Als **Polyreaktion** bezeichnet man alle Reaktionen, die von niedermolekularen Verbindungen, sog. Monomeren, zu polymeren Verbindungen führen. Damit solche Polyreaktionen möglich sind, müssen die Konstitution der Monomeren, die Thermodynamik und die Kinetik der Aufbaureaktion bestimmte Bedingungen erfüllen.

Konstitution:

Die Monomeren müssen über *zwei* oder *mehrere* Verknüpfungsstellen verfügen, durch die einzelne Monomere zu einer Kette verknüpft werden können. Monomere mit zwei Verknüpfungsstellen wie Hydroxycarbonsäuren oder Vinylverbindungen $CH_2{=}CH{-}X$ werden *bifunktionell* genannt. Sie liefern in der Polyreaktion lineare Makromoleküle.

$$n \; HO{-}\langle\bigcirc\rangle{-}COOH \longrightarrow H{-}\left[\bar{O}{-}\langle\bigcirc\rangle{-}\overset{\overset{|O|}{\|}}{C}\right]_n{-}OH + (n{-}1)H_2O \qquad (1)$$

Polyester

$$n \; CH_2{=}\underset{X}{CH} \longrightarrow \left[CH_2{-}\underset{X}{CH}\right]_n \qquad (2)$$

Polyvinylverbindung

Polyfunktionelle Monomere führen zu verzweigten und vernetzten Polymeren.

Thermodynamik:

Bei der Polyreaktion muß die freie Reaktionsenthalpie $\Delta G = \Delta H - T \cdot \Delta S$ kleiner Null sein. Da in der flüssigen oder der gasförmigen Phase des Monomeren eine größere Unordnung herrscht als in der Polymerkette, nimmt die Entropie bei der Polyreaktion ab ($\Delta S < 0$). Daraus folgt, daß ΔH negativ sein muß und zwar muß gelten: $\Delta H < T \cdot \Delta S$.

Kinetik:

- Die funktionellen Gruppen der Monomeren müssen genügend reaktiv sein bzw. sie müssen vorher erst aktiviert werden, damit die Polyreaktion mit ausreichender Geschwindigkeit ablaufen kann.
- Die Reaktionsgeschwindigkeit der Kettenbildung muß viel größer sein als die Geschwindigkeit aller Konkurrenzreaktionen (z. B. Blockierung funktioneller Gruppen, Ringbildung, Kettenabbruch).

Die Polyreaktionen kann man phänomenologisch in drei Klassen einteilen:

1. Polykondensation: Hier reagieren Monomere unter *Abspaltung niedermolekularer Verbindungen* (z. B. Wasser, Chlorwasserstoff usw. zu Polymeren; Bsp. s. Gl. 1).

2. Polyaddition: Hier werden bei der Polyreaktion *keine* niedermolekularen Stoffe abgespalten. Die Grundbausteine besitzen aber eine andere Bruttozusammensetzung wie die Monomeren, da Polyadditionen *unter Wanderung von Atomen (meist H-Atomen)* aufgrund des Reaktionsmechanismus erfolgen.

Beispiel: n HO–R–OH + $\underline{O}$=C=$\underline{N}$–R′–$\underline{N}$=C=$\underline{O}$ ⟶

$$
\text{Diol} \qquad\qquad \text{Diisocyanat}
$$

$$
H\left[\underline{O}-R-\underline{O}-\overset{\overset{\textstyle |\underline{O}|}{\|}}{C}-\underline{N}H-R'-\underline{N}H-\overset{\overset{\textstyle |\underline{O}|}{\|}}{C}\right]_{n-1}\underline{O}-R-\underline{O}-\overset{\overset{\textstyle |\underline{O}|}{\|}}{C}-\underline{N}H-R'-\underline{N}=C=\underline{O} \qquad (3)
$$

$$
\text{Polyurethan}
$$

Monomere: H–$\underline{O}$–R–OH; $\underline{O}$=C=$\underline{N}$–R′–$\underline{N}$=C=$\underline{O}$

Grundbausteine: –$\underline{O}$–R–$\underline{O}$–; –$\overset{\overset{\textstyle |\underline{O}|}{\|}}{C}$–$\underline{N}$H–R′–$\underline{N}$H–$\overset{\overset{\textstyle |\underline{O}|}{\|}}{C}$–

3. Polymerisation: Unter einer Polymerisation versteht man die Verknüpfung von Monomeren zu Polymeren *ohne* Abspaltung niedermolekularer Verbindungen. Im Gegensatz zur Polyaddition stimmt hier die Bruttoformel des Grundbausteins mit der des Monomeren überein.
Beispiel: Polyvinylchlorid

Monomeres: CH$_2$=CH–$\underline{C}$l| Grundbausteine: $\left[\text{CH}_2\text{–CH}\underset{\underset{\textstyle |\underline{C}l|}{|}}{}\right]$

Beachte: Die Begriffe Polymeres und Polymerisationsgrad werden nicht nur im Zusammenhang mit dem Vorgang der Polymerisation benutzt.

4.4.1.1 Aufgaben

A 1 Um welche Art von Polyreaktion handelt es sich bei folgenden Reaktionen?

a) n CH$_2$=CH$\underset{\underset{\textstyle \text{C}\equiv\underline{N}}{|}}{}$ ⟶ $\left[\text{CH}_2\text{–CH}\underset{\underset{\textstyle \text{C}\equiv\underline{N}}{|}}{}\right]_n$

b) n CH$_2$–CH$_2$ ⟶ $\left[\text{CH}_2\text{–CH}_2\text{–}\underline{O}\right]_n$
  (mit O-Brücke)

c) H–$\underline{O}$–(CH$_2$)$_3$–$\overset{\overset{\textstyle |O|}{\|}}{C}$–$\underline{O}$–CH$_3$ ⟶ H$\left[\underline{O}-(CH_2)_3-\overset{\overset{\textstyle |O|}{\|}}{C}\right]_nOCH_3$ + (n–1)CH$_3$–OH

d) n H$_2$N–(CH$_2$)$_3$–NH$_2$ + n $\underline{O}$=C=$\underline{N}$–⟨◯⟩–$\underline{N}$=C=$\underline{O}$ ⟶

H$\left[\text{NH–(CH}_2)_3\text{–NH–}\overset{\overset{\textstyle |O|}{\|}}{C}\text{–NH–⟨◯⟩–NH–}\overset{\overset{\textstyle |O|}{\|}}{C}\right]_{n-l}$NH–(CH$_2$)$_3$–NH–$\overset{\overset{\textstyle |O|}{\|}}{C}$–NH–⟨◯⟩–$\underline{N}$=C=$\underline{O}$

e) $n \, H-\bar{O}-(CH_2)_4-\bar{O}-H \; + \; n\,|\bar{Cl}-\overset{\displaystyle |O|}{\underset{\displaystyle \|}{C}}-\langle\!\!\!\bigcirc\!\!\!\rangle-\overset{\displaystyle |O|}{\underset{\displaystyle \|}{C}}-\bar{Cl}| \longrightarrow$

$$H\!\!\left[\bar{O}-(CH_2)_4-\bar{O}-\overset{\displaystyle |O|}{\underset{\displaystyle \|}{C}}-\langle\!\!\!\bigcirc\!\!\!\rangle-\overset{\displaystyle |O|}{\underset{\displaystyle \|}{C}}\right]_n\!\!\bar{Cl}| \; + \; (2n-1)HCl$$

A 2 Schlagen Sie jeweils ein Herstellungsverfahren für folgende Polymere vor, indem Sie von geeigneten Monomeren ausgehen!

a) $\ldots-\bar{O}-CH_2-CH_2-\overset{\displaystyle |O|}{\underset{\displaystyle \|}{C}}-\bar{O}-CH_2-CH_2-\overset{\displaystyle |O|}{\underset{\displaystyle \|}{C}}-\bar{O}-CH_2-CH_2-\overset{\displaystyle |O|}{\underset{\displaystyle \|}{C}}-\ldots$

b) $\ldots-CH_2-CH_2-CH_2-CH_2-CH_2-CH_2-CH_2-\ldots$

c) $\ldots-CH_2-\underset{\displaystyle CH_3}{CH}-CH_2-\underset{\displaystyle CH_3}{CH}-CH_2-\underset{\displaystyle CH_3}{CH}-CH_2-\underset{\displaystyle CH_3}{CH}-\ldots$

d) $\ldots-\overset{\displaystyle |O|}{\underset{\displaystyle \|}{C}}-(CH_2)_4-\overset{\displaystyle |O|}{\underset{\displaystyle \|}{C}}-\bar{O}-(CH_2)_6-\bar{O}-\overset{\displaystyle |O|}{\underset{\displaystyle \|}{C}}-(CH_2)_4-\overset{\displaystyle |O|}{\underset{\displaystyle \|}{C}}-\bar{O}-(CH_2)_6-\bar{O}-\ldots$

e)

$\ldots-NH-(CH_2)_6-NH-\overset{\displaystyle |O|}{\underset{\displaystyle \|}{C}}-NH\langle\!\!\!\bigcirc\!\!\!\bigcirc\!\!\!\rangle NH-\overset{\displaystyle |O|}{\underset{\displaystyle \|}{C}}-NH-(CH_2)_6-NH-\overset{\displaystyle |O|}{\underset{\displaystyle \|}{C}}-NH\langle\!\!\!\bigcirc\!\!\!\bigcirc\!\!\!\rangle NH-$

4.4.2 Polykondensation

Aufgrund der verwendeten Monomeren kann man bei der Polykondensation folgende zwei Fälle unterscheiden:

aa/bb-Typ [1]

Hier nehmen an der Polyreaktion zwei verschiedene mehrfunktionelle Monomere teil, wobei jedes Monomer nur eine bestimmte Art funktioneller Gruppen trägt. Beispiel:

$$HOOC-R-COOH \; + \; n \, H-\bar{O}-R'-\bar{O}-H \longrightarrow$$
$$\;\;\;\;\;\;a\;\;\;\;\;\;\;\;\;\;\;a\;\;\;\;\;\;\;\;\;\;b\;\;\;\;\;\;\;\;\;\;b$$

$$H-\bar{O}\!\!\left[\overset{\displaystyle |O|}{\underset{\displaystyle \|}{C}}-R-\overset{\displaystyle |O|}{\underset{\displaystyle \|}{C}}-\bar{O}-R'-\bar{O}\right]_n\!\!H \; + \; (2n-1)H_2O \qquad (4)$$

---

1 a, b stehen für die funktionellen Gruppen.

ab-Typ

Hier reagiert nur eine Art von Monomeren, wobei aber das Monomere im gleichen Molekül zwei verschiedene funktionelle Gruppen enthält.

Beispiel:

$$n \ HO{-}R'{-}COOH \ \longrightarrow \ H{-}\left[\bar{O}{-}R'{-}\overset{\overset{|\overset{..}{O}|}{\|}}{C}\right]_n{-}OH \ + \ (n{-}1)H_2O \tag{5}$$

$$\underset{a}{} \qquad \underset{b}{}$$

Es sei die Polykondensation einer Hydroxycarbonsäure betrachtet (ab-Kondensation): Zunächst reagieren zwei Moleküle unter Bildung eines *Dimeren* und Wasser.

$$HO{-}R'{-}\overset{\overset{|\bar{O}|}{\|}}{C}\boxed{{-}OH \ + \ H}{-}\bar{O}{-}R'{-}\overset{\overset{|\bar{O}|}{\|}}{C}{-}OH \ \rightleftharpoons \ HO{-}R'{-}\overset{\overset{|\bar{O}|}{\|}}{C}{-}\bar{O}{-}R'{-}\overset{\overset{|\bar{O}|}{\|}}{C}{-}OH \ + \ H_2O \tag{6}$$

$$\underset{\text{Monomer}}{} \qquad \underset{\text{Monomer}}{} \qquad \underset{\text{Dimer}}{}$$

Diese Veresterungsreaktion wird von Säuren katalysiert und verläuft nach dem bekannten Veresterungsmechanismus (vgl. Bd. 1, Kap. 10.5).

Das entstandene *Dimere* ist wiederum zur Kondensation befähigt. Es kann z. B. mit einem weiteren Molekül Hydroxycarbonsäure zum *Trimeren* weiterreagieren usw.

$$HO{-}R'{-}\overset{\overset{|\bar{O}|}{\|}}{C}{-}\bar{O}{-}R'{-}\overset{\overset{|\bar{O}|}{\|}}{C}\boxed{{-}OH \ + \ H}{-}\bar{O}{-}R'{-}\overset{\overset{|\bar{O}|}{\|}}{C}{-}OH \ \rightleftharpoons \tag{7}$$

$$\underset{\text{Dimer}}{} \qquad \underset{\text{Monomer}}{}$$

$$HO{-}R'{-}\overset{\overset{|\bar{O}|}{\|}}{C}{-}\bar{O}{-}R'{-}\overset{\overset{|\bar{O}|}{\|}}{C}{-}\bar{O}{-}R'{-}\overset{\overset{|\bar{O}|}{\|}}{C}{-}OH \ + \ H_2O$$

$$\underset{\text{Trimer}}{}$$

Solange der Polymerisationsgrad noch kleiner als 10 ist, spricht man von *Oligomeren*. Die oligomeren bzw. polymeren Ketten können ebenfalls miteinander reagieren; dies kann wie folgt dargestellt werden:

$$H{-}\left[\bar{O}{-}R'{-}\overset{\overset{|\bar{O}|}{\|}}{C}\right]_x{-}OH \ + \ H{-}\left[\bar{O}{-}R'{-}\overset{\overset{|\bar{O}|}{\|}}{C}\right]_y{-}OH \ \rightleftharpoons \ H{-}\left[\bar{O}{-}R'{-}\overset{\overset{|\bar{O}|}{\|}}{C}\right]_{x+y}{-}OH \ + \ H_2O \tag{8}$$

$$\underset{x-\text{mer}}{} \qquad \underset{y-\text{mer}}{} \qquad \underset{(x+y)-\text{mer}}{}$$

Da es sich bei jedem Kondensationsschritt um eine *Gleichgewichtsreaktion* handelt, muß das entstehende Wasser aus dem Gleichgewicht als flüchtiges Produkt entfernt werden.

Jedes gebildete Zwischenprodukt kann mit jedem anderen Zwischenprodukt oder auch mit noch vorhandenen Monomeren reagieren, dadurch ergibt sich eine Vielzahl von Reaktionen. Bei jedem Reaktionsschritt müssen die funktionellen Gruppen durch einen Katalysator (z. B. $H^{\oplus}$ bei der Veresterung) aktiviert werden, da die Zwischenprodukte relativ stabil sind. Jede Zwischenstufe kann im Prinzip isoliert werden. Jeder Reaktionsschritt erfolgt mit relativ kleiner Reaktionsgeschwindigkeit, wobei man annimmt, daß die Reaktivitäten der einzelnen funktionellen Gruppen nicht vom Polymerisationsgrad abhängen; d.h. alle Reaktionsschritte besitzen die

gleiche Geschwindigkeitskonstante. Da die Einzelschritte langsam verlaufen, nimmt der Polymerisationsgrad im Verlauf der Zeit langsam zu.
Man bezeichnet eine Polyreaktion mit diesen kinetischen Merkmalen als eine **Stufenwachstumsreaktion**. Ihre wesentlichen Kennzeichen sind:
— Die Zwischenstufen sind *stabil* und müssen bei jedem Reaktionsschritt im allgemeinen neu reaktiviert werden.
— Jedes gebildete Zwischenprodukt kann mit jedem anderen Zwischenprodukt oder den Monomeren reagieren.
— Start, Kettenwachstum und Kettenabbruch sind in bezug auf Mechanismus und Geschwindigkeitskonstante im wesentlichen identisch.

Kinetisch versteht man unter einer Polykondensation eine Stufenwachstumsreaktion, bei der Monomere unter Abspaltung niedermolekularer Verbindungen in Polymere überführt werden.

Bei einer Polykondensation kann die Kondensation praktisch gleichzeitig an allen Monomermolekülen beginnen, so daß diese zunächst zu sehr kurzkettigen Produkten (Oligomeren) kondensieren. Das Reaktionsgemisch verarmt dadurch an Monomeren und setzt sich zunächst vorwiegend aus Oligomeren zusammen. Zur Bildung längerer Ketten müssen sich jetzt die Oligomeren mit ihren passenden Enden treffen (vgl. Gl. 8).

Es soll nun der Polymerisationsgrad in Abhängigkeit vom Umsatz berechnet werden. Dies soll am Beispiel einer ab-Polykondensation geschehen:
Man kann den Verlauf einer Polykondensation verfolgen, indem man die Anzahl der funktionellen Gruppen betrachtet. Zum Zeitpunkt $t = 0$ sei die Anzahl der funktionellen Gruppen der Sorte a (z. B. —COOH) gleich N_{a0}, die der Sorte b (z. B. —OH) gleich N_{b0}.
Da es sich um eine ab-Kondensation handelt, ist $N_{a0} = N_{b0} = N_0$, wobei N_0 gleich der Zahl der Monomermoleküle ist.
Bei jedem Polykondensationsschritt nimmt die Anzahl der funktionellen Gruppen a bzw. b, sowie die Gesamtzahl der Moleküle im Reaktionsgemisch um eins ab. Dabei wird vorausgesetzt, daß die niedermolekularen Abspaltungsprodukte aus dem Reaktionsgemisch entfernt werden. Das bedeutet, daß zu jedem Zeitpunkt t

$$N_a(t) = N_b(t) = N(t) \text{ ist.}$$

$N(t)$ ist die Gesamtzahl der Moleküle im Reaktionsgemisch zur Zeit t. Das Verhältnis der funktionellen Gruppen, die reagiert haben ($N_{a0} - N_a(t)$ bzw. $N_{b0} - N_b(t)$) zur Anzahl der ursprünglich vorhandenen Gruppen ergibt den Reaktionsumsatz p.

$$p = \frac{N_{a0} - N_a(t)}{N_{a0}} = \frac{N_{b0} - N_b(t)}{N_{b0}} = \frac{N_0 - N(t)}{N_0} \tag{9}$$

Der Polymerisationsgrad $\langle P \rangle_n$ der Mischung ist gleich der Gesamtzahl der Grundbausteine in der Polymermischung dividiert durch die Anzahl der Moleküle in der Mischung.
Die Anzahl der Grundbausteine ist aber gerade gleich der eingesetzten Anzahl von Monomermolekülen.

$$\langle P \rangle_n = \frac{N_0}{N(t)} \tag{10}$$

Diese Beziehung soll durch folgendes Zahlenbeispiel plausibel gemacht werden: Entstehen aus 100 Monomermolekülen 4 Makromoleküle, so hat jedes Makromolekül im Zahlenmittel 25 Grundbausteine.

Löst man Gl. 9 nach $N(t)$ auf und setzt in Gl. 10 ein, so erhält man:

$$\langle P \rangle_n = \frac{1}{1-p} \tag{11}$$

Diese Gleichung gibt die Abhängigkeit des Polymerisationsgrades vom Reaktionsumsatz an.

Gl. 11 gilt auch für eine aa/bb-Polykondensation, falls die beiden Komponenten im Molverhältnis 1:1 gemischt werden.

Der Polymerisationsgrad steigt bei einer Polykondensation erst bei großen Umsätzen drastisch an; bei kleinem Umsatz erhält man lediglich Oligomerengemische. Um hohe Polymerisationsgrade zu erzielen, muß man Polykondensationen bis zu einem sehr hohen Umsatz ($p > 0{,}99$) betreiben. Dies zeigt der folgende Graph:

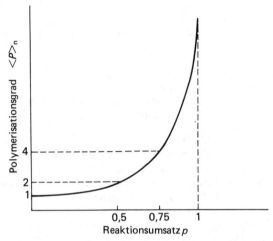

Abb. 4/6. Polymerisationsgrad in Abhängigkeit vom Reaktionsumsatz.

Um bei einer aa/bb-Polykondensation hohe Polymerisationsgrade zu erhalten, ist es äußerst wichtig, das Molverhältnis 1:1 einzuhalten. Liegt eine Komponente im Überschuß vor, so stoppt die Polykondensation bei relativ niedrigem Polymerisationsgrad. So ist das Hauptprodukt einer Polykondensation einer Dicarbonsäure mit einem Diol im Molverhältnis 1:2 ein Stoff mit zwei OH-Gruppen als Endgruppen. Da das entstandene Produkt nicht mit sich selbst kondensieren kann, bleibt die Reaktion bei dem äußerst niedrigen Polymerisationsgrad 3 stehen.

Da bei der Polykondensation alle funktionellen Gruppen aufgrund der gleichen chemischen Reaktivität gleiche Reaktionswahrscheinlichkeiten besitzen, entsteht ein Gemisch von Makromolekülen unterschiedlicher Kettenlänge.

4.4.2.1 Spezielle Beispiele zur Polykondensation

Polyester enthalten in der Hauptkette die Estergruppe $-\overset{\displaystyle O}{\overset{\displaystyle \|}{C}}-O-$.

Sie entstehen entweder bei der Polykondensation von Hydroxycarbonsäuren (ab-Typ) oder bei der Kondensation von Diolen mit Dicarbonsäuren (aa/bb-Typ) im

Molverhältnis 1:1. Um einen vollständigen Umsatz zu erzielen, muß das entstehende Wasser restlos entfernt werden. Dies bereitet technisch erhebliche Schwierigkeiten. Deshalb setzt man meist nicht die Dicarbonsäuren, sondern ihre Ester mit den Diolen um. In dieser Umesterungsreaktion läßt sich der entstehende flüchtige Alkohol leichter aus dem Gleichgewicht entfernen. Auf diese Weise werden Polyethylenterephthalate hergestellt.

$$n\ CH_3\!-\!\bar{O}\!-\!\overset{\overset{|\overline{O}|}{\|}}{C}\!\!-\!\!\langle\bigcirc\rangle\!\!-\!\!\overset{\overset{|\overline{O}|}{\|}}{C}\!-\!\bar{O}\!-\!CH_3\ +\ n\ HO\!-\!CH_2\!-\!CH_2\!-\!OH\ \longrightarrow$$

Terephthalsäuredimethylester   Glykol

$$\text{(12)}$$

$$CH_3\!-\!\bar{O}\!-\!\left[\overset{\overset{|\overline{O}|}{\|}}{C}\!\!-\!\!\langle\bigcirc\rangle\!\!-\!\!\overset{\overset{|\overline{O}|}{\|}}{C}\!-\!\bar{O}\!-\!CH_2\!-\!CH_2\!-\!\bar{O}\right]_{\!n}\!\!-\!H\ +\ (2n\!-\!1)CH_3OH$$

Dieses Polykondensat kommt unter den Handelsnamen Dacron®, Trevira® oder Diolen® in den Handel und wird zu Fasern verarbeitet.

Weiterhin können Polyester aus Säurechloriden und Diolen hergestellt werden. Verwendet man trifunktionelle Alkohole wie Glycerin, so erhält man vernetzte Polyester.

Polyamide enthalten in der Hauptkette die Säureamidgruppe $-\overset{\overset{O}{\|}}{C}-NH-$.

Die Polyamide der sogenannten *Perlonreihe* sind Polykondensate des ab-Typs. Sie entstehen durch Polykondensation von Aminocarbonsäuren bzw. ihren Estern. Weiterhin entstehen sie durch Cyclopolymerisation von Lactamen (vgl. Kap. 4.4.4.2).

$$n\ H_2\bar{N}\!-\!(CH_2)_5\!-\!\overset{\overset{|\overline{O}|}{\|}}{C}\!-\!X\ \longrightarrow\ H\!\!-\!\!\left[\bar{N}H\!-\!(CH_2)_5\!-\!\overset{\overset{|\overline{O}|}{\|}}{C}\right]_{\!n}\!\!-\!X\ +\ (n\!-\!1)HX \qquad (13)$$

Polyamid-(6)[1]
(Perlon)   X = OH, OR, Cl

Die Polyamide der sogenannten *Nylonreihe* sind Polykondensate des aa/bb-Typs, die bei der Kondensation von Diaminen mit Dicarbonsäurederivaten entstehen.

$$n\ H_2\bar{N}\!-\!(CH_2)_6\!-\!\bar{N}H_2\ +\ n\ X\!-\!\overset{\overset{|\overline{O}|}{\|}}{C}\!-\!(CH_2)_4\!-\!\overset{\overset{|\overline{O}|}{\|}}{C}\!-\!X\ \longrightarrow$$

Hexamethylendiamin   Hexandisäurederivat

$$\text{(14)}$$

$$H\!\!-\!\!\left[\bar{N}H\!-\!(CH_2)_6\!-\!\bar{N}H\!-\!\overset{\overset{|\overline{O}|}{\|}}{C}\!-\!(CH_2)_4\!-\!\overset{\overset{|\overline{O}|}{\|}}{C}\right]_{\!n}\!\!-\!X\ +\ (2n\!-\!1)HX$$

Polymid-(6,6)[2] (Nylon)   X = OH, OR, Cl

---

1 Die 6 gibt die Zahl der C-Atome im Monomeren an.
2 Die erste 6 gibt die Zahl der C-Atome im Diamin, die zweite 6 die Zahl der C-Atome in der Dicarbonsäure an.

Das erforderliche Molverhältnis von 1:1 wird erreicht, indem man zuerst aus je einem Mol Dicarbonsäure und einem Mol Diamin das Diammoniumsalz herstellt, das Salz umkristallisiert und danach im Schmelzfluß erhitzt. Das Polyamid-(6,6), auch als *Nylon* bekannt, ist das erste technisch produzierte Polyamid (Carothers, 1939).

Polyamide sind strukturell den Proteinen sehr ähnlich. Infolge der starken Wasserstoffbrückenbindungen zwischen den Ketten neigen Polyamide stark zur Kristallisation (vgl. Kap. 4.3). Beim Verstrecken entstehen Fasern, wozu die meisten Polyamide verarbeitet werden. Die Schmelztemperaturen der Polyamide liegen zwischen 180 bis 260 °C, die Glastemperatur zwischen 30 bis 50 °C, so daß das Bügeln zwischen diesen beiden Temperaturbereichen erfolgen muß (gezieltes Verstrecken der Faser).

Phenol-Formaldehydharze entstehen bei der Kondensation von Phenolen mit Formaldehyd in alkalischer oder saurer Lösung. Die Produkte sind meist gelb bis braun gefärbte, nicht schmelzbare Kunststoffe, die als Preßmassen, Lackrohstoffe und Klebstoffe verwendet werden. Sie gehören zur Gruppe der Duromeren. Nach ihrem Entdecker L. H. Baekeland werden sie auch häufig *Bakelite* genannt.

Bei der Reaktion von Phenolen mit Formaldehyd entstehen zunächst über eine elektrophile Substitution an Aromaten Hydroxymethylphenole:

In saurer Lösung: $CH_2=\overline{\underline{O}} + HA \rightleftharpoons {}^{\oplus}CH_2-\overline{\underline{O}}-H + |A^{\ominus}$

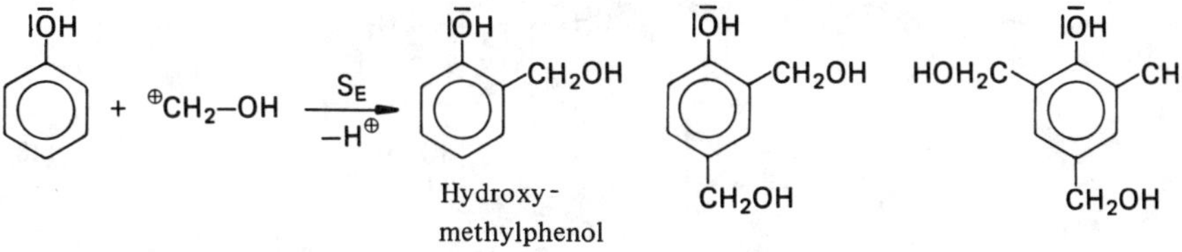

(15)

Hydroxy-
methylphenol

In alkalischer Lösung:

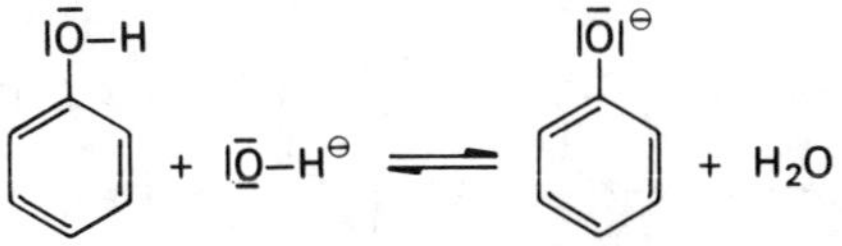

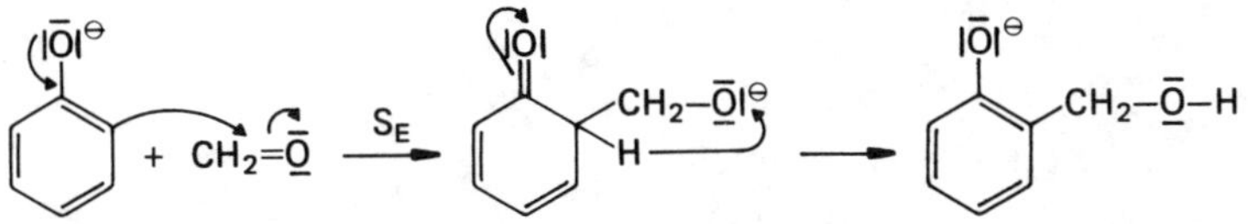

In analoger Weise bilden sich noch:

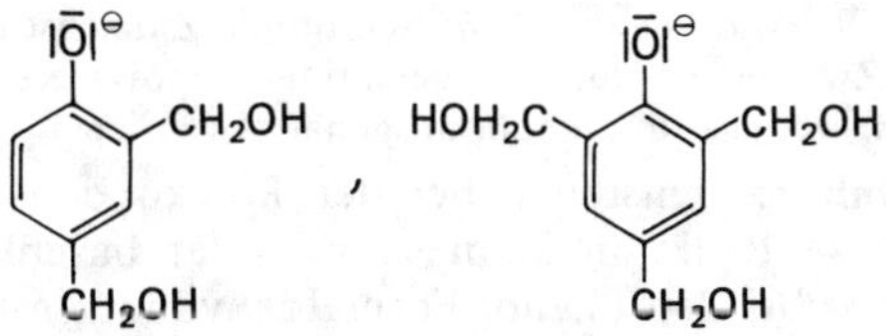

109

Die CH_2OH-Gruppe der Hydroxymethylphenole spaltet Wasser ab, und die entstehenden Carbeniumionen greifen freie ortho- und para-Stellungen von anderen Phenolringen elektrophil an:

$$\text{(17)}$$

Hydroxy-
methylphenol   Carbeniumion

Dieses setzt sich fort, und es entstehen auf diese Weise Polymere. Da das Phenol zwei aktivierte ortho- und eine aktivierte para-Stellung besitzt, ist es in bezug auf die Polykondensationsreaktion trifunktionell, und es werden vernetzte Polymere gebildet.

$$\text{(18)}$$

Technisch führt man die Reaktion in zwei Schritten durch. Zunächst erzeugt man relativ wenig verzweigte lösliche Zwischenprodukte (sogenannte Präpolymere), die dann im zweiten Schritt unter Formgebung vernetzt und damit ausgehärtet werden.

Harnstoff-Formaldehydharze entstehen bei der Polykondensation von Harnstoff mit Formaldehyd. Diese Reaktion kann säure- oder basenkatalytisch ablaufen. Technisch geht man wie bei den Phenol-Formaldehydharzen vor.

110

$$H_2\overline{N}-\overset{\overset{\text{I}\overline{O}\text{I}}{\|}}{C}-\overline{N}H_2 \; + \quad H_2C{=}\overline{O} \quad \longrightarrow \quad H_2\overline{N}-\overset{\overset{\text{I}\overline{O}\text{I}}{\|}}{C}-\overline{N}H-CH_2-\overline{O}-H \quad \overset{+H_2C{=}\overline{O}}{\longrightarrow}$$

Harnstoff   Formaldehyd

$$H\overline{O}-CH_2-\overline{N}H-\overset{\overset{\text{I}\overline{O}\text{I}}{\|}}{C}-\overline{N}H-CH_2-\overline{O}-H \quad \xrightarrow[-H_2O]{} \quad \longrightarrow \quad .... \qquad (19)$$

$$\sim\!\!\sim\!\!\sim\overline{N}H-\overset{\overset{\text{I}\overline{O}\text{I}}{\|}}{C}-\overline{N}H-CH_2-\overline{N}H-\overset{\overset{\text{I}\overline{O}\text{I}}{\|}}{C}-\overline{N}H-CH_2-\overline{N}H-\overset{\overset{\text{I}\overline{O}\text{I}}{\|}}{C}-\overline{N}H\sim\!\!\sim\!\!\sim$$

$$\overset{+H_2C{=}\overline{O}}{\longrightarrow} \quad \sim\!\!\sim\!\!\sim\overline{N}H-\overset{\overset{\text{I}\overline{O}\text{I}}{\|}}{C}-\underset{\underset{\overline{O}-H}{\underset{\overset{|}{CH_2}}{|}}}{\overline{N}}-CH_2-\overline{N}H-\overset{\overset{\text{I}\overline{O}\text{I}}{\|}}{C}-\overline{N}H-CH_2-\overline{N}H-\overset{\overset{\text{I}\overline{O}\text{I}}{\|}}{C}-\overline{N}H\sim\!\!\sim\!\!\sim$$

Erhitzen
⟶ Vernetzung

Die Harnstoff-Formaldehydpolykondensate gehören ebenfalls zu den Duromeren. Aus ihnen werden unter anderem Kunststoffmaschinenteile hergestellt.

4.4.3 Polyaddition

Polyadditionen sind *Stufenwachstumsreaktionen*, bei denen aus verschiedenen bi- und trifunktionellen Monomeren durch Addition Makromoleküle ohne Abspaltung von niedermolekularen Stoffen aufgebaut werden. Sehr häufig findet dabei formal ein Übergang eines H-Atoms von einem Grundbaustein zum anderen statt.

Die wichtigste Polyaddition ist die Bildung von *Polyurethanen* aus Diisocyanaten und mehrwertigen Alkoholen. Dabei nutzt man die Tatsache aus, daß Isocyanate leicht mit Verbindungen, die positiv polarisierte Wasserstoffatome enthalten, reagieren. Dabei wird HX an die C≡N-Bindung addiert:

$$R-\underline{\overline{N}}{=}C{=}\overline{O} \; + \; H{-}X \quad \longrightarrow \quad R-\underset{}{\overset{\overset{H}{|}}{\underline{N}}}-\overset{\overset{\text{I}\overline{O}\text{I}}{\|}}{C}-X \qquad X = OH;\; OR;\; NH-R; \qquad (20)$$

Isocyanat

$$OOCR;\; R-\overset{\overset{}{\underset{\text{I}\overline{O}\text{I}}{\|}}}{C}-NH$$

Lineare Polyurethane

Setzt man Diisocyanate mit Diolen in äquimolaren Mengen um, so entstehen lineare Polyurethane.

$$n \; \overline{O}{=}C{=}\underline{N}-R-\underline{N}{=}C{=}\overline{O} \; + \; n \; H-\overline{O}-R'-\overline{O}-H \quad \longrightarrow \qquad (21)$$

$$\overline{O}{=}C{=}\underline{N}-R-\underline{N}H-\overset{\overset{\text{I}\overline{O}\text{I}}{\|}}{C}-\overline{O}-R'-\overline{O}-\left[\overset{\overset{\text{I}\overline{O}\text{I}}{\|}}{C}-NH-R-\underline{N}H-\overset{\overset{\text{I}\overline{O}\text{I}}{\|}}{C}-\overline{O}-R'-\overline{O}\right]_{n-1}\!\!\!\!-H$$

111

Dies sind hochschmelzende, kristallisierende Verbindungen, die ähnliche Eigenschaften wie Polyamide haben.

Da Isocyanate auch mit der NH-Gruppe der gebildeten Urethan-Gruppen reagieren können, treten besonders bei überschüssigem Diisocyanat Verzweigungen und gegebenenfalls auch Vernetzungen auf.

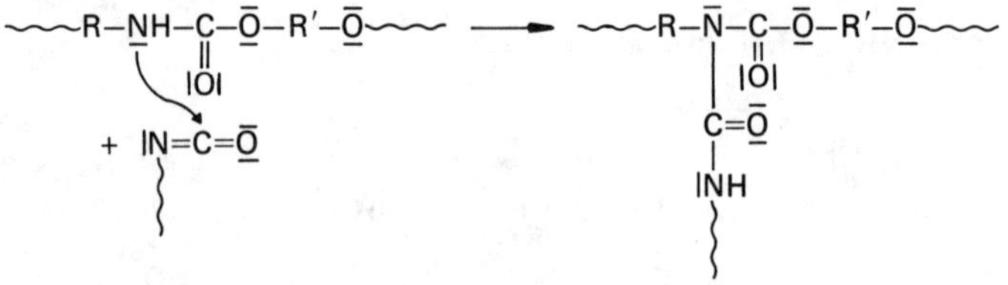

(22)

Vernetzte Polyurethane

Um Elastomere herzustellen, muß man für einen schwachen Vernetzungsgrad sorgen.

Man stellt zunächst langkettige Diisocyanate her (Gl. 23).

Dazu setzt man Diisocyanate mit oligomeren oder polymeren Estern oder Ethern um, die Hydroxylendgruppen tragen, und verwendet dabei einen Überschuß an Diisocyanat. Als solche fungieren meist aromatische Vertreter wie 1,5-Naphthalindiisocyanat[1] oder Diphenylmethan-4,4'-diisocyanat[2].

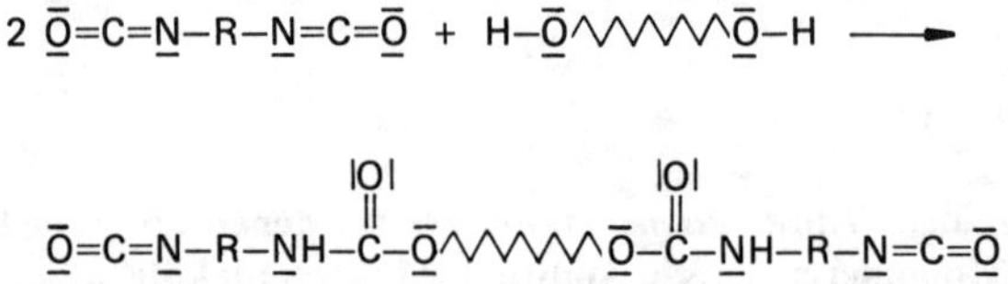

(23)

Im zweiten Schritt werden die langkettigen Diisocyanate mit Kettenverlängerern umgesetzt. Man benutzt dazu niedermolekulare aliphatische Diole oder Diamine. Im Fall der Diole bilden sich Urethangruppen (—$\bar{\text{O}}$—C—$\underline{\text{N}}$H—), während sich bei den Diaminen Harnstoffgruppen bilden.

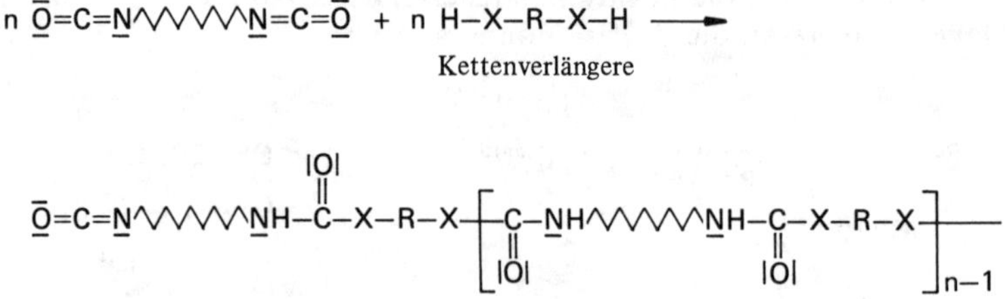

(24)

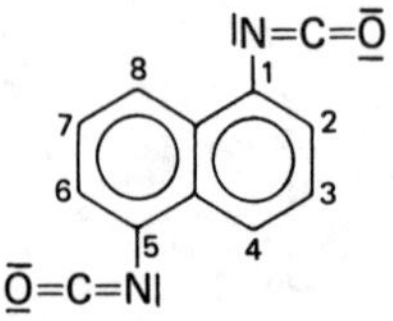

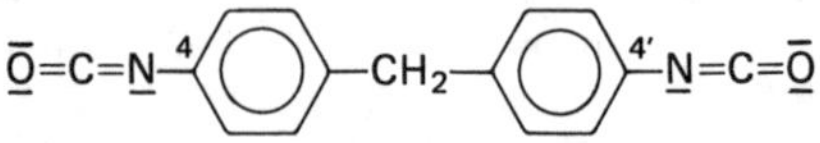

Bei äquimolaren Mengen der Reaktionspartner entstehen lineare bis schwach vernetzte Polymere. Benutzt man dagegen den Kettenverlängerer im Unterschuß, so reagieren die überschüssigen Diisocyanatgruppen mit den NH-Gruppen bereits gebildeter Polymermoleküle unter Vernetzung.

$$
\begin{array}{ccc}
\underset{\substack{\| \\ \text{P}_1-\text{NH}-\text{C}-\text{X}-\text{P}_2}}{|\text{O}|} & & \underset{\substack{\| \\ \text{P}_1-\underline{\text{N}}-\text{C}-\text{X}-\text{P}_2}}{|\text{O}|} \\
\end{array}
$$

(P$_i$ = Polymerrest) (25)

Durch Veränderung des molaren Verhältnisses von Kettenverlängerern zu Diisocyanat kann man den Vernetzungsgrad des Polymeren beeinflussen und so die elastischen Eigenschaften des entstehenden Produktes steuern.

Polyurethanschaumstoffe

Als Schaumstoffe bezeichnet man Materialien, die einen porösen zellenartigen Aufbau besitzen. Zu ihnen zählt man Schwämme sowie wärme- und schalldämmende Isolierstoffe.

Bei der Herstellung von Schaumstoffen unterscheidet man 2 Verfahren:

— Man geht von fertigen, mit Treibmitteln versetzten Polymeren aus, die dann in einem getrennten Arbeitsgang aufgeschäumt werden. Auf diese Weise werden alle Schaumstoffe aus thermoplastischen Kunststoffen, wie z. B. geschäumtes Polystyrol (Styropor®), hergestellt. Hierbei erreicht man den porösen Aufbau dadurch, daß man das treibmittelhaltige Polymere über den Erweichungspunkt erhitzt, so daß es durch entstehende Treibgase aufgebläht wird. Anschließend wird rasch abgekühlt.

Als Treibmittel verwendet man niedrig siedende Lösungsmittel (z. B. Pentan) oder Verbindungen, die sich beim Erwärmen unter Gasentwicklung zersetzen (z. B. aliphatische Azoverbindungen).

— Der Aufschäumungsprozeß läuft gleichzeitig neben der Polyreaktion ab. Nach dieser Methode werden alle Duromerenschäume hergestellt. Dazu gibt man die Komponenten zum Aufbau des Duromeren zugleich mit dem Treibmittel zusammen, gießt die Mischung in eine Form und läßt ausreagieren. Die bei der Polyreaktion frei werdende Wärme verdampft das Treibmittel, wobei die Reaktionsmischung aufgeschäumt wird.

Polyurethanschäume entstehen durch Reaktion von Diisocyanaten mit Polyestern oder Polyethern mit Hydroxylendgruppen in Gegenwart einer dosierten Menge Wasser. Ein Teil der Isocyanatgruppen reagiert mit dem Wasser unter Bildung von *Kohlendioxid,* das als *Treibgas* wirkt.

$$
\text{P}_n-\underline{\text{N}}=\text{C}=\overline{\text{O}} + \text{H}_2\text{O} \longrightarrow \text{P}_n-\underline{\text{N}}\text{H}-\overset{|\text{O}|}{\overset{\|}{\text{C}}}-\overline{\text{O}}-\text{H} \longrightarrow \text{P}_n-\text{NH}_2 + \text{CO}_2 \uparrow \qquad (26)
$$

Carbaminsäure
ist instabil

113

Die entstehende Aminogruppe kann sich wieder mit Isocyanatgruppen zu einem Harnstoffderivat umsetzen.

$$P_n-\underline{N}H_2 + P_m-\underline{N}=C=\overline{\underline{O}} \longrightarrow P_n-\underline{N}H-\overset{\displaystyle |\overline{O}|}{\overset{\displaystyle \|}{C}}-\underline{N}H-P_m \qquad (27)$$

Auf diese Weise entstehen schwach vernetzte, elastische Polyurethanweichschäume, die vor allem bei der Polsterherstellung eingesetzt werden.

Hartschäume mit hoher Vernetzungsdichte stellt man her, indem man eine genau abgestimmte Mischung aus Di-, Triisocyanaten, Polyolen (z. B. Glycerin), Wasser und Katalysatoren zusammengibt und vermischt. Dabei können im Schauminnern Temperaturen bis zu 180°C auftreten. Solche Hartschaumstoffe werden vor allem als Konstruktionselemente (Leichtbauweise, Isoliertechnik) verwendet.

4.4.3.1 Versuche

V 1 Polyester aus Citronensäure und Glykol

Chemikalien: Citronensäure; Glykol; Kobaltchlorid $CoCl_2$; Eisbad

Geräte: Meßzylinder (10 ml); Filterpapier; Waage; Gewichtssatz; Porzellanschale

Durchführung: 1,5 ml Glykol und 3 g Citronensäure werden im Reagenzglas gemischt, das Reagenzglas am Stativ festgeklemmt und über einem Asbestnetz bei gelinder Bunsenflamme erwärmt, so daß das Reaktionsgemisch gerade am Sieden gehalten wird. Währenddessen tränkt man ein Stück Filterpapier mit einer wäßrigen $CoCl_2$-Lösung und trocknet das Papier in der Porzellanschale.

Das im Reagenzglas aufsteigende Kondensat wird mit dem blauen Kobaltpapier auf Wasser geprüft.

Nach etwa 25 Minuten läßt man das Reaktionsprodukt im Eisbad auf Zimmertemperatur abkühlen: man erhält eine klare, zähflüssige Masse.

V 2 Polyester aus Maleinsäure und Glykol

Chemikalien: Glykol; Maleinsäure; H_2SO_4 konz.

Geräte: Glasstab; Siedesteinchen

Durchführung: In ein Reagenzglas gibt man etwa 2 cm hoch Maleinsäure und fügt gut 1 ml Glykol sowie 1 bis 2 Tropfen H_2SO_4 konz. und ein Siedesteinchen zu. Das Reagenzglas wird senkrecht am Stativ über ein Asbestnetz eingespannt und mit sehr kleiner Flamme erwärmt.

Gleich zu Beginn entnimmt man mit dem Glasstab einen Tropfen des Gemenges und vermischt ihn in einem zweiten Reagenzglas mit Wasser. Diese Prüfung wiederholt man nach etwa 10 Minuten. Vergleich, Folgerung?

Wenn das Reaktionsgemisch nach ungefähr 20 Minuten dickflüssig geworden ist und nur noch wenig Kondensationswasser entweicht, kühlt man unter fließendem Wasser ab.

V 3 Herstellung von Nylon-6,10

Chemikalien: Sebacinsäuredichlorid; Hexamethylendiamin; Tetrachlorkohlenstoff; Phenolphthalein

Geräte: Becherglas (250 ml); Erlenmeyerkolben; Trichter; 2 Glasstäbe; Stativ mit Zubehör; Pinzette

Durchführung: Im Becherglas wird eine Lösung von 2 g (≈ 3 ml) Sebacinsäuredichlorid (**Achtung:** Substanz ist ätzend) in 100 ml Tetrachlorkohlenstoff gelöst. Diese Lösung wird mit Hilfe eines Trichters überschichtet mit einer Lösung von 4,4 g Hexamethylendiamin-1,6 in 50 ml Wasser (mit Phenolphthalein ungefärbt). An der Grenzschicht der beiden Phasen bildet sich der Kunststoff, der mit Hilfe einer Pinzette herausgezogen werden kann. Da sich der Kunststoff sofort nachbildet, kann man ihn als Faden über einen fest montierten Glasstab führen und auf einem locker eingespannten Glasstab aufwickeln.
Formulieren Sie die Reaktionsgleichung!

V 4 Polykondensation von Phenol und Paraformaldehyd (basenkatalytisch)

Chemikalien: Phenol; Paraformaldehyd; Aceton; NaOH-Lsg. (konz.)

Geräte: Reagenzgläser

Durchführung: In einem Reagenzglas gibt man je 1 cm hoch Paraformaldehyd und Phenol und erwärmt das Gemenge über kleiner Flamme (im **Abzug,** da Formalindämpfe entweichen!), bis ein flüssiges Reaktionsgemisch von brauner Farbe entsteht.
Man versetzt mit drei Tropfen NaOH und erwärmt über kleiner Flamme bis zum Eintreten einer Gasentwicklung. Daraufhin gießt man die Hälfte der Probe in ein zweites Rg und erwärmt diese Flüssigkeit noch einige Minuten bis zum Erhärten, während man den Rest bei Zimmertemperatur weiterreagieren läßt. Man vergleiche die beiden Reaktionsprodukte bzgl. ihrer Konsistenz und ihrer Löslichkeit in Aceton.
Hinweis: Paraformaldehyd dient als Lieferant für Formaldehyd.

V 5 Bakelit (Resorcinharz) aus Resorcin und Methanal

Chemikalien: Resorcin; Formalin-Lsg.; NaOH-Lsg. (konz.)

Geräte: Reagenzgläser

Durchführung: In ein Rg füllt man 2 cm hoch Resorcin, fügt etwa das gleiche Volumen an Wasser zu und erwärmt über kleiner Flamme bis zur Lösung des Resorcins. Danach gibt man ca. 3 ml Formalin-Lsg. hinzu und versetzt zum Schluß mit etwa 10 Tropfen NaOH-Lsg. Die zunächst leicht gelbe Lsg. wird **vorsichtig** erwärmt (Siedeverzug!), bis die Flüssigkeit unter Farbänderung nach Rot sich verfestigt. Wird das Rg anschließend nur am Boden und weiterhin unterhalb des Produktes erwärmt, so schiebt der Wasserdampf eine Stange Kunstharz heraus.

V 6 Aminoplast aus Harnstoff und Methanal

Chemikalien: Harnstoff; Formalin; HCl (konz.)

Geräte: Rg; Tropfpipette

Durchführung: Man gibt in ein Rg etwa 2 cm hoch Harnstoff und versetzt mit soviel Formalin, daß die Flüssigkeit 2 bis 3 mm hoch übersteht. Es wird erwärmt, bis sich der Harnstoff löst. Zur noch warmen Lösung tropft man mit der Pipette 1 Tropfen HCl zu.

Vorsicht! Unbedingt Schutzbrille tragen! Die Reaktion verläuft meist so heftig, daß Teile des heißen Reaktionsproduktes aus dem Rg herausgeschleudert werden.

V 7 Polykondensat aus Benzylchlorid

Chemikalien: Benzylchlorid; wasserfreies $FeCl_3$; blaues Lackmuspapier; NH_3-Lsg. (konz.)

Geräte: Rg; Glasstab

Durchführung: Höchstens 2 ml Benzylchlorid werden mit einigen $FeCl_3$-Kristallen versetzt und über kleiner Flamme vorsichtig erwärmt, bis die Reaktion einsetzt. (Die Reaktion sollte möglichst im *Abzug* durchgeführt werden.) Rg abstellen, da äußerst heftige Reaktion.

Die entweichenden Nebel überprüft man auf ihre Reaktion mit
a) feuchtem blauen Lackmuspapier,
b) einem Tropfen NH_3-Lsg. am Glasstab.

Hinweis: Friedel-Crafts-Alkylierung!

V 8 Herstellung von Polyurethanschaum

Chemikalien: Desmophen-Aktivatorgemisch; Desmodur 44 v

Geräte: Trinkbecher; Holzstab

Durchführung: Man bringt 33,3 g Desmophen-Aktivatorgemisch in den Trinkbecher und läßt 50 g Desmodur zufließen und rührt mit dem Holzstab, bis die Gasentwicklung einsetzt und überläßt die Schaumbildung sich selbst.

4.4.3.2 Aufgaben

LK A 1 Schlagen Sie einen Mechanismus für die Reaktion von einem Isocyanat mit einem Alkohol vor!

Hinweis: Es handelt sich um eine nucleophile Addition.

LK A 2 Begründen Sie energetisch, warum A 1 die Addition des Alkohols an die $=C=\overline{N}—$- und nicht an die $=C=\overline{O}$-Bindung erfolgt!

Hilfe: Betrachten Sie Bindungsenergien!

A 3 Welche Struktur könnte das Polymere besitzen, das aus Ethandiol-(1,2) und 2,4-Diisocyanatotoluol entsteht?

A 4 Über die nachfolgende Reaktionsfolge läßt sich ein Material herstellen, das Ähnlichkeiten mit Schaumgummi hat:

Adipinsäure + Überschuß an Ethandiol-(1,2) $\longrightarrow$ A

A + Überschuß an $\overline{O}{=}C{=}\underline{N}$—⬡—$\underline{N}{=}C{=}\overline{O}$ $\longrightarrow$ B

$$1,4\text{–Diisocyanatobenzol}$$

B + wenig Wasser $\longrightarrow$ E

Schreiben Sie für jeden Reaktionsschritt die Reaktionsgleichung auf und geben Sie die Strukturen von A, B und E an!

Achten Sie darauf, daß die Vernetzung im Endprodukt, sowie der schaumartige Charakter geklärt wird!

A 5 Welche Funktion haben die langkettigen Diisocyanate bei der Synthese *schwach* vernetzter Polyurethane?

4.4.4 Polymerisation

Eine Polymerisation ist eine Polyreaktion, bei der Monomere mit reaktionsfähigen Doppelbindungen oder cyclische Monomere (bei der Ringöffnungspolymerisation) spontan oder unter dem Einfluß von Initiatoren in Makromoleküle überführt werden, deren Grundbausteine die gleiche Zusammensetzung haben wie das Monomere.

$$n(x{=}y) \longrightarrow {-}(x{-}y)_{\overline{n}} \tag{28}$$

mit x=y z.B. $\quad \diagdown\!\!\overset{\diagup}{C}{=}C\!\!\overset{\diagdown}{\diagup}$; $\diagdown C{=}\overline{O}$; $\diagdown C{=}\underline{\overline{S}}$; $\diagdown C{=}\overline{\underline{N}}$; $-C{\equiv}C-$

$$n\;R\!\!\bigcirc\!\!Z \longrightarrow {-}(R{-}Z)_{\overline{n}} \tag{29}$$

mit R $\quad -(CH_2)_k-$ $\quad$ (k ϵ IN)

und Z $\quad \diagdown\overline{\underline{O}}$; $\diagdown CH_2$; $\diagdown\underline{\overline{S}}$; $\diagdown\overline{N}{-}H$; $-\overline{\underline{O}}{-}\underset{|\underline{O}|}{\overset{||}{C}}-$; $-\overline{N}H{-}\underset{|\underline{O}|}{\overset{||}{C}}-$

$$n\;\underset{\diagdown O\diagup}{CH_2{-}CH_2} \longrightarrow {-}(CH_2{-}CH_2{-}O)_{\overline{n}} \tag{30}$$
$$\text{Polyethylenoxid}$$

Führt man eine Polymerisation mit einer Mischung verschiedener Monomerer aus, so spricht man von einer **Copolymerisation.** Durch Copolymerisation lassen sich

Werkstoffe herstellen, deren Eigenschaften von denen der Homopolymeren verschieden sind. Ein technisch wichtiges Copolymerisat ist das BUNA S, das bei der radikalischen Copolymerisation von Butadien mit Styrol entsteht. Es besitzt ähnliche Eigenschaften wie Naturkautschuk und wird in der Reifenindustrie verwendet.

Vom mechanistischen Standpunkt aus ist jede Polymerisation eine Kettenwachstums-reaktion, bei der hochreaktive Zwischenstufen als Reaktionsträger auftreten.

Eine Polymerisation besteht aus drei Teilreaktionsschritten: *Start, Wachstum* und *Abbruch*.

Kettenstart

Beim Kettenstart wird ein hochreaktives Teilchen $R*$ aus einer Vorstufe In ($=$ Initiator) erzeugt, an das sich dann ein Monomeres anlagert. Dabei entsteht erneut ein reaktives Teilchen, wobei die reaktive Stelle nun am angelagerten Monomeren liegt.

$$\text{In} \longrightarrow R*$$
$$R* + M \longrightarrow R - M* \tag{31}$$

Kettenwachstumsschritte

Hierbei wird in jedem Schritt ein Monomeres an die reaktive Stelle angelagert, wobei immer wieder am Ende der Kette eine reaktive Stelle entsteht. Der Polymerisationsgrad nimmt bei jedem Kettenwachstumsschritt im Gegensatz zur Stufenwachstumsreaktion genau um eins zu. Das Initiatorfragment R und die reaktive Stelle (*) bleiben ständig mit der wachsenden Kette verbunden.

$$R - M* + M \longrightarrow R - M - M*$$
$$R - M - M* + M \longrightarrow R - M - M - M*$$
$$\text{etc. bis } R - M_n* \tag{32}$$
$$(n \in \mathbb{N})$$

Kettenabbruchreaktion

Hier wird das Wachstum der Polymerkette beendet. Dies kann auf zwei Arten geschehen:
— Die aktive Stelle der Polymerkette wird unwirksam gemacht.

$$R - M_n* \longrightarrow \text{inaktive Substanzen} \tag{33}$$

— Die aktive Stelle wird auf ein anderes, vorher nicht reaktives Molekül übertragen.

$$R - M_n* + X \longrightarrow R - M_n + X* \tag{34}$$

Dabei entsteht aus X ein neues reaktives Teilchen, an dem nun ein weiteres Kettenwachstum starten kann. Man spricht in diesem Fall von einer **Übertragungsreaktion** (Abbruch durch Übertragung). Die reaktive Stelle (*) kann radikalischer, kationischer oder anionischer Natur sein.

Damit eine Polymerisation zu hochmolekularen Verbindungen vom thermodynamischen Standpunkt aus möglich ist, muß die freie Reaktionsenthalpie kleiner 0 sein.

$$\Delta G = \Delta H - T \cdot \Delta S < 0 \tag{35}$$

Da für die meisten Polymerisationen $\Delta S < 0$ ist, muß bei diesen $\Delta H < 0$ sein; ist $\Delta H > 0$, so ist die Polymerisation bei keiner Temperatur möglich.

Für die meisten Polymerisationen ist tatsächlich $\Delta H < 0$. Dies ist bei der Polymerisation von Monomeren mit Doppelbindungen sofort einsichtig, da bei der Polymerisation von n Monomereinheiten aus n π-Bindungen n stabilere σ-Bindungen entstehen. Die Polymerisationsenthalpien betragen etwa 50 bis 100 kJ/mol Monomeres. Bei den im allgemeinen stark exothermen Polymerisationsvorgängen kann die Reaktion durch die dadurch bedingte Erhöhung der Reaktionsgeschwindigkeit leicht außer Kontrolle geraten. Bei der technischen Durchführung muß man deshalb für eine ausreichende Wärmeabfuhr sorgen.

Für den Normalfall, daß $\Delta H < 0$ und $\Delta S < 0$ sind, gibt es eine Temperatur T_C, die sogenannte *Ceiling*-Temperatur[1], unterhalb derer eine Polymerisation möglich, oberhalb derer sie jedoch unmöglich ist (vielmehr beginnt hier der Abbau des Polymeren zu Monomeren). Die Ceiling-Temperatur berechnet sich gemäß

$$T_C = \frac{\Delta H}{\Delta S}, \quad \text{da bei } T = T_C \; \Delta G = 0 \text{ gilt.} \tag{36}$$

Neben der thermodynamischen Bedingung für eine Polymerisation muß eine Reihe kinetischer Voraussetzungen erfüllt werden, die bei den einzelnen Polymerisationstechniken besonders besprochen werden.

4.4.4.1 Radikalische Polymerisation

Die radikalische Polymerisation von Monomeren (meist Vinylverbindungen) wird durch Licht (UV oder sichtbares Licht), energiereiche Strahlung (Gamma- oder Röntgenstrahlung), meist aber durch Zugabe radikalliefernder Substanzen ausgelöst.

Als solche verwendet man häufig niedermolekulare Verbindungen, die Initiatoren, die bei Energiezufuhr in Form von Wärme oder elektromagnetischer Strahlung (photochemisch) in Radikale zerfallen. Dieser Zerfall geschieht in Gegenwart des zu polymerisierenden Monomeren.

Die Reaktionsgeschwindigkeit der Radikalbildungsreaktion ist wegen der im allgemeinen großen Aktivierungsenergie relativ klein. Beispiele für solche Initiatoren sind aliphatische Azoverbindungen oder organische Peroxide, die beim Erhitzen auf 40 bis 100°C in Radikale zerfallen.

$$\text{R}-\underline{\text{N}}{=}\underline{\text{N}}-\text{R} \quad \longrightarrow \quad 2\,\text{R}\cdot \;+\; \text{IN}{\equiv}\text{NI} \tag{37}$$

Azoverbindung

$$\text{R}-\underline{\text{O}}-\underline{\text{O}}-\text{R} \quad \longrightarrow \quad 2\,\text{R}-\underline{\text{O}}\cdot \tag{38}$$

Peroxid

---

1 ceiling (engl.) = Zimmerdecke.

$$\underset{\text{Dibenzoylperoxid}}{\langle \rangle -\overset{|O|}{\underset{}{C}}-\bar{O}-\bar{O}-\overset{|O|}{\underset{}{C}}-\langle \rangle} \longrightarrow 2 \langle \rangle -\overset{|O|}{\underset{}{C}}-\bar{O}\cdot \longrightarrow 2 \langle \rangle \cdot + CO_2 \quad (39)$$

Ein Bruchteil dieser gebildeten Radikale startet das Wachstum der Polymerketten; der Rest rekombiniert wieder.

Radikale können auch durch Redoxreaktionen erzeugt werden. So kann ein Gemisch aus $Fe^{2\oplus}$-Ionen und Peroxiden als Redoxinitiatorsystem wirken.

Diese Redoxreaktionen besitzen eine wesentlich niedrigere Aktivierungsenergie und laufen deshalb bei niedrigeren Temperaturen ab.

$$R-\bar{O}-\bar{O}-R + Fe^{2\oplus} \longrightarrow R-\bar{O}|^{\ominus} + R-\bar{O}\cdot + Fe^{3\oplus} \quad (40)$$

Die wirksamen Initiatorradikale addieren sich nun an die Doppelbindung der Monomermoleküle, wobei ein wachstumsfähiges Radikal entsteht. Die Addition an die Doppelbindung erfolgt so, daß das stabilere Radikal entsteht.

$$R\cdot + \underset{X}{CH_2=CH} \longrightarrow \underset{X}{R-CH_2-CH}\cdot \quad (41)$$

In den folgenden Wachstumsschritten werden weitere Monomere an die radikalische Stelle angelagert, wobei am Kettenende immer wieder eine radikalische Stelle entsteht.

$$\underset{X}{R-CH_2-CH}\cdot + \underset{X}{CH_2=CH} \longrightarrow \underset{X \quad X}{R-CH_2-CH-CH_2-CH}\cdot \xrightarrow{\underset{X}{+CH_2=CH}}$$

$$\quad (42)$$

$$\longrightarrow \longrightarrow \longrightarrow R\left[\underset{X}{CH_2-CH}\right]_{n-1}\underset{X}{CH_2-CH}\cdot$$

Da die Radikale sehr reaktive Teilchen sind, besitzen die einzelnen Wachstumsschritte eine sehr niedrige Aktivierungsenergie und verlaufen deshalb sehr schnell. Wegen der großen Reaktivität wachsen auch die einzelnen Ketten nicht so lange, bis alle Monomere im System verbraucht sind, sondern das Wachstum einer individuellen Polymerkette wird vorher abgebrochen.

Dies kann durch gegenseitige Zerstörung des radikalischen Zustandes zweier Polymerradikale geschehen, wobei sogenannte „tote" Polymerketten entstehen. Ein solcher Abbruch ist möglich durch

— *Rekombination*

$$R\left[\underset{X}{CH_2-CH}\right]_{n-1}\underset{X}{CH_2-CH}\cdot + \cdot\underset{X}{CH-CH_2}\left[\underset{X}{CH-CH_2}\right]_{m-1}R$$

$$\quad (43)$$

$$\longrightarrow R\left[\underset{X}{CH_2-CH}\right]_{n-1}\underset{X \quad X}{CH_2-CH-CH-CH_2}\left[\underset{X}{CH-CH_2}\right]_{m-1}R$$

— *Disproportionierung*

$$R\text{--}\!\left[CH_2\text{--}CH\right]_{\!n-1}\!\!\underset{X}{\overset{}{}}\text{--}CH_2\text{--}CH\cdot \;+\; \cdot CH\text{--}CH\text{--}\!\left[CH\text{--}CH_2\right]_{\!m-1}\!\!\text{--}R$$

(44)

$$\longrightarrow\; R\text{--}\!\left[CH_2\text{--}CH\right]_{\!n-1}\!\!\text{--}CH_2\text{--}\overset{H}{\underset{X}{C}}\text{--}H \;+\; HC\!=\!CH\text{--}\!\left[CH\text{--}CH_2\right]_{\!m-1}\!\!\text{--}R$$

Das Wachstum der individuellen Polymerkette kann aber auch durch eine *Übertragungsreaktion* beendet werden, bei der das Polymerradikal mit einem Molekül R′Y unter Bildung eines toten Polymermoleküls reagiert. Aus dem ursprünglich inaktiven Molekül R′Y entsteht ein Radikal R′· das selbst zum Startzentrum einer neuen Polymerkette werden kann.

$$R\text{--}\!\left[CH_2\text{--}CH\right]_{\!n-1}\!\!\text{--}CH_2\text{--}CH\cdot \;+\; R'\!-\!Y \longrightarrow R\text{--}\!\left[CH_2\text{--}CH\right]_{\!n-1}\!\!\text{--}CH_2\text{--}CH\!-\!Y \;+\; R'\!\cdot$$

y = Halogen oder H

Der Überträger R′Y kann jedes im polymerisierenden System vorkommende Molekül sein (z. B. Monomeres, Lösungsmittel, Initiator, Polymeres etc.).
Das Wachstum einer Polymerkette kann auch beendet werden, indem das Polymerende mit einem sogenannten *Inhibitor*[1] reagiert, wobei ein reaktionsträges Radikal gebildet wird, das nicht mehr in der Lage ist, weitere Monomermoleküle anzulagern. So erklärt sich die Wirkung von Chinonen als Inhibitoren:

$$\sim\!\!\sim\!\!M\cdot \;+\; \bar{O}\!=\!\!\!\bigcirc\!\!\!=\!\bar{O} \longrightarrow \;\sim\!\!\sim\!\!M\!-\!\bar{O}\!-\!\!\!\bigcirc\!\!\!-\!\bar{O}\cdot$$

(46)

stark stabilisiertes
Radikal

$$\sim\!\!\sim\!\!M\!-\!\bar{O}\!-\!\!\!\bigcirc\!\!\!=\!\bar{O} \longleftrightarrow \text{ etc.}$$

Eine ähnliche Wirkung als Inhibitor besitzt Sauerstoff:

$$\sim\!\!\sim\!\!M\cdot \;+\; O_2 \longrightarrow \;\sim\!\!\sim\!\!M\!-\!\bar{O}\!-\!\bar{O}\cdot$$

(47)

reaktionsträges
Radikal

Infolge der langsamen Radikalerzeugungsreaktion befinden sich zu jedem Zeitpunkt nur relativ wenige wachstumsfähige Radikale im reagierenden System.
Da die Lebensdauer eines wachsenden Polymerradikals sehr kurz ist ($\tau \approx 0,1$ bis

---

1 Inhibitoren (lat.) = Verhinderer, werden auch als Stabilisatoren zur Lagerung von Monomeren benutzt

10 s), ist das Wachstum eines einzelnen Makromoleküls schon nach kurzer Zeit beendet. Dies hat zur Folge, daß der Polymerisationsgrad innerhalb der ersten Sekunden drastisch zunimmt, aber dann im Verlauf der weiteren Reaktion, bei der übriges Monomeres in Polymeres umgewandelt wird, vom Umsatz p unabhängig ist (vgl. dagegen das andere Verhalten bei der Polykondensation, Kap. 4.4.2).

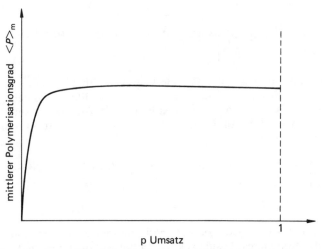

Abb. 4/7. Polymerisationsgrad und Umsatz bei einer radikalischen Polymerisation.

Sowohl bei der radikalischen Polymerisation als auch bei der Polykondensation nimmt die gebildete Polymermenge mit steigendem Umsatz zu. Während bei der Polykondensation die Zunahme der Polymermenge auf einer Zunahme des Polymerisationsgrades während der Reaktion beruht, wird dies bei der radikalischen Polymerisation durch einen Anstieg der Zahl der gebildeten Makromoleküle bewirkt. Bei einer Polykondensation würde bei vollständigem Umsatz nur ein einziges Makromolekül vorliegen.

Da Radikale elektrisch neutrale Teilchen sind, greifen sie bevorzugt relativ unpolare Doppelbindungen (wie bei vielen Vinylverbindungen: $CH_2{=}CH{-}X$) an.

Die Polymerisationsfähigkeit eines olefinischen Monomeren hängt ab von:

a) *der Mesomeriestabilisierung des wachsenden Radikals durch den Substituenten X*

Damit eine Polymerisation zu hochmolekularen Produkten führt, muß die Anzahl der Kettenwachstumsschritte pro Zeiteinheit viel größer sein als die Summe der Anzahlen der möglichen wachstumsabbrechenden Schritte. Ist das wachsende Polymerradikal sehr *instabil*, so geht es unselektiv alle möglichen Reaktionen ein, insbesondere Kettenübertragungsreaktionen. Ein *stabilisiertes* Radikal hingegen bevorzugt die Reaktionen möglichst niedriger Aktivierungsenergie und geht die Wachstumsreaktion ein, obwohl die Rekombination eine noch niedrigere Aktivierungsenergie benötigt. Letztere erfordert nämlich den Zusammenstoß zweier Radikale, was wegen der geringen Radikalkonzentration wesentlich weniger wahrscheinlich ist als ein Zusammenstoß mit einem Monomermolekül. Die Stabilisierung des Radikals bewirkt also eine Erhöhung der Selektivität; dies begünstigt das

122

Kettenwachstum im Vergleich zu der Abbruchsreaktion. Die Stabilisierung bewirkt eine Erhöhung der Aktivierungsenergien aller Reaktionsschritte, wobei sich dieser Einfluß aber bei Abbruchsreaktionen (Disproportionierung, Kettenübertragungsreaktion) am stärksten bemerkbar macht. So ist insbesondere Styrol infolge der konjugativen Wechselwirkung des Radikals mit dem π-System des Benzolrings gut radikalisch polymerisierbar.

Die Tatsache, daß das wachsende Radikal häufig von der Gruppe X stabilisiert wird, erklärt auch die bevorzugte Kopf-Schwanz-Verknüpfung bei Vinylpolymerisationen (vgl. Kap. 4.2).
Die Stabilisierung des wachsenden Polymerradikals darf aber andererseits auch nicht so groß sein, daß das Radikal zu unreaktiv wird, um sich an eine Doppelbindung zu addieren. In diesem Fall würde es so lange überleben, bis es durch eine Rekombinationsreaktion vernichtet würde.

b) *der Polarität der Doppelbindung des Monomeren durch den Substituenten* X
Vinylether $CH_2\!\!=\!\!CH\!-\!\underline{O}\!-\!R$ sind radikalisch nicht polymerisierbar. Hierfür spielen zwei Gründe eine Rolle. Zunächst ist das wachsende Polymerradikal $\sim\!\!\overset{\bullet}{C}H$ sehr
$$\underset{\underline{I}\underline{O}-R}{|}$$
instabil und geht somit sehr leicht Übertragungsreaktionen ein, die die Kette abbrechen. Weiterhin ist die Doppelbindung des Monomeren wegen des +M-Effektes der Alkoxygruppe ($-\underline{O}-R$) stark polarisiert.

$$CH_2\!\!=\!\!CH\!-\!\underline{O}\!-\!R \;\longleftrightarrow\; {}^{\ominus}\!CH_2\!-\!CH\!\!=\!\!\overset{\oplus}{\underline{O}}\!-\!R$$

Somit erfordert der Angriff eines Radikals eine zusätzliche Aktivierungsenergie zur Depolarisierung der Doppelbindung, so daß zusätzlich die Geschwindigkeit der Wachstumsreaktion im Vergleich zu den Abbruchsreaktionen vermindert wird.

$$R\!\cdot\; + \left\{ \begin{array}{c} CH_2\!\!=\!\!CH\!-\!\underline{O}\!-\!R \\ \updownarrow \\ {}^{\ominus}\!CH_2\!-\!CH\!\!=\!\!\overset{\oplus}{\underline{O}}\!-\!R \end{array} \right\} \longrightarrow\; R\!-\!CH_2\!-\!\overset{\bullet}{C}H\!-\!\underline{O}\!-\!R \qquad (48)$$

Werden dagegen die freien Elektronenpaare des Sauerstoffatoms durch konjugative Wechselwirkung mit anderen Gruppen beansprucht, dann stehen sie weniger zur Polarisation der Doppelbindung zur Verfügung (Abschwächung des +M-Effektes), und es kann eine radikalische Polymerisation stattfinden. Dies ist z.B. beim Vinylacetat der Fall:

$$CH_2\!\!=\!\!CH\!-\!\underline{O}\!-\!\overset{\overset{\textstyle |\underline{O}|}{\|}}{C}\!-\!CH_3 \;\longleftrightarrow\; CH_2\!\!=\!\!CH\!-\!\overset{\oplus}{\underline{O}}\!\!=\!\!\overset{\overset{\textstyle |\underline{O}|^{\ominus}}{|}}{C}\!-\!CH_3$$

Aus analogen Gründen ist Vinylchlorid ebenfalls radikalisch polymerisierbar.

c) *sterischen Hinderungen*

Auch durch sterische Faktoren kann das Kettenwachstum behindert werden. So nimmt mit steigender Gruppenhäufung an der Doppelbindung die Polymerisationstendenz ab, da sich das Radikal nicht gut der Doppelbindung nähern kann.

$$
\begin{array}{ccc}
\underset{H}{\overset{H}{>}}C=C\underset{X}{\overset{H}{<}} &
\underset{H}{\overset{H}{>}}C=C\underset{X}{\overset{X}{<}} &
\underset{X}{\overset{H}{>}}C=C\underset{H}{\overset{X}{<}}
\end{array}
$$

Polymerisationstendenz   +++   ++   −

$$
\begin{array}{cc}
\underset{X}{\overset{H}{>}}C=C\underset{X}{\overset{X}{<}} &
\underset{X}{\overset{X}{>}}C=C\underset{X}{\overset{X}{<}}
\end{array}
\qquad X \neq H
$$

−−   −−−

Eine Ausnahme stellt das Tetrafluorethen dar, das radikalisch zu Teflon® polymerisiert wird.

d) *der Allylinhibierung*

Propen kann nicht radikalisch polymerisiert werden, da schon nach wenigen Wachstumsschritten eine Übertragungsreaktion zum Monomeren stattfindet. Sie wird durch die geringe Stabilität des wachsenden Radikals und die große Stabilität des durch die Übertragung entstehenden Allylradikals begünstigt. Das Allylradikal vermag kein Monomeres anzulagern, sondern verschwindet durch Rekombination mit einem anderen Radikal.

$$
\sim\sim\underset{CH_3}{\overset{|}{C}}H^\bullet + (H)-CH_2-CH=CH_2 \longrightarrow \sim\sim\underset{CH_3}{\overset{|}{C}}H-H \;+\;
\left\{
\begin{array}{c}
\bullet CH_2-CH=CH_2 \\
\updownarrow \\
CH_2=CH-CH_2\bullet
\end{array}
\right\} \tag{49}
$$

Allylradikal

Radikalisch polymerisierbar sind folgende Monomere:
Styrol, Vinylchlorid, Vinylacetat, Acrylnitril, Acrylester, Methacrylester, Butadien, Chloropren $\left(CH_2=CH-\underset{Cl}{\overset{|}{C}}=CH_2 \right)$.

Für die Durchführung der radikalischen Polymerisation stehen folgende Verfahren zur Verfügung:

1. *Polymerisation in Lösung*

Hier werden das Monomere und der Initiator in einem Lösungsmittel gelöst. Das gebildete Polymere befindet sich nach der Reaktion in Lösung und kann anschließend ausgefällt werden oder es fällt während der Polymerisation direkt aus (*Fällungspolymerisation*). Es dürfen nur solche Lösungsmittel benutzt werden, die möglichst keine Übertragungsreaktion mit Polymerradikalen eingehen. Die Wärmeabfuhr geschieht über das Lösungsmittel.

2. Substanzpolymerisation

Es wird das reine flüssige Monomere in Gegenwart eines Initiators polymerisiert. Der Vorteil besteht in der Reinheit des entstehenden Polymeren. Wegen der schlechten Wärmeleitfähigkeit des gebildeten Polymeren hat man große Schwierigkeiten, bei industriellen Reaktionsansätzen die Wärme abzuführen. Dadurch kann es zur Wärmeexplosion kommen. Technisch wird auf diese Weise hauptsächlich Polystyrol und Polymethacrylat (PMMA, Plexiglas) gewonnen.

3. Suspensions-(Perl-)polymerisation

Hier wird das flüssige Monomere, das einen wasserunlöslichen Initiator gelöst enthält, in Wasser durch Rühren fein verteilt. In den Monomertröpfchen ($d = 0,05$ bis 3 mm) findet dann eine Substanzpolymerisation statt, und das Polymere fällt in Form kleiner Kügelchen (Suspension) an. Die Reaktionswärme wird gut vom umgebenden Wasser abgeleitet. Um ein Zusammenlaufen der Tröpfchen zu vermeiden, muß man Suspensionsstabilisatoren zusetzen, die um die Tröpfchen eine Schicht bilden und diese dabei elektrisch aufladen, so daß sich die Tröpfchen gegenseitig abstoßen.

4. Emulsionspolymerisation

Bei der Emulsionspolymerisation wird ein wenig wasserlösliches Monomeres mit Hilfe eines Emulgators in Wasser emulgiert und mit einem wasserlöslichen Initiator polymerisiert. In diesem System stehen die Monomertröpfchen mit gelösten Monomermolekülen im Gleichgewicht. Der Emulgator bildet im Wasser sogenannte *Mizellen*. Das sind kugel- oder stäbchenförmige Anordnungen, bei denen sich die Emulgatormoleküle (meist Seifenmoleküle) nebeneinander lagern, so daß sich die hydrophilen Enden sich nach der wäßrigen Phase ausrichten, während sich die hydrophoben Enden nach innen orientieren.

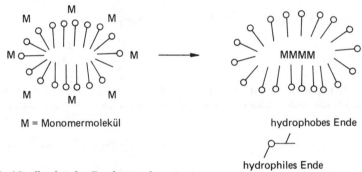

M = Monomermolekül

hydrophobes Ende

hydrophiles Ende

Abb. 4/8. Mizellen bei der Emulsionspolymerisation.

Die Mizellen können zunächst bis zu 100 Monomermoleküle in sich aufnehmen. Durch den Zerfall des Initiators in der wäßrigen Lösung entstehen Radikale, die mit einer gewissen Wahrscheinlichkeit auf eine Mizelle treffen und dort eine Polymerisation auslösen. Die Wahrscheinlichkeit, eine Mizelle zu treffen, ist wesentlich größer als auf ein Monomertröpfchen zu treffen, da die Mizellenzahl mit $10^{18}/cm^3$ viel größer ist als die Tropfenzahl mit $10^{10}/cm^3$. Das in der Mizelle vorhandene Monomere wird in ein Polymeres umgewandelt, und das verbrauchte Monomere wird durch Diffusion aus der Lösung ersetzt. Auf diese Weise wächst das Polymerradikal in der Mizelle ständig weiter, bis schließlich ein Radikal in die wachsende Mizelle eindringt und einen Abbruch bewirkt. Da die Polymerradikale in den Mizellen eine längere Lebensdauer haben als in Lösung, erzielt man auf diese Weise höhere Polymerisationsgrade.

4.4.4.2 Ionische Polymerisation

Bei Polymerisationen können anstelle der Radikale auch Ionen als kettenfortpflanzende Teilchen benutzt werden. Je nach der Art des verwendeten Initiators spricht man von einer anionischen oder kationischen Polymerisation.

Anionische Polymerisation

Kettenstart

$$RI^{\ominus} + CH_2{=}\underset{X}{CH} \longrightarrow R{-}CH_2{-}\underset{X}{\overset{\ominus}{C}H} \tag{50}$$

Kettenwachstum

$$R{-}CH_2{-}\underset{X}{\overset{\ominus}{C}H} + CH_2{=}\underset{X}{CH} \longrightarrow R{-}CH_2{-}\underset{X}{CH}{-}CH_2{-}\underset{X}{\overset{\ominus}{C}H} \longrightarrow \longrightarrow \longrightarrow \text{etc. (51)}$$

Kationische Polymerisation

Kettenstart

$$R^{\oplus} + CH_2{=}\underset{X}{CH} \longrightarrow R{-}CH_2{-}\underset{X}{\overset{\oplus}{C}H} \tag{52}$$

Kettenwachstum

$$R{-}CH_2{-}\underset{X}{\overset{\oplus}{C}H} + CH_2{=}\underset{X}{CH} \longrightarrow R{-}CH_2{-}\underset{X}{CH}{-}CH_2{-}\underset{X}{\overset{\oplus}{C}H} \longrightarrow \longrightarrow \longrightarrow \text{etc. (53)}$$

Die Addition der Ionen an die Doppelbindung erfolgt derart, daß das stabilste Ion gebildet wird.

Ionisch polymerisierbar sind insbesondere Monomere mit polaren oder polarisierten Doppelbindungen. So kann Formaldehyd sowohl anionisch als auch kationisch polymerisiert werden:

$$R^{\ominus} + CH_2{=}\bar{O} \longrightarrow R{-}CH_2{-}\bar{O}I^{\ominus} \xrightarrow{+CH_2{=}\bar{O}} R{-}CH_2{-}\bar{O}{-}CH_2{-}\bar{O}I^{\ominus} \longrightarrow \longrightarrow \text{etc. (54)}$$

$$R^{\oplus} + \bar{O}{=}CH_2 \longrightarrow R{-}\bar{O}{-}\overset{\oplus}{C}H_2 \xrightarrow{+\bar{O}{=}CH_2} R{-}\bar{O}{-}CH_2{-}\bar{O}{-}\overset{\oplus}{C}H_2 \longrightarrow \longrightarrow \text{etc. (55)}$$

Monomere mit C=C-Doppelbindungen sind dann kationisch polymerisierbar, wenn sie Substituenten tragen, die die Elektronendichte der Doppelbindung erhöhen. Dies ist der Fall, wenn die Substituenten einen +M- bzw. einen +I-Effekt ausüben.

Kationisch polymerisiert werden z. B. 2-Methylpropen, Styrol, Butadien, Vinylether:

$$CH_2{=}CH{-}\bar{O}{-}R \longleftrightarrow \overset{\ominus}{C}H_2{-}CH{=}\overset{\oplus}{\underline{O}}{-}R$$

Vinylether

Trägt das Monomere Substituenten, die die Elektronendichte der $C=C$-Doppelbindung erniedrigen ($-$M-, $-$I-Substituenten), so kann es anionisch polymerisiert werden. Dies ist z. B. der Fall bei Methacrylsäureester, Acrylsäureester, Styrol, Butadien, Acrylnitril:

$$CH_2{=}CH \quad \longleftrightarrow \quad \overset{\oplus}{CH_2}{-}CH$$

(mit Substituent: $\underset{\underset{N}{\overset{|}{\underset{\|}{C}}}}{}$ bzw. $\underset{\underset{N|^{\ominus}}{\overset{\|}{\underset{\|}{C}}}}{}$) Acrylnitril

Ein weiterer wesentlicher Faktor für die Polymerisierbarkeit nach einem ionischen Mechanismus ist die Mesomeriestabilisierung der intermediär auftretenden Ionen. Diese bewirkt zwar keine Erhöhung der Geschwindigkeit der Wachstumsreaktion, erhöht aber die Selektivität der Ionen bei ihrer Addition an die Doppelbindung im Vergleich zu der Abbruchsreaktion.

Deshalb können Monomere wie Styrol und Butadien sowohl radikalisch als auch anionisch und kationisch polymerisiert werden.

Bei der kationischen Polymerisation können als Initiatoren Brönsted-Säuren wie $HClO_4$, H_2SO_4 etc. wirken.

$$HY \;+\; CH_2{=}\underset{X}{\overset{|}{CH}} \;\rightleftharpoons\; CH_3{-}\underset{X}{\overset{\oplus}{\overset{|}{CH}}} \;+\; |Y^{\ominus} \tag{56}$$

Damit die intermediär entstehenden Polycarbeniumionen nicht mit einer Lewis-Base reagieren und dabei vernichtet werden, dürfen keine nucleophilen Teilchen (bzw. nur extrem schwache wie $ClO_4^{\ominus}$) vorhanden sein. Aus diesem Grund darf die kationische Polymerisation nur in nichtnucleophilen Lösungsmitteln wie Dichlormethan, Chloroform, Schwefelkohlenstoff, Tetrachlorkohlenstoff etc. durchgeführt werden.

Weiterhin können Lewis-Säuren oder Salze, die stabilisierte Carbeniumionen enthalten, als Initiatoren wirken. Lewis-Säuren benötigen meist einen sogenannten Cokatalysator, der mit der Lewis-Säure erst die initiierenden kationischen Teilchen bildet. So können geringe Spuren Wasser als Cokatalysator wirken:

$$\underset{\text{Lewis-Säure}}{BF_3} \;+\; \underset{\text{Cokatalysator}}{H_2O} \;\rightleftharpoons\; H^{\oplus}[BF_3OH]^{\ominus} \tag{57}$$

Da der Initiationsschritt und die Wachstumsschritte nur kleine Aktivierungsenergien besitzen, kann die ionische Polymerisation bei tiefen Temperaturen (bis $-100\,^{\circ}C$) durchgeführt werden.

Ein Abbruch durch Rekombination wie bei der radikalischen Polymerisation ist dabei nicht möglich. Das Wachstum der Polymerkette kann jedoch durch folgende Reaktionen beendet werden:

• Reaktion des Polymercarbeniumions mit einem Nucleophil

$$\sim\!\!\sim\!\!CH_2{-}\underset{X}{\overset{\oplus}{\overset{|}{CH}}} \;+\; |Nu^{\ominus} \;\longrightarrow\; \sim\!\!\sim\!\!CH_2{-}\underset{X}{\overset{|}{CH}}{-}Nu \tag{58}$$

• Übertragungsreaktionen
— Übertragung der reaktiven Stelle zum Polymeren

$$\text{Hydridionen—(H}^{\ominus}\text{—) Abspaltung}$$

$$\sim\!\!\sim\!\!\text{CH}_2\!-\!\overset{\oplus}{\text{CH}} \quad + \quad \sim\!\!\sim\!\!\text{CH}_2\!-\!\overset{\overset{\displaystyle H}{|}}{\underset{|}{\text{C}}}\!-\!\text{CH}_2\!\sim\!\!\sim \quad\longrightarrow\quad \sim\!\!\sim\!\!\text{CH}_2\!-\!\overset{\oplus}{\underset{|}{\text{C}}}\!-\!\text{CH}_2\!\sim\!\!\sim \qquad (59)$$
$$\underset{\displaystyle X}{} \qquad\qquad \underset{\displaystyle X}{} \qquad\qquad\qquad \underset{\displaystyle X}{}$$

Polycarbeniumion₁ — Polycarbeniumion$_1$

Polymermolekül$_2$

Polymermolekül$_2$

$$+ \quad \sim\!\!\sim\!\!\text{CH}_2\!-\!\underset{\displaystyle X}{\overset{|}{\text{CH}}}\!-\!\text{H}$$

Polyacarbeniumion$_1$

Diese Übertragungsreaktion führt zu verzweigten Polymeren.

— Übertragung zum Monomeren unter Hydridwanderung

$$\sim\!\!\sim\!\!\overset{\oplus}{\text{CH}}\!-\!\underset{\displaystyle \text{CH}_2\!-\!\text{R}}{\overset{|}{\text{CH}}} \quad + \quad \text{CH}_2\!=\!\text{CH}\!-\!\underset{\displaystyle H}{\overset{\overset{\displaystyle H}{|}}{\text{C}}}\!-\!\text{R} \quad\longrightarrow\quad \sim\!\!\sim\!\!\text{CH}_2\!-\!\underset{\displaystyle \text{CH}_2\!-\!\text{R}}{\overset{|}{\text{CH}}}\!-\!\text{H} \qquad (60)$$

$$+ \quad \left\{ \text{CH}_2\!=\!\text{CH}\!-\!\overset{\oplus}{\text{CH}}\!-\!\text{R} \quad\longleftrightarrow\quad \overset{\oplus}{\text{CH}}_2\!-\!\text{CH}\!=\!\text{CH}\!-\!\text{R} \right\}$$

Diese Übertragungsreaktion tritt immer dann auf, wenn stabile Allylcarbeniumionen entstehen. Diese sind so stabil, daß sie sich nicht an eine C=C-Doppelbindung anlagern. In diesem Fall wird neben der Polymerkette auch die kinetische Kette abgebrochen. Wenn diese Reaktion eintritt, kann man keine hochmolekularen Produkte erhalten. Aus diesem Grund ist Propylen kationisch nicht polymerisierbar.

— Übertragung zum Monomeren unter Protonenwanderung

$$\sim\!\!\sim\!\!\underset{\displaystyle H}{\overset{\oplus}{\text{CH}}\!-\!\text{C}}\!\overset{\text{CH}_3}{\underset{\text{CH}_3}{<}} \quad + \quad \text{CH}_2\!=\!\text{C}\!\overset{\text{CH}_3}{\underset{\text{CH}_3}{<}} \quad\longrightarrow\quad \sim\!\!\sim\!\!\text{CH}\!=\!\text{C}\!\overset{\text{CH}_3}{\underset{\text{CH}_3}{<}} \quad + \quad \text{H}\!-\!\text{CH}_2\!-\!\overset{\oplus}{\text{C}}\!\overset{\text{CH}_3}{\underset{\text{CH}_3}{<}} \quad (61)$$

— Übertragung zum Gegenanion durch Protolyse

$$\sim\!\!\sim\!\!\underset{\displaystyle H}{\text{CH}}\!-\!\underset{\displaystyle X}{\overset{\oplus}{\text{CH}}} \quad + \quad \text{IY}^{\ominus} \quad\longrightarrow\quad \sim\!\!\sim\!\!\text{CH}\!=\!\text{CH}\!-\!\text{X} \quad + \quad \text{H}\!-\!\text{Y} \qquad (62)$$

(Regeneration des Initiators)

Da die Wachstumsschritte schnell ablaufen und das Wachstum einer Polymerkette innerhalb weniger Sekunden beendet ist, nimmt der mittlere Polymerisationsgrad am Anfang der Reaktion drastisch zu und bleibt dann wie bei der radikalischen Polymerisation während des weiteren Umsatzes konstant.

Der Polymerisationsgrad ist bei der kationischen Polymerisation stark temperaturabhängig. Die wachstumsabbrechenden Schritte besitzen eine höhere Aktivierungsenergie als die Wachstumsschritte. Deshalb sind erstere bei tiefen Temperaturen weniger wahrscheinlich, was eine Erhöhung des Polymerisationsgrades bewirkt. So ist der Polymerisationsgrad der kationischen Polymerisation von 2-Methylpropen bei $25\,°C \approx 100$, bei $-80\,°C \approx 10^5$.

Bei der **anionischen** Polymerisation kann die Startreaktion entweder durch Addi-

128

tion eines starken basischen Anions (z. B. $|\overline{N}H_2^{\ominus\,1)}$ oder einem Carbanion aus einer metallorganischen Verbindung wie Butyllithium) an die Doppelbindung oder durch Übertragung eines Elektrons auf die Doppelbindung erfolgen, wobei im letzten Fall ein Radikalanion gebildet wird:

$$|A^{\ominus} + CH_2{=}\underset{X}{\overset{|}{C}}H \longrightarrow A{-}CH_2{-}\underset{X}{\overset{\ominus}{\underset{|}{C}}}H \tag{63}$$

$$e^{\ominus} + CH_2{=}\underset{X}{\overset{|}{C}}H \longrightarrow \left\{ |\overset{\ominus}{C}H_2{-}\underset{X}{\overset{\cdot}{\underset{|}{C}}}H \longleftrightarrow \cdot CH_2{-}\underset{X}{\overset{\ominus}{\underset{|}{C}}}H \right\} \tag{64}$$

— Start über ein stark basisches Anion:
Ein Anion wird umso leichter ein Monomeres zur anionischen Polymerisation anregen, je basischer es ist. Andererseits wird sich ein Monomeres umso leichter zur anionischen Polymerisation anregen lassen, je elektrophiler es ist. Die Elektrophilie eines Monomeren wird durch $-M-$ und $-I$-Substituenten erhöht. Je weniger elektrophil ein Monomer ist, desto größer muß die Basizität des Initiatoranions sein, um die Polymerisation zu starten. Dies zeigt Tab. 4/4.

Tabelle 4/4. Addition von Anionen an verschiedene Monomere

Anion	pK_s-Wert	Monomer Acrylnitril	Styrol	Butadien
$C_2H_5\overline{\underline{O}}|^{\ominus}$	17	+	−	−
$(C_2H_5)_2\overline{N}|^{\ominus}$	23	+	+	−
$(C_6H_5)_3C|^{\ominus}$	40	+	+	+

Stark elektrophile Monomere wie Vinylidencyanid $\left(CH_2{=}C{<}\genfrac{}{}{0pt}{}{C{\equiv}N|}{C{\equiv}N|} \right)$ werden schon durch schwache Lewis-Basen wie Wasser oder Alkohol polymerisiert.

Bei den α-Cyanacrylsäureestern $\left(CH_2{=}C{<}\genfrac{}{}{0pt}{}{COOR}{C{\equiv}N|} \right)$ genügt schon die Basizität der Gewebe-flüssigkeit des menschlichen Organismus für den Polymerisationsstart, so daß diese Verbindungen als Wundverschluß in der Medizin verwendet werden.

Falls jedoch der Substituent X des Monomeren mit dem Anion reagieren kann, ist die Polymerisation nur dann möglich, wenn die Geschwindigkeit des Kettenwachstums die der Reaktion an der Seitenkette wesentlich übertrifft.
— Start über ein Radikalanion:
Man benutzt hierzu als Elektronendonatoren Alkalimetalle wie z. B. Natrium. Diese geben ein Elektron an das Monomere ab, und es bildet sich ein Radikalanion, das anschließend zu einem Dianion dimerisiert.

---

1 Das $NH_2^{\ominus}$-Ion ist die konjugierte Base des als Säure fungierenden Ammoniaks.

$$2\,\text{Na}\!\cdot\ +\ 2\,\text{CH}_2\!\!=\!\!\underset{X}{\overset{|}{\text{CH}}}\ \longrightarrow\ 2\,\text{Na}^{\oplus}\ +\ 2\,\left\{\ \overset{\ominus}{|}\text{CH}_2\!-\!\underset{X}{\overset{|}{\overset{\cdot}{\text{CH}}}}\ \longleftrightarrow\ \cdot\text{CH}_2\!-\!\underset{X}{\overset{|}{\overset{\ominus}{\text{CH}}}}\ \right\}$$

(65)

$$\longrightarrow\ \text{Na}^{\oplus}\ \overset{\ominus}{|}\underset{X}{\overset{|}{\text{CH}}}\!-\!\text{CH}_2\!-\!\text{CH}_2\!-\!\underset{X}{\overset{|}{\overset{\ominus}{\text{CH}}}}\ \text{Na}^{\oplus}$$

Ausgehend von diesem Dianion kann die Polymerkette nach zwei Seiten wachsen.

Genau wie bei der kationischen Polymerisation ist ein Abbruch durch Rekombination nicht möglich. Schließt man bei der anionischen Polymerisation sorgfältig alle Verunreinigungen aus, die mit Carbanionen reagieren können (insbesondere Brönsted-Säuren), so kann kein Abbruch der Reaktion erfolgen. Im Gegensatz zu Carbeniumionen sind bei Carbanionen keinerlei Übertragungsreaktionen möglich. Die Polymerisation ist dann beendet, wenn alle Monomermoleküle an die in der Startreaktion erzeugten Carbanionen addiert wurden. Danach tragen die Polymerketten am Ende immer noch ein carbanionisches Zentrum, das weiterhin reaktiv ist; man bezeichnet sie deshalb auch als *,,lebende Polymere''*. Mit Hilfe der anionischen Polymerisation kann man auch Blockpolymere herstellen, indem man zunächst aus einem Monomer das „lebende Polymere'' herstellt und danach ein anderes Monomeres hinzugibt.

Während bei der radikalischen Polymerisation die aktiven Stellen (Radikale) in der Startreaktion langsam gebildet werden und ihre Bildung während der Kettenwachstumsreaktion ständig andauert, liegt bei der anionischen Polymerisation schon zu Beginn der Reaktion eine konstante Anzahl von aktiven Zentren in Form der Initiatorteilchen vor, die auch während der Reaktion konstant bleibt. Da keines der Anionen, die das Kettenwachstum starten, vor dem anderen bevorzugt wird, und keine Abbruchsreaktionen erfolgen, werden die Monomermoleküle gleichmäßig über die Anionen verteilt. Dies bedeutet, daß alle Polymermoleküle praktisch gleich lang

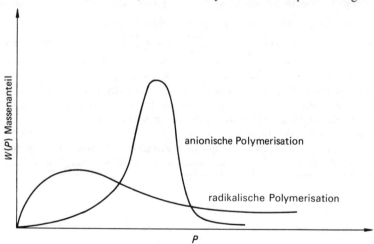

Abb. 4/9. Häufigkeitsverteilung bei der anionischen und radikalischen Polymerisation.

werden. Eine genaue statistische Betrachtung zeigt, daß die resultierende Häufigkeitsverteilung sehr schmal ist (geringe Streuung), was eine sehr große Einheitlichkeit des Polymeren bewirkt.

Aufgrund dieser Betrachtung folgt, daß der mittlere Polymerisationsgrad von der Zahl der Monomermoleküle N_{mon} im Vergleich zur Zahl der Initiatoranionen N_{in} abhängt. Da die Zahl der Initiatoranionen gleich der Zahl der entstehenden Polymermoleküle ist, ergibt sich der mittlere Polymerisationsgrad zu

$$\langle P \rangle_m = \frac{N_{mon}}{N_{in}} = \frac{n_{mon}}{n_{in}} \quad n = \text{Molzahl} \tag{66}$$

Für den Fall, daß ein Dianion das Kettenwachstum startet, gilt

$$\langle P \rangle_m = 2\,\frac{N_{mon}}{N_{in}} = 2\,\frac{n_{mon}}{n_{in}} \tag{67}$$

Da bei der anionischen Polymerisation alle Polymermoleküle ausgehend von einer konstanten Zahl von reaktiven Anionen mit gleicher Geschwindigkeit wachsen, nimmt der Polymerisationsgrad linear mit dem Umsatz p zu.

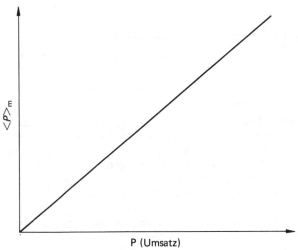

Abb. 4/10. Polymerisationsgrad in Abhängigkeit vom Umsatz bei der anionischen Polymerisation.

Ringöffnungspolymerisation

Zyklische Monomere können unter Ringöffnung polymerisieren. Dies kann anionisch oder kationisch initiiert werden. So können Epoxide wie Ethenoxid durch Basen anionisch zur Polymerisation gebracht werden.

Kettenstart $\quad R-\bar{\underline{O}}|^{\ominus} + \underset{\underset{O}{\diagdown\diagup}}{CH_2-CH_2} \longrightarrow R-\bar{\underline{O}}-CH_2-CH_2-\bar{\underline{O}}|^{\ominus} \tag{68}$

$R-\bar{\underline{O}}-CH_2-CH_2-\bar{\underline{O}}|^{\ominus} + n\ \underset{\underset{O}{\diagdown\diagup}}{CH_2-CH_2} \longrightarrow R-\bar{\underline{O}}\!\!-\!\!\left[CH_2-CH_2-\bar{\underline{O}}\right]_n\!\!-\!\!CH_2-CH_2-\bar{\underline{O}}|^{\ominus}$

Kettenwachstum

131

Die Triebkraft dieser Polymerisation ist die Aufhebung der Ringspannung des dreigliedrigen Ringes.

Große technische Bedeutung besitzt die anionische Polymerisation von zyklischen Amiden zu Polyamiden. So wird z. B. ε-Caprolactam zu Polyamid-6 (Perlon) polymerisiert:

ε—Caprolactam

(69)

4.4.4.3 Koordinationspolymerisation

Bei der anionischen Polymerisation wurde angenommen, daß die Makroanionen als freie Ionen vorliegen. Häufig bilden sie aber mit den gleichfalls im System vorhandenen Gegenkationen Ionenpaare. Ist das Metallion nicht so stark elektropositiv, so zeigt die Bindung zwischen dem anionischen Reaktionszentrum und dem Metall merklich kovalenten Charakter. Ist dieser stark ausgeprägt, so finden die einzelnen Polymerisationsschritte nicht mehr über freie Makroanionen statt, sondern an der Kohlenstoff-Metallbindung. In diesem Fall spricht man von einer Koordinationspolymerisation, da das Monomere zunächst an das Metallatom koordiniert werden muß.

(70)

Mit Hilfe spezieller metallorganischer Verbindungen gelang es schließlich, Koordinationspolymerisationen auszuführen, die im Gegensatz zu den bisherigen Polymerisationen zu iso- bzw. syndiotaktischen Polymeren führen. Weiterhin konnten nach diesem Verfahren Monomere, die bisher schwierig polymerisierbar waren (z. B. Ethen, Propen), gut polymerisiert werden. Diese Koordinationspolymerisation wurde von Ziegler und Natta um 1953 entdeckt, wofür beide 1963 den Nobelpreis für Chemie erhielten.

4.4.4.4 Versuche

Radikalische Polymerisation

V 1 Radikalische Polymerisation von Acrylnitril

Chemikalien: Acrylnitril, Mohrsches Salz $(NH_4)_2Fe(SO_4)_2 \cdot 6 H_2O$; Kaliumperoxodisulfat $K_2S_2O_8$; Kaliumdisulfit $K_2S_2O_5$; konz. H_2SO_4
Acrylnitril ist giftig! *Deshalb sollte dieser Versuch möglichst unter dem Abzug durchgeführt werden.*
Geräte: 200 ml-Becherglas, Thermometer
Durchführung: Man stellt drei Lösungen her:
Lösung 1: 1 Spatelspitze Mohrsches Salz in 8 ml Wasser, dazu 1 bis 2 Tropfen konz. H_2SO_4.
Lösung 2: 1 Spatelspitze Peroxodisulfat in 5 ml Wasser.
Lösung 3: 1 Spatelspitze Disulfit in 5 ml Wasser.
In dem Becherglas erwärmt man 80 ml Wasser mit 1 bis 2 Tropfen konz. H_2SO_4 auf 30 bis 40 °C. 5 ml Acrylnitril (**Acrylnitrildämpfe sind giftig!** *Möglichst unter dem Abzug arbeiten!*) werden mit dem Glasstab eingerührt, danach die obigen Lösungen in der Reihenfolge 1, 2, 3. Man läßt das Reaktionsgemisch ohne weiter zu erwärmen insgesamt ½ Stunde stehen und mißt zwischendurch einige Male die Temperatur. Stellen Sie die Reaktionsgleichung und den Reaktionsmechanismus auf!
Hinweis: Mohrsches Salz ($Fe^{2\oplus}$-Lieferant) und Kaliumperoxodisulfat bilden ein Redoxinitiatorsystem. Kaliumdisulfit bildet verbrauchte $Fe^{2\oplus}$-Ionen zurück.

V 2 Radikalische Polymerisation von Methacrylsäuremethylester

Chemikalien: Methacrylsäuremethylester; Dibenzoylperoxid
Geräte: 250 ml-Becherglas; Rg
Durchführung: Zu 3 bis 4 ml Methacrylsäureester gibt man in einem Reagenzglas 3 Spatelspitzen Dibenzoylperoxid und erhitzt dieses in einem zum Sieden gebrachten Wasserbad. Nach wenigen Minuten setzt die Reaktion ein. Je nach Heftigkeit wird kurz danach das Rg aus dem Wasserbad genommen.

Vorsicht! *Schutzbrille tragen!*

V 3 Radikalische Polymerisation von Styrol

Chemikalien: Styrol; Dibenzoylperoxid; Aceton; Methanol
Geräte: 400 ml-Becherglas; 50 ml-Becherglas; Rg; Thermometer
Durchführung: In ein Rg gibt man knapp 2 cm hoch Dibenzoylperoxid, fügt ca. 8 ml
Styrol zu und erwärmt im Wasserbad auf etwa 95 °C.

Vorsicht: *Das Einatmen von Styroldämpfen ist gesundheitsschädlich!
Schutzbrille tragen!*
Wenn nach einigen Minuten das Reaktionsgemisch aufwallt, entfernt
man die Flamme und beläßt das Rg noch einige Zeit in dem 90 bis
95 °C heißen Wasserbad, bis sich festes Polystyrol ausgebildet hat.
(Eventuell unter fließendem Wasser abkühlen.)
Man schüttle das Produkt mit einigen ml Aceton und gieße die Lösung
in ein Becherglas, das mit 20 ml Methanol gefüllt ist.

Ionische Polymerisation

V 4 Ringöffnungspolymerisation von Trioxan (kationisch)

Chemikalien: Trioxan (cyclisch trimerisiertes Methanal); Cyclohexan; Bortrifluorid-
etherat $F_3B \cdot O(C_2H_5)_2$
Geräte: 200 ml-Becherglas; Thermometer; Alufolie oder Watte; Pipette; Rg
Durchführung: Man füllt ein Rg etwa 5 cm hoch mit Trioxan, übergießt mit 5 ml Cy-
clohexan als Lösungsmittel, verschließt das Rg mit einer umgelegten
Alufolie oder mit einem Bausch Watte und erwärmt im Wasserbad auf
65 bis 70 °C. Nachdem das Trioxan sich gelöst hat, gibt man eine
Suspension eines Tropfens des katalysierenden Bortrifluoridetherats
(Pipette benutzen!) in ca. 2 ml Cyclohexan hinzu und beläßt für etwa 5
Minuten im heißen Wasserbad; es scheidet sich ein weißes Polymeres ab.

Vorsicht! *Schutzbrille tragen!*

Hinweis: Da reines BF_3 gasförmig ist, benutzt man eine Etherlösung.

V 5 Kationische Polymerisation von Styrol

Chemikalien: Styrol; $FeCl_3$; Aceton; Methanol
Geräte: 50-ml-Becherglas; 400-ml-Becherglas; Rg; Thermometer
Durchführung: In einem Rg gibt man zu 1 bis 2 ml Styrol einige Kristalle Eisen-(III)-
chlorid und erwärmt im siedenden Wasserbad. Nach einigen Minuten
setzt die Reaktion unter Aufwallen ein. Es entsteht nach einiger Zeit
ein braungrünes Polymerisat. Fällen Sie das gebildete Polystyrol aus
einer Acetonlösung mit Methanol aus. Vgl. Versuch 3 bei der radikalischen Polymerisation!

Vorsicht! *Das Einatmen von Styroldämpfen ist gesundheitsschädlich!
Schutzbrille tragen!*

Hinweis: $FeCl_3$ wirkt wie BF_3.

V 6 Kationische Polymerisation von Styrol

Chemikalien: Styrol; Methanol; H_2SO_4 konz.

Geräte: 50-ml-Becherglas; 400-ml-Becherglas; Rg; Glasstab

Durchführung: Im Rg werden zu 5 ml Styrol 3 bis 5 Tropfen H_2SO_4 konz. gegeben und das Gemisch 5 bis 10 min im heißen Wasserbad erwärmt. Das entstandene zähflüssige, dunkelbraune Reaktionsprodukt gießt man in ein kleines Becherglas zu 20 ml Methanol u. verrührt mit dem Glasstab.

Vorsicht: *Styroldämpfe sind gesundheitsschädlich! Schutzbrille tragen!*

4.4.4.5 Aufgaben

Polymerisation allgemein

LK A 1 α-Methylstyrol $CH_2=C\overset{C_6H_5}{\underset{CH_3}{\diagdown}}$ hat eine niedrigere Ceiling-Temperatur als Styrol.
Geben Sie dafür eine Erklärung!

LK A 2 Begründen Sie die Gleichung zur Berechnung der Ceiling-Temperatur!

A 3 Stellen Sie die Charakteristika einer Kettenwachstumsreaktion einer Stufenwachstumsreaktion gegenüber!

A 4 Ethen hat eine Polymerisationsenthalpie von $\Delta H = -101,5$ kJ/mol, Styrol dagegen eine von $\Delta H = -70$ kJ/mol.
Geben Sie dafür eine Erklärung!

LK A 5 Styrol hat eine Polymerisationsenthalpie von $\Delta H = -70$ kJ/mol und eine Polymerisationsentropie von $\Delta S = -105$ J/K·mol.
Berechnen Sie die Ceiling-Temperatur!

Radikalische Polymerisation

LK A 6 Warum sind aromatische Azoverbindungen nicht als Initiatoren für eine radikalische Polymerisation geeignet?

A 7 Formulieren Sie den Mechanismus für die radikalische Polymerisation von Styrol! Nehmen Sie als Initiator Dibenzoylperoxid an!

LK A 8 Welche Konsequenzen hat eine Übertragungsreaktion mit bereits gebildeten Polymermolekülen für die Struktur der entstehenden Polymermoleküle?

A 9 In welcher Weise hängt das Zahlenmittel des Polymerisationsgrades bei einer radikalischen Polymerisation von der Initiatorkonzentration und von der Monomerkonzentration ab?

LK A 10 Die Polymerisationsgeschwindigkeit nimmt mit steigender Temperatur zu, der Polymerisationsgrad dagegen ab.
Geben Sie dafür eine Erklärung!

A 11 Bei der radikalischen Polymerisation von Butadien-(1,3) entstehen Polymere, die folgende Grundbausteine enthalten:

$$+CH_2-CH=CH-CH_2+ \; ; \; \left[\begin{array}{c} CH_2-CH \\ | \\ CH=CH_2 \end{array}\right]$$

Geben Sie eine genaue Erklärung für die Entstehung der beiden unterschiedlichen Einheiten! Welche Stereoisomere können entstehen?

A 12 Polystyrol, das mit isotopenmarkiertem AIBN $\left(\begin{array}{c} \overset{CH_3}{\underset{CH_3}{|}} \quad \overset{CH_3}{\underset{CH_3}{|}} \\ \overline{N}{\equiv}C{-}C{-}\overline{N}{=}\overline{N}{-}C{-}C{\equiv}\overline{N} \end{array} \right)$ als

Initiator durch Polymerisation hergestellt wurde, enthält zwei Initiatorfragmente pro Makromolekül.
Auf welche Kettenabbruchsreaktion läßt dieser Befund schließen?

LK A 13 Mit steigender Temperatur nimmt der Abbruch durch Disproportionierung im Vergleich zur Rekombination zu.
Geben Sie dafür eine Erklärung!

A 14 Führt man die Styrolpolymerisation in verschiedenen Lösungsmitteln durch, so nimmt der Anteil der Übertragungsreaktion in folgender Reihenfolge zu:

$$\bigcirc \; < \; \bigcirc\!\!-CH_3 \; < \; \bigcirc\!\!-CH_2{-}CH_3 \; < \; \bigcirc\!\!-CH\overset{\displaystyle -CH_3}{\underset{\displaystyle -CH_3}{}}$$

Geben Sie dafür eine Erklärung!

LK A 15 $CH_2{=}CH{-}\overline{\underline{S}}{-}CH_3$ ist radikalisch polymerisierbar, während $CH_2{=}CH{-}\overline{\underline{O}}{-}CH_3$ radikalisch nicht polymerisierbar ist.
Geben Sie eine Erklärung!

A 16 Warum ist das folgende Monomere radikalisch nicht polymerisierbar?

$$CH_2{=}CH{-}CH_2{-}\bigcirc$$

Ionische Polymerisation

A 17 Erklären Sie die Tatsache, daß unabhängig vom Mechanismus (radikalisch, anionisch, kationisch) bei Vinylpolymerisationen fast ausschließlich Produkte mit „Kopf-Schwanz-Verknüpfungen" der Grundbausteine entstehen!

A 18 Formulieren Sie den Mechanismus der kationischen Polymerisation von Styrol mit $HClO_4$!

A 19 Formulieren Sie den Mechanismus der anionischen Polymerisation von Styrol mit KNH_2!

A 20 Warum darf man bei der anionischen Polymerisation keine protischen Lösungsmittel benutzen?

LK A 21 Setzt man Styrol mit Kaliumamid (KNH_2) in flüssigem Ammoniak um, so erhält man ein „totes Polymeres", das je Molekül eine NH_2-Gruppe und keine Doppelbindung enthält.
Erklären Sie dies anhand eines Reaktionsmechanismus!

LK A 22 a) Die kationische Polymerisation von

$$CH_2{=}CH{-}\overset{\displaystyle \overset{CH_3}{|}}{\underset{\displaystyle \underset{CH_3}{|}}{CH}} \quad \text{ergibt} \quad \left[CH_2{-}CH_2{-}\overset{\displaystyle \overset{CH_3}{|}}{\underset{\displaystyle \underset{CH_3}{|}}{C}} \right]_n \quad \text{und nicht} \quad \left[\begin{array}{c} CH_2{-}CH \\ | \\ CH \\ \underset{CH_3 \;\; CH_3}{|\quad|} \end{array} \right].$$

Geben Sie für die erfolgte Umlagerung eine Erklärung!
b) Welches Polymere entsteht bei der Polymerisation von $CH_2{=}CH{-}\overset{\displaystyle \overset{CH_3}{|}}{\underset{\displaystyle \underset{CH_3}{|}}{C}}{-}CH_3$?

LK A 23 Warum ist Acrolein $CH_2{=}CH{-}CH{=}\overline{\underline{O}}$ nicht mit Butyllithium polymerisierbar?

A 24 Erklären Sie ausführlich anhand der Grenzstrukturen der Zwischenprodukte, warum Styrol radikalisch, kationisch und anionisch polymerisierbar ist!

A 25 Wie wird die Uneinheitlichkeit eines Polymeren beeinflußt, wenn man zu der Monomerlösung bei der anionischen Polymerisation die Initiatorlösung tropfenweise zugibt?

LK A 26 Wieviel g Butyllithium $(C_4H_9)Li$ muß man nehmen, um aus 1 kg Styrol Polystyrol mit dem mittleren Polymerisationsgrad $\langle P \rangle_m = 10\,000$ zu erhalten?

A 27 Wie kann man folgendes Blockcopolymere herstellen?

$$\left[\begin{array}{c} CH_2{-}CH \\ | \\ \bigcirc \end{array}\right]_n \left[CH_2{-}CH{=}CH{-}CH_2\right]_m \left[\begin{array}{c} CH_2{-}CH \\ | \\ \bigcirc \end{array}\right]_k$$

A 28 Welchen Substituenteneffekt sollte der Substituent X besitzen, damit eine Übertragungsreaktion zum Polymeren gemäß Gl. 59 stattfindet?

LK A 29 Formulieren Sie den Mechanismus der kationischen Polymerisation von Ethylenoxid!

LK A 30 Ist bei der anionischen Polymerisation von Ethylenoxid durch Natriummethanolat Alkohol zugegen, so erniedrigt sich der Polymerisationsgrad des Produktes.
Geben Sie dafür eine Erklärung!

LK A 31 Was passiert, wenn man ein „lebendes Polymeres" über die Ceiling-Temperatur erhitzt?

A 32 Erklären Sie anhand der Grenzstrukturen, warum Methacrylsäuremethylester anionisch polymerisiert werden kann!

4.5 Reaktionen an Polymeren

Polymere können wie andere Verbindungen chemische Reaktionen eingehen. Man unterscheidet dabei *polymeranaloge Reaktionen, Aufbaureaktionen* und *Abbaureaktionen*. Biochemische Reaktionen sind häufig auch Reaktionen an Polymeren.

4.5.1 Polymeranaloge Reaktionen

Bei diesen Reaktionen wird die Konstitution der Grundbausteine verändert, während der Polymerisationsgrad konstant bleibt. Die Reaktionen laufen ähnlich ab wie die entsprechenden bei niedermolekularen Verbindungen. Im Gegensatz zu diesen können hierbei Haupt- und Nebenprodukte einer chemischen Reaktion nicht voneinander getrennt werden, da die Reaktionen an verschiedenen Gruppen ein und desselben Makromoleküls stattfinden können.
Als Beispiel für eine polymeranaloge Reaktion sei die Synthese von Polyvinylalkohol beschrieben. Da das dazugehörige Monomere Vinylalkohol nicht in Substanz

existent ist, polymerisiert man zunächst Vinylacetat radikalisch. Danach hydrolisiert man das erhaltene Polyvinylacetat zum Polyvinylalkohol.

$$\left[CH_2{-}CH{-}\underset{\substack{|\\O{-}C{-}CH_3\\ \|\\ O}}{}\right]_n + n\ H_2O \longrightarrow \left[CH_2{-}CH{-}\underset{\substack{|\\O{-}H}}{}\right]_n + n\ CH_3COOH$$

Auch die Modifikation von Biopolymeren zu halbsynthetischen Kunststoffen (vgl. Acetylierung von Cellulose, Kap. 7.1) stellt eine polymeranaloge Reaktion dar. Durch intramolekulare polymeranaloge Cyclisierungsreaktionen können sog. Leiterpolymere hergestellt werden. Erhitzt man Polyacrylnitril langsam auf 200 °C, verfärbt sich das Polymere von gelb über braun nach schwarz. Es erfolgt eine Cyclisierung benachbarter Nitrilgruppen mit anschließender Dehydrierung. Die Molekülketten zeichnen sich durch hohe Festigkeit und Steifigkeit aus. Da diese Leiterpolymere zu den temperaturbeständigsten Kunststoffen zählen, verwendet man sie zur Herstellung feuerfester Schutzanzüge. Zudem haben diese Polymere gewisse Halbleitereigenschaften.

Polymeranaloge Reaktionen nutzt man zur Herstellung polymerer Reagenzien und polymerer Katalysatoren aus. Hier setzt man in der präparativen organischen Chemie Polymere anstelle von niedermolekularen Reagenzien ein. Diese polymeren Reagenzien enthalten reaktive Gruppen, die in einer polymeranalogen Reaktion die niedermolekulare Komponente verändern. Diese polymeren Reagenzien haben den Vorteil, daß sie durch Filtration oder Fällung mit geeigneten Lösungsmitteln wieder aus der Produktmischung entfernt werden können. Sie können deshalb auch im großen Überschuß angewandt werden. Nach Gebrauch können die reaktiven Gruppen des polymeren Reagenzes durch Zugabe niedermolekularer Reagenzien regeneriert werden. In vielen Fällen kann man das polymere Reagens in Form kleiner, poröser Kugeln in eine Säule packen, durch die man anschließend die Lösung mit den niedermolekularen Komponenten laufen läßt.

Ein Beispiel stellt die Acylierung von Estern, die aktivierte Methylengruppen enthalten und an polymere Träger gebunden sind, dar. Bei der Acylierung der aktiven Methylengruppe läßt sich die konkurrierende Selbstkondensation verhindern, wenn man die Ester in genügend großen Abstand an den polymeren Träger bindet, so daß intramolekulare Reaktionen nicht stattfinden können.

Zu den ältesten polymeren Reagenzien zählen die Ionenaustauscher. Dies sind vernetzte Polymere mit dissoziationsfähigen Gruppen, die durch polymeranaloge Reaktionen gebildet werden. Meist verwendet man hierzu poröse Copolymerisate aus Styrol und Divinylbenzol, welches für die Vernetzung sorgt, die man durch Perlpolymerisation (vgl. Kap. 4.4.4.1) herstellt. Die für den Ionenaustauscher erforderlichen sauren bzw. basischen Gruppen führt man durch polymeranaloge Substitutionen in die aromatischen Ringe ein.

Durch Sulfonierung mit konzentrierter Schwefelsäure führt man die stark sauren Sulfonsäuregruppen ein.

Die basischen Gruppen werden durch Chlormethylierung und anschließender Umsetzung mit tertiären Aminen hergestellt.

Läßt man durch eine Säule, die mit einem sauren Ionenaustauscher beschickt ist, eine Metallsalzlösung laufen, so findet ein Austausch der $H_3O^{\oplus}$-Ionen gegen die Metallkationen statt. Die Metallionen werden bei ausreichender Kapazität des Ionenaustauschers vollständig gegen $H_3O^{\oplus}$-Ionen ausgetauscht. Daher kommt der Name Kationenaustauscher.

Läßt man über einen basischen Ionenaustauscher eine Salzlösung laufen, so werden die Anionen der Salzlösung gegen die Hydroxidionen ausgetauscht (Anionenaustauscher). Durch Hintereinanderschaltung eines Kationen- und Anionenaustauschers kann man Wasser entsalzen.

4.5.2 Aufbaureaktionen an Kunststoffen

Die Aufbaureaktionen, bei denen der Polymerisationsgrad erhöht wird, unterscheidet man in *Blockcopolymerisationen* (vgl. Kap. 4.4.4.2), *Pfropfreaktionen* und *Vernetzungsreaktionen*.

Eine Aufbaureaktion, bei der an einzelnen Grundbausteinen Seitenketten mit einem fremden Monomeren gebildet werden, heißt Pfropfreaktion.

Einige Polymere enthalten reaktive Gruppen, an denen eine Pfropfreaktion stattfinden kann. So können die Hydroxylgruppen der Cellulose eine Polymerisation des Ethylenimins auslösen.

$$Cell-\bar{\underline{O}}-H \ + \ n \ \underset{\underset{H}{\overset{|}{N}}}{\underbrace{CH_2-CH_2}} \longrightarrow Cell-\bar{\underline{O}}+CH_2-CH_2-\bar{N}H \xrightarrow{}_n H$$

Ethylenimin

In einigen Fällen kann man durch Bestrahlung (Gamma-Strahlung) eines Polymeren zunächst Makroradikale erzeugen. Danach gibt man zu diesen das Monomere der aufzupfropfenden Seitenkette.

An den radikalischen Stellen des Polymeren beginnt dann das Seitenkettenwachstum.

Vernetzungsreaktionen spielen vor allem bei der Herstellung von Elastomeren eine große Rolle. Der wichtigste technische Vernetzungsprozeß ist die sogenannte Vulkanisation des Naturkautschuks zur Herstellung von Gummi. Naturkautschuk stellt Polyisopren dar, wobei cis-Konfiguration vorliegt.

$$\left[\begin{array}{c} \overset{H}{\underset{}{\diagdown}} \quad \overset{CH_3}{\underset{}{\diagup}} \\ C=C \\ \underset{}{\diagup} \quad \underset{}{\diagdown} \\ -CH_2 \quad CH_2- \end{array} \right]_n$$

Erhitzt man Naturkautschuk mit Schwefel in Gegenwart von Katalysatoren, so tritt eine Vernetzungsreaktion ein, bei der zwischen den Makromolekülen Schwefelbrücken gebildet werden.

$$\begin{array}{ccc} \overset{CH_3}{\underset{}{|}} & & \overset{CH_3}{\underset{}{|}} \\ \sim\sim CH_2-C=CH-CH_2\sim\sim & & \sim\sim CH-C=CH-CH_2\sim\sim \\ & & \underset{}{|} \\ + \ xS & \longrightarrow & S_x \\ & & \underset{}{|} \\ \sim\sim CH_2-C=CH-CH_2\sim\sim & & \sim\sim CH-C=CH-CH_2\sim\sim \\ \underset{CH_3}{\underset{}{|}} & & \underset{CH_3}{\underset{}{|}} \end{array}$$

4.5.3 Abbaureaktionen (Kunststoff-Recycling)

Bei diesen Reaktionen wird der Polymerisationsgrad erniedrigt. Der Abbau von Polymeren zu Monomeren oder anderen niedermolekularen Verbindungen ermöglicht die Wiederverwendung von Kunststoffabfällen *(Kunststoff-Recycling)*. Man kann dabei durch Pyrolyse Monomere oder rohölähnliche Substanzen zurückgewinnen. Bei **Depolymerisationen** werden vom Kettenende her die Grundbausteine in Form von Monomermolekülen nacheinander abgespalten. Sie stellt somit die Rückreaktion der Polymerisationsreaktion dar. Bevor die Depolymerisation aber eintritt, muß zuerst am Ende der Polymerkette eine aktive Stelle erzeugt werden.

Beispiele:

a) Depolymerisation von Polymethacrylsäuremethylester (Plexiglas)

Diese Reaktion läuft bei thermischer Durchführung über Radikale ab.

stabilisiertes
Allylradikal

b) Depolymerisation von Polyoxymethylen

Will man diese Depolymerisation verhindern, muß man die Endgruppen hier durch Ethergruppen gegen einen Angriff von Basen schützen.

c) Auch der enzymatische Abbau von Stärke zu Glucose stellt eine Depolymerisation dar.

Erfolgt dagegen die Spaltung der Makromoleküle an beliebigen Stellen der Kette nach statistischen Gesetzmäßigkeiten, so spricht man von einem Abbau *durch Kettenspaltung.*

$$P_{m+n} \longrightarrow P_m + P_n$$

Sind demgegenüber die Bindungsenergien der Substituenten geringer als die in der Hauptkette, so werden diese eher abgespalten. Ein bekanntes Beispiel ist das Polyvinylchlorid, das bei Wärmeeinwirkung Chlorwasserstoff abspaltet. Dies spielt bei

---

1 Die Doppelbindung am Ende des Makromoleküls ist bei der Polymerisation durch Abbruch infolge Disproportionierung entstanden.

der Umweltbelastung durch PVC-Abfälle eine große Rolle. Man kann solche Kunststoffabfälle nicht ohne weiteres wie normalen Müll verbrennen, ohne die Umwelt zu belasten.

$$\sim CH_2-CH-CH_2-CH-CH_2-CH\sim \longrightarrow \sim CH=CH-CH=CH-CH_2-CH\sim$$

$$| \quad\quad | \quad\quad | \quad\quad\quad\quad\quad\quad\quad\quad\quad\quad |$$

$$Cl \quad\quad Cl \quad\quad Cl \quad\quad\quad\quad\quad\quad\quad\quad\quad\quad Cl$$

$$+ \ 2 \ HCl$$

4.5.4 Versuche

V 1 Zersetzung von PVC

Chemikalien: PVC-Pulver; AgNO$_3$-Lsg.; blaues Lackmuspapier

Geräte: 100-ml-Becherglas; Rg mit durchbohrtem Stopfen und gewinkeltem Ableitungsrohr

Durchführung: In ein Rg füllt man 1 bis 2 Spatel PVC-Pulver, spannt es schräg am Stativ ein und setzt das Ableitungsrohr auf. Unter das Ableitungsrohr stellt man das Becherglas mit Wasser so auf, daß dieses nicht in die Flüssigkeit eintaucht.

Das PVC wird mit kleiner Flamme erhitzt und die entstehenden Dämpfe werden

a) mit feuchtem, blauem Lackmuspapier und

b) nach Lösen der Dämpfe in dem Wasser mit AgNO$_3$-Lsg. überprüft.

V 2 Pyrolyse von Polystyrol

Chemikalien: Polystyrol-Granulat; Bromwasser; KMnO$_4$; Na$_2$CO$_3$

Geräte: 400-ml-Becherglas; Rg mit durchbohrtem Stopfen und gewinkeltem Ableitungsrohr

Durchführung: Man füllt ein Rg zu einem Viertel mit Polystyrol-Granulat, spannt es schräg am Stativ ein und setzt das Ableitungsrohr auf. Dieses führt man in ein Rg, das zur Kühlung in einem Becherglas mit kaltem Wasser steht.

Das Granulat wird zunächst vorsichtig am oberen Teil erwärmt, bis sich eine blasige Schmelze bildet. Erst dann wird das Rg am unteren Teil kräftiger erhitzt, wobei zwischendurch auch der obere Teil öfter erwärmt wird.

Es entsteht ein Destillat, das schwach gelb gefärbt sein kann. Geruchsprobe!

Man überprüfe das Destillat mit Bromwasser und mit durch Soda alkalisch gemachter KMnO$_4$-Lösung.

V 3 Depolymerisation von Polymethacrylsäuremethylester (PMMA, Plexiglas)

Chemikalien: Plexiglasabfälle; Bromwasser

Geräte: 400-ml-Becherglas; Rg mit durchbohrtem Stopfen und gewinkeltem Ableitungsrohr

Durchführung: Ein Rg wird zu einem Drittel mit Plexiglasabfällen gefüllt, mit dem Ableitungsrohr versehen und so am Stativ eingespannt, daß das Ableitungsrohr in ein Rg führt, welches zur Kühlung in einem wassergefüllten Becherglas steht.

Das Rg wird zunächst vorsichtig und erst, wenn sich eine blasige Schmelze gebildet hat, stärker erhitzt. Dabei wird zwischendurch mit fächelnder Flamme auch der obere Teile des Rg erwärmt. Nach etwa 10 Minuten beendet man die Reaktion. Das Destillat wird mit Bromwasser geschüttelt.

4.5.5 Aufgaben

A 1 Warum ist Vinylalkohol nicht in Substanz existent?

LK A 2 Warum kann die Depolymerisation nur oberhalb der Ceiling-Temperatur erfolgen?

LK A 3 Warum muß man bei den meisten Depolymerisationen wesentlich höher erhitzen, als es die Ceiling-Temperatur angibt?

A 4 Versetzt man eine 15%ige Polyacrylsäurelösung $-(CH_2-CH)_n-$ mit Natron-
$$\underset{COOH}{|}$$
lauge, so steigt die Viskosität der Lösung drastisch an. Geben Sie dafür eine Erklärung!

LK A 5 Periodsäure reagiert mit vicinalen Diolen unter C—C-Bindungsspaltung:

$$R_1-\underset{\underset{\underline{O}-H}{|}}{\overset{\overset{R_2}{|}}{C}}-\underset{\underset{\underline{O}-H}{|}}{\overset{\overset{R_3}{|}}{C}}-R_4 \quad \xrightarrow{HJO_4} \quad \underset{R_1}{\overset{R_2}{>}}C=\underline{\underline{O}} \ + \ \underline{\underline{O}}=C\underset{R_4}{\overset{R_3}{<}}$$

Hydrolysiert man Vinylacetat, setzt anschließend mit Periodsäure um und acetyliert erneut, so hat das bei dieser Reaktionsfolge anfallende Polyvinylacetat eine geringere Molmasse als die Ausgangssubstanz.

Was sagt dieser Befund über die Struktur der Ausgangsverbindung aus? Welche Rückschlüsse lassen sich daraus auf den Polymerisationsvorgang ziehen?

LK A 6 Versetzt man Polyurethane mit Diolen, so werden die Polyurethane abgebaut und es entstehen Polyole mit endständigen OH-Gruppen. Diese Polyole kann man wieder zur Herstellung von Polyurethan verwenden.

Geben Sie eine Erklärung für diese Abbaureaktion!

Hinweis: Es findet eine Umesterungsreaktion statt.

5 Makromolekulare Chemie 2: Eiweißstoffe (Proteine)

Eiweißstoffe sind Makromoleküle, die sich aus α-L-Aminosäuren als Grundbausteinen zusammensetzen und als wesentlicher Bestandteil in allen lebenden Zellen vorkommen. Rund 50 % des Trockengewichtes einer Zelle bestehen aus Eiweiß. Ihre besondere Bedeutung liegt in ihrer Teilnahme am Stoffwechsel und der in ihnen realisierten, genetischen Information.

Die Elemente C, H, N und O lassen sich in allen Eiweißstoffen nachweisen; daneben ist häufig S enthalten, in manchen Eiweißen treten P, Fe, Zn oder Cu auf.

Eiweißstoffe, die bei der sauren Hydrolyse lediglich in α-L-Aminosäuren zerfallen, heißen **Proteine**. Enthalten die Eiweiße neben den α-L-Aminosäuren noch andere anorganische oder organische Bestandteile („prosthetische Gruppen"), so bezeichnet man diese als **Proteide**.

In den natürlich vorkommenden Proteinen treten i. a. nur 20 verschiedene α-L-Aminosäuren auf, die sich allein durch ihre Restgruppe R unterscheiden (vgl. Bd. 1, 9.4.7.3). Je nach Beschaffenheit des Restes lassen sich diese Aminosäuren in vier Gruppen einteilen:

R	Beispiel	Name
unpolar	$-CH_3$	Alanin
polar	$-CH_2OH$	Serin
sauer	$-CH_2COOH$	Asparaginsäure
basisch	$-C_4H_8NH_2$	Lysin

Die Aminosäuren sind in den Makromolekülen über *Säureamidbindungen* miteinander verknüpft. Diese durch Wasserabspaltung zwischen der COOH-Gruppe der einen Aminosäure und der α-Aminogruppe der folgenden Aminosäure entstehende Säureamidbindung wird **Peptidbindung** genannt.

$$
\begin{array}{l}
\text{COOH} \\
| \\
H_2N-C-H \\
| \\
R_1
\end{array}
+
\begin{array}{l}
\text{COOH} \\
| \\
H_2N-C-H \\
| \\
R_2
\end{array}
\rightleftharpoons
H_2O +
\begin{array}{l}
\quad\; |O|\; H \quad \text{COOH} \\
\quad\;\; \| \quad | \qquad | \\
\quad\; C-N-C-H \\
| \qquad\qquad | \\
H_2N-C-H \quad R_2 \\
| \\
R_1
\end{array}
\qquad 1)
$$

Zwei Aminosäuren bilden auf diese Weise ein *Dipeptid,* drei ein *Tripeptid,* bis zu etwa zehn Aminosäuren ein *Oligopeptid.* Größere Moleküle mit einer Molekularmasse unter 10 000 u werden als *Polypeptide* bezeichnet, Moleküle höherer Masse als *Proteine.* Die Zahl der Aminosäuren in einem Protein erhält man, indem man die Molmasse des Proteins durch 120 dividiert, da der Mittelwert der Molmassen aller 20 Aminosäuren in der Peptidbindung 120 u beträgt. In großen, natürlich vorkommenden Proteinen mit Molekularmassen von 1 000 000 u sind demnach rund 80 000 Aminosäuren miteinander verbunden. Dabei sind **Kettenlänge, Reihenfolge**

---

1 Da die Peptidsynthese endergonisch ist, muß sowohl bei der Bio- als auch der künstlichen Synthese eine Aktivierung der Carboxylgruppe erfolgen.

der Aminosäuren (= Sequenz) und die **räumliche Struktur** des Makromoleküls genetisch determiniert.

Im systematischen Namen eines Peptids wird die Aminosäure, deren COOH-Gruppe an der Peptidbindung beteiligt ist, durch die Endung -yl gekennzeichnet. Zur Vereinfachung der Schreibweise werden die Aminosäuren in größeren Molekülen nur mit den ersten drei Buchstaben angegeben. Im Formelbild weist die endständige NH$_2$-Gruppe vereinbarungsgemäß nach links.

Beispiel:

N–terminale Aminosäure   C–terminale Aminosäure

Glycyl–alanyl–seryl–tyrosin
abgekürzt: Gly–Ala–Ser–Tyr

Nach ihrer **Löslichkeit** werden die Proteine in folgende Gruppen unterteilt:

I. Skleroproteine	unlöslich in Wasser, Salzlsg., verd. Säuren	Bsp.: Kollagen der Sehnen, α-Keratin des Haares, Fibroin der Seidenraupe
II. Sphäroproteine = globuläre Proteine a) Albumine b) Globuline	löslich in Wasser löslich in Salzlösung	Bsp.: Enzyme, Antikörper

Nach ihrer **biologischen Funktion** können die Proteine klassifiziert werden als Enzyme, Speicherproteine, Transportproteine, Hormone, Toxine, Strukturproteine, kontraktile Proteine, Schutzproteine etc.

5.1 Strukturaufklärung

5.1.1 Ermittlung der Molekularmasse

Der erste Schritt zur Strukturaufklärung nach Isolierung und Reinigung eines Proteins besteht in der Ermittlung der Molekularmasse. Hierbei werden verschiedene Methoden angewendet, z. B. die Messung des osmotischen Druckes einer Proteinlösung, die Messung der Lichtstreuung, die Messung der Sedimentationsgeschwindigkeit beim Zentrifugieren (Sedimentationsanalyse, Dichtegradienten-Zentrifugation) oder die Absorption in den Poren vernetzter Polysaccharid-Gele (Gelfiltration). Im Gegensatz zu anderen Polymeren hat ein bestimmtes Protein eine definierte Kettenlänge und damit bestimmte Molekularmasse.

5.1.2 Ermittlung der Zusammensetzung

Das Makromolekül wird durch längeres Kochen mit 6 m Salzsäure hydrolysiert; das entstehende Aminosäuregemisch wird anschließend mittels Chromatographie (Papier-, Dünnschicht- bzw. Ionenaustauschchromatographie) oder Elektrophorese analysiert.

5.1.3 Ermittlung der Aminosäuresequenz

Bei langkettigen Peptiden geht man folgendermaßen vor:
— Bestimmung der N-terminalen und C-terminalen Aminosäure
— Hydrolytische Spaltung in kleine Bruchstücke unter katalytischer Wirkung eines peptidspaltenden Enzyms
— Bestimmung der Aminosäuresequenz der kurzen Peptide nach Edman (vgl. S. 147)
— Spaltung einer weiteren Polypeptidprobe durch ein anderes Enzym in kleine Bruchstücke
— Bestimmung der Aminosäuresequenz dieser kurzen Peptide
— Aufsuchen überlappender Bereiche und Rekonstruktion der Gesamtsequenz.

Beispiel:
N-terminale Aminosäure: Glycin (Gly)
C-terminale Aminosäure: Glutaminsäure (Glu)

Spaltstücke bei Hydrolyse mit Trypsin:
Gly-Val-Lys
Gly-Leu-Phe-His-Glu
Trp-Ala-Lys
Glu-Tyr-Glu-Arg

Spaltstücke bei Hydrolyse mit Chymotrypsin:
Glu-Arg-Trp
His-Glu
Ala-Lys-Gly-Leu-Phe
Gly-Val-Lys-Glu-Tyr

Aufsuchen überlappender Bereiche:
Gly-Val-Lys-
           Glu-Tyr-Glu-Arg-
                     Trp-Ala-Lys-
                              Gly-Leu-Phe-His-Glu

Gly-Val-Lys-Glu-Tyr-
                Glu-Arg-Trp-
                     Ala-Lys-Gly-Leu-Phe-
                               His-Glu

Daraus ergibt sich die Sequenz:
Gly-Val-Lys-Glu-Tyr-Glu-Arg-Trp-Ala-Lys-Gly-Leu-Phe-His-Glu

Identifizierung der N-terminalen Aminosäure mit 2,4-Dinitrofluorbenzol nach SANGER

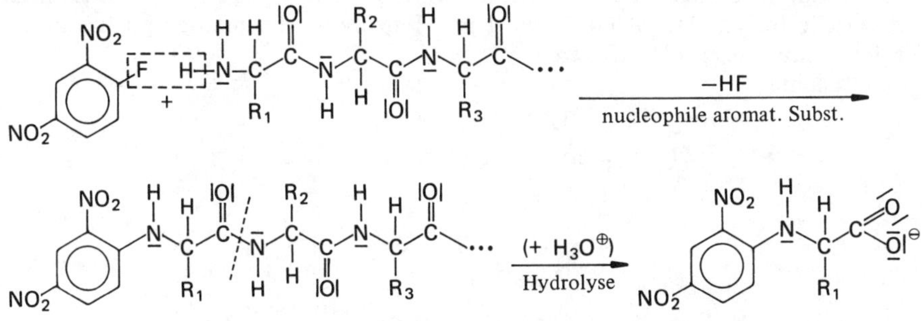

2,4–Dinitrophenylpeptid

2,4–Dinitrophenylaminosäure (DNP–AS)

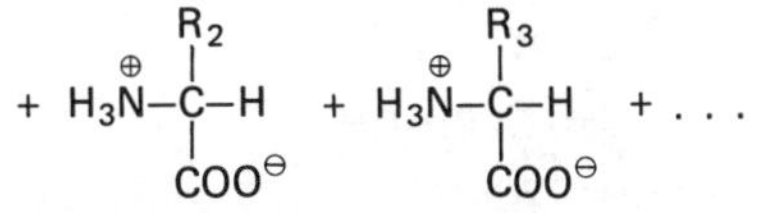

Bestimmung der Aminosäuresequenz nach EDMAN

Bei der Umsetzung eines Peptids mit Phenylisothiocyanat entsteht ein Phenylthiocarbamyl-Derivat. Wird dieses nach Abtrennung des überschüssigen Isothiocyanats mit Säure versetzt, spaltet sich die N-terminale Aminosäure unter Zyklisierung von der Peptidkette ab. Die Verbindung (ein Phenylthiohydantoin-Derivat) kann chromatographisch unter Zuhilfenahme von entsprechenden Vergleichssubstanzen identifiziert werden. Der Vorteil dieser Methode besteht darin, daß das Peptid nur um eine Aminosäureeinheit verkürzt wird, ansonsten aber erhalten bleibt und daher ein weiterer Abbau mit Phenylisothiocyanat sukzessive möglich ist.

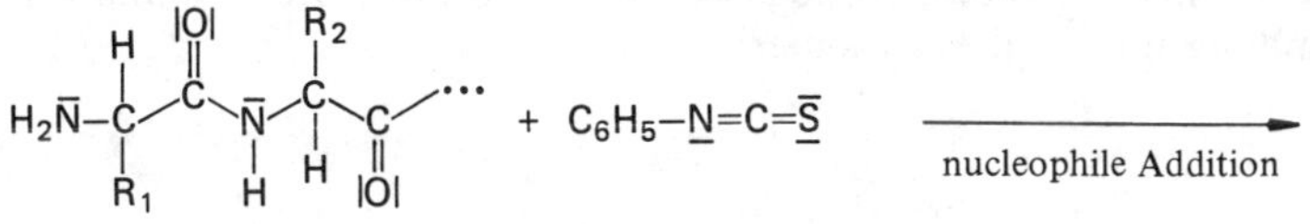

Peptid   Phenylisothiocyanat

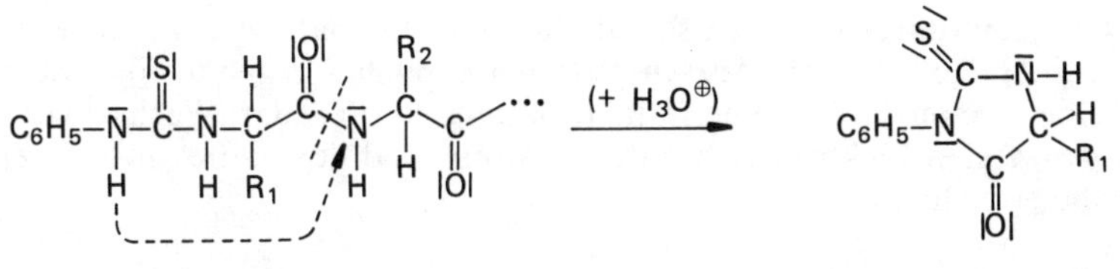

Phenylthiocarbamyl–Peptid

Phenylthiohydantoin–Derivat der N–terminalen Aminosäure

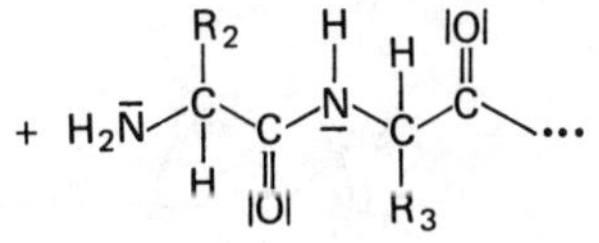

Bestimmung der C-terminalen Aminosäure

Sie kann durch Reduktion der Säure zum α-Aminoalkohol mit Hilfe von Lithiumborhydrid erfolgen. Der Alkohol wird im Hydrolysat chromatographisch mittels Vergleichssubstanzen identifiziert.

Formelschema:

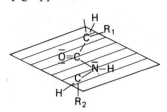

5.1.4 Konformation der Proteine

Durch die Aminosäuresequenz („Primärstruktur") wird ein Proteinmolekül unvollständig beschrieben; erst die Konformation charakterisiert die Makromoleküle. Von den vielen, theoretisch möglichen Konformationen ist unter physiologischen Bedingungen i. a. nur eine sog. *native Konformation* funktionstüchtig. Diese ist bereits weitgehend durch die Aminosäuresequenz bedingt und wird durch verschiedenartige Bindungen stabilisiert.

Die Ermittlung der Konformation erfolgt durch Röntgenstrukturanalyse, wobei das Protein im kristallinen Zustand vorliegen muß. Wie diese Untersuchung zeigt, hat die C—N-Bindung infolge der Mesomerie

partiell Doppelbindungscharakter, so daß die freie Drehbarkeit stark eingeschränkt ist. Die sechs Atome innerhalb des schraffierten Bereiches liegen in einer Ebene, da dadurch eine maximale Mesomeriestabilisierung infolge der Wechselwirkungen zwischen dem freien Elektronenpaar des N-Atoms und den π-Elektronen der Carbonylgruppe erreicht wird.

Durch die Ausbildung von Wasserstoffbrücken zwischen der $C{=}\overline{O}$- und $\underline{N}$—H-Gruppe kann die Polypeptidkette eine regelmäßige Struktur aufweisen.

Werden die Wasserstoffbrücken *innerhalb* einer Peptidkette unter *Drehung* der Bindungen am α-C-Atom ausgebildet, entsteht eine **Helix.**

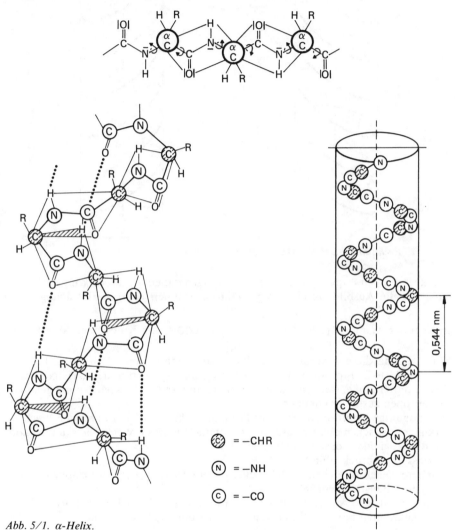

Abb. 5/1. α-Helix.

Die Wasserstoffbrückenbindungen sind annähernd parallel zur Längsachse der Helix orientiert und verbinden auf diese Weise aufeinanderfolgende Windungen.

Die meßbare Identitätsperiode (Wiederholung struktureller Einheiten) beträgt bei der sog. α-Helix 0,544 nm. Dabei enthält die Helix bei Ausbildung der maximalen Zahl von Wasserstoffbrücken 3,7 Aminosäureeinheiten pro Windung. In den bislang untersuchten Molekülen erwies sich die α-Helix stets als rechtsgängig.

149

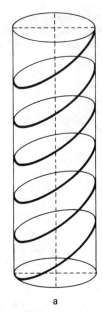
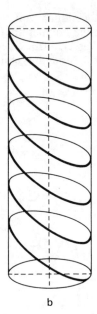

a   b

Abb. 5/2. Rechtsgängige Helix (a) und linksgängige Helix (b).

Die Restgruppen R der Aminosäuren stehen nach außen. Dennoch können die Seitenketten die Ausbildung einer regelmäßigen, stabilen Helix beeinträchtigen. So tritt bei der Aminosäure Prolin $\begin{smallmatrix} & CH_2 \\ H_2C & \diagdown \\ | & CH-COOH \\ H_2C & \diagup \\ & NH \end{smallmatrix}$ ein Knick oder Abbruch der Helix auf, da diese Aminosäure in der Peptidbindung keine Wasserstoffbrücken über die N—H-Gruppe ausbilden kann. Unregelmäßigkeiten in der α-Helix können ebenso durch große, sterisch einander sich behindernde oder gleichsinnig geladene Restgruppen zustande kommen.

Die endgültige Konformation[1] eines Proteinmoleküls wird erst durch die Wechselwirkungen zwischen den Restgruppen bestimmt. Folgende Wechselwirkungen können die Gesamtkonformation stabilisieren:

a) Wasserstoffbrückenbindungen
b) innere Disulfidbrücken, welche durch Dehydrierung der SH-Gruppen zweier Cystein-Bausteine entstehen
c) elektrostatische Anziehung positiv und negativ geladener Restgruppen
d) unpolare, hydrophobe Bindungen zwischen unpolaren Gruppen.

---

1 Die Konformation der Proteine wird häufig untergliedert in Sekundär-, Tertiär- und Quartärstruktur. Dabei versteht man unter der Sekundärstruktur die Anordnung der Peptidkette aufgrund der Wasserstoffbrücken zwischen der $C=\overline{O}$- und $\underline{N}$—H-Gruppe (z. B. die α-Helix). Die Tertiärstruktur umfaßt die dreidimensionale Ordnung, die durch die Bindungen zwischen den Restgruppen zustande kommt. Von einer Quartärstruktur spricht man, wenn sich ein Protein aus mehreren Untereinheiten zusammensetzt.

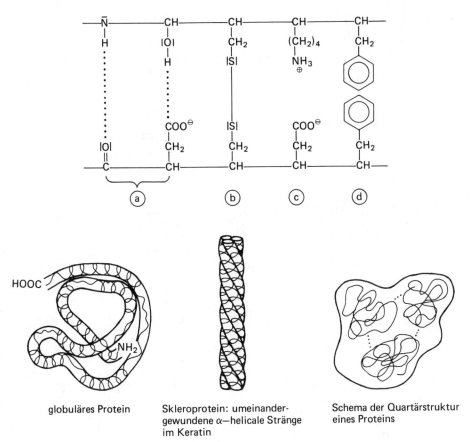

Abb. 5/3. *Konformation von Proteinmolekülen.*

Im α-Keratin sind beispielsweise mehrere α-Helices unter Ausbildung von Disulfidbrücken umeinander gewunden, wobei die Peptidketten gleichsinnig zueinander verlaufen. Bei den globulären Proteinen steht die spezifische Form in enger Beziehung zu ihrer Funktion (vgl. Kap. 8.1). Der Peptidstrang ist in sich gefaltet und „geknäuelt". Die *polaren* und *ionischen* Restgruppen weisen in der kompakten Struktur bevorzugt nach *außen,* unpolare nach innen.

Viele hochmolekulare globuläre Proteine setzen sich aus mehreren Peptidketten zusammen; zwischen den Einzelmolekülen bestehen intermolekulare Wechselwirkungen, die den erst in seiner Gesamtheit funktionstüchtigen Komplex stabilisieren. Hämoglobin z. B. besteht aus vier Polypeptidketten, von denen jede mit einer Hämgruppe verknüpft ist.

Werden die Wasserstoffbrücken zwischen zickzackförmig *gestreckten* Polypeptidketten bzw. -abschnitten ausgebildet, entsteht die **Faltblattstruktur.** Die Peptide verlaufen dabei parallel oder antiparallel, und die Wasserstoffbrückenbindungen stehen etwa senkrecht zur Längsachse der Ketten. Über und unter der Faltblattebene befinden sich die Restgruppen.

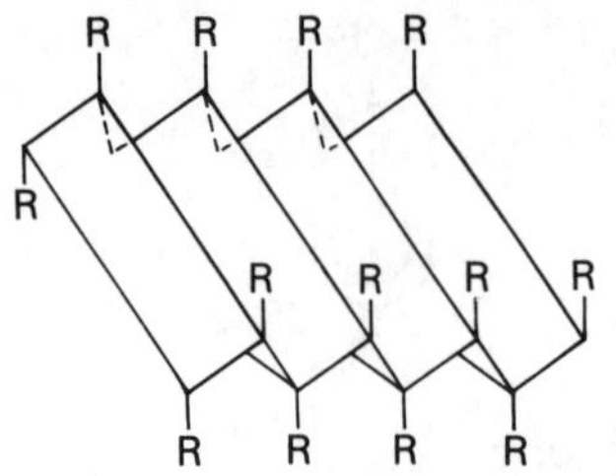

Faltblattstruktur, schematisch

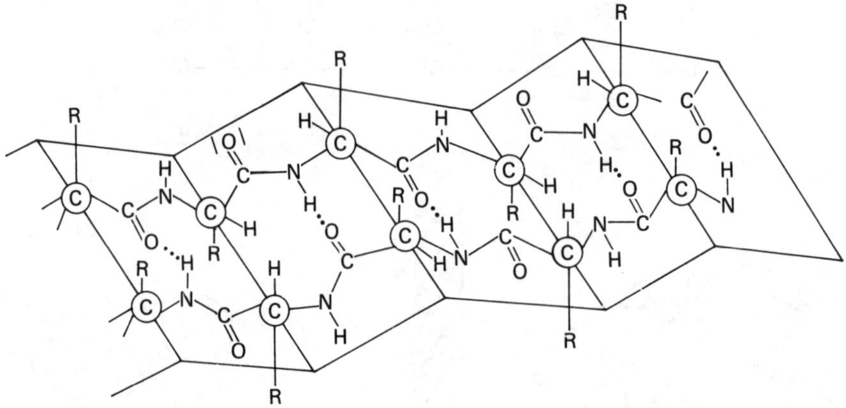

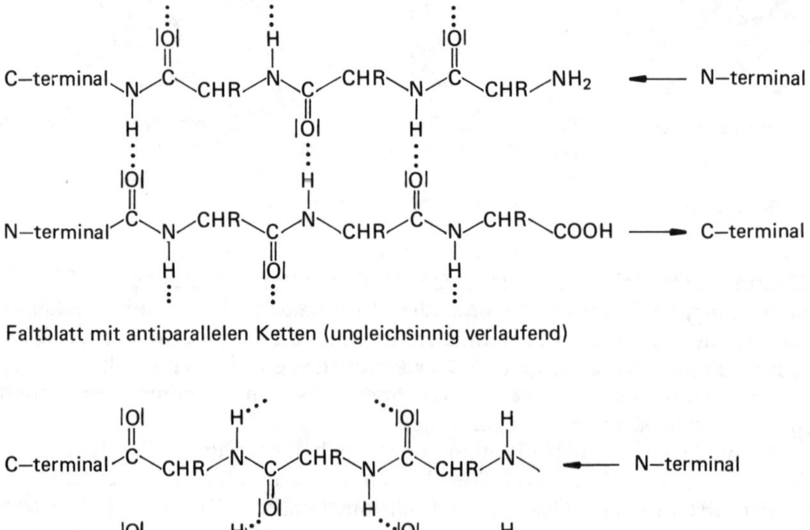

Faltblatt mit antiparallelen Ketten (ungleichsinnig verlaufend)

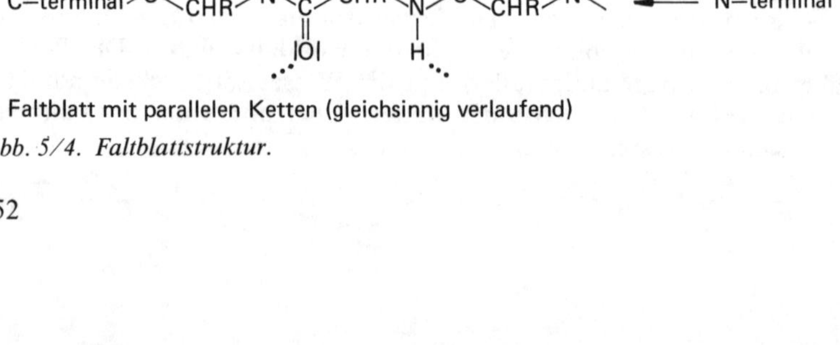

Faltblatt mit parallelen Ketten (gleichsinnig verlaufend)

Abb. 5/4. Faltblattstruktur.

152

Die Häufung gleichsinnig geladener oder großer Restgruppen kann die Ausbildung einer stabilen Faltblattstruktur verhindern. Eine regelmäßige, stabile Faltblattstruktur weist beispielsweise das β-Keratin im Seidenfibroin auf. Wie vom α-Keratin (Haar, Wolle) bekannt ist, können die dort vorliegenden α-Helices durch Zufuhr von feuchter Wärme unter Aufbrechen der *inneren* Wasserstoffbrücken in die Faltblattstruktur übergehen. Im feuchten Zustand lassen sich daher diese Materialien bis auf die doppelte Länge dehnen. Die gestreckte Form ist jedoch wegen der großen, gleichsinnig geladenen Restgruppen unstabil; Wolle und Haar gehen beim Trocknen von selbst wieder in die α-Helix über.

Sind drei Peptidketten umeinander gewunden und durch Wasserstoffbrücken stabilisiert, spricht man von einer Tripelhelix. Sie wurde im Kollagen nachgewiesen. Dieses Protein ist in den Sehnen und im Bindegewebe enthalten und hat einen relativ hohen Anteil an Prolin und Hydroxyprolin.

Abb. 5/5. Tripelhelix aus drei linksgängigen Peptidketten.

5.2 Verhalten der Proteine in Lösung und Denaturierung

Globuläre Proteine mit einem mittleren Moleküldurchmesser zwischen 5 bis 100 nm lösen sich in Wasser oder Salzlösung kolloidal. Membranen mit einer geringeren Porengröße (Pergament, Cellophan) halten die Moleküle in der Lösung zurück (Dialyse). Die nach außen gerichteten polaren und ionischen Restgruppen ermöglichen die Ausbildung einer *Hydrathülle*. Je nach Zusammensetzung des Proteins haben die Moleküle einen charakteristischen **isoelektrischen Punkt (IEP)**; beim pH-Wert des isoelektrischen Punktes sind die Moleküle nach außen ungeladen, wandern also nicht im elektrischen Feld. Dies nutzt man experimentell zur Trennung eines Proteingemisches in seine Bestandteile aus (Elektrophorese). Die elektrophoretische Trennung von Serumproteinen spielt in der medizinischen Diagnostik eine wichtige Rolle.

IEP einiger Proteine: Pepsin   1
                     Albumin   4,6
                     Hämoglobin 6,8
                     Lysozym   11,0

Außerdem haben die meisten Proteine am IEP die *geringste Löslichkeit*. Bei abweichendem pH-Wert laden sich die Moleküle gleichsinnig auf, stoßen sich ab und bleiben in Lösung. Außer dem pH-Wert beeinflussen die *Temperatur*, die *Ionenstärke* und die *dielektrischen Eigenschaften des Lösungsmittels*[1] die Löslichkeit.

Eine Strukturänderung der Moleküle, bei der die native Konformation und damit die biologischen Eigenschaften (z. B. die Enzymwirkung) verloren gehen, bezeichnet man als **Denaturierung**. Sie ist häufig begleitet von einer *Koagulation,* d. h. einer Ausflockung der Kolloide zu unlöslichen Aggregaten. Je nach einwirkendem Agens und Angriffsstelle kann die Denaturierung reversibel oder irreversibel sein.

Weitgehend *reversibel* ist die denaturierende Wirkung z. B. von Ethanol oder Aceton. Infolge der Verringerung der Dielektrizitätskonstanten des Mediums (Wasser: $\varepsilon = 81$, Ethanol: $\varepsilon = 24$) wird die Ionisierung der Restgruppen —COOH und —NH_2 zurückgedrängt. Dadurch nimmt die Gesamtladung der Moleküle ab, die elektrostatischen Abstoßungskräfte werden verringert, das Protein flockt aus.

Während niedrige Salzkonzentrationen die Löslichkeit von Proteinen oft erhöhen, *führen hohe Konzentrationen an Neutralsalzen zur reversiblen Denaturierung* („Aussalzen"). Die Hydratation der Proteinmoleküle wird dabei zugunsten der Ionenhydratation zurückgedrängt, und durch Reaktion zwischen den Restgruppen fällt das Protein aus.

Bei *Temperaturerhöhung über 40 bis 50 °C* werden die Wechselwirkungen, die die Raumstruktur der nativen Konformation bedingen, aufgehoben und zufällige, neue Wechselwirkungen ausgebildet, die zu einer ungeordneten Struktur führen. Nur bei sehr langsamem Abkühlen können erhitzte Proteine die native Konformation von selbst wieder einnehmen.

Konzentrierte Säuren und Laugen wirken durch Veränderung der Konformation gleichermaßen *irreversibel* denaturierend.

Schwermetallionen (Cu^{2+}, Hg^{2+}, Fe^{3+}) beeinflussen nicht nur die Hydrathülle, sondern auch die Disulfidbrücken innerhalb eines oder mehrerer Peptidstränge. Die Ionen reagieren mit den freien, reaktionsfähigen SH-Gruppen zu Mercaptiden oder oxidieren die SH-Gruppen zur Disulfidgruppe:

$$2\,R\!-\!SH + 2\,Fe^{3+} \longrightarrow R\!-\!S\!-\!S\!-\!R + 2\,Fe^{2+} + 2\,H^{+}$$
$$2\,R\!-\!SH + Hg^{2+} \longrightarrow Hg(SR)_2 + 2\,H^{+}$$

Auf der irreversiblen Denaturierung der Enzymproteine beruht vor allem die Giftigkeit der Schwermetallsalze.

Wechselspannung ruft erst bei einer Höhe von ca. 40 V eine schwache, reversible Denaturierung hervor, da die Proteine sich infolge erhöhter, kinetischer Energie zu lockeren Aggregaten binden. *Gleichspannung* hingegen bewirkt schon bei geringer Stärke eine irreversible Veränderung, denn die Proteinmolekülionen werden an der Elektrode (i. a. der Anode) entladen.

---

1 Die Anziehungskraft zwischen zwei elektrischen Ladungen q_1 und q_2 wird durch die Anwesenheit eines Mediums auf den $\frac{1}{\varepsilon}$ ten Teil im Vergleich zum Vakuum abgeschwächt:

$$F = \frac{1}{\varepsilon} \cdot \frac{1}{4\pi\varepsilon_0} \cdot \frac{q_1 \cdot q_2}{r^2}$$

Die Stoffkonstante ε heißt Dielektrizitätskonstante.

5.3 Nachweisreaktionen

5.3.1 Ninhydrinreaktion

α-Aminogruppen in Aminosäuren bzw. Peptiden reagieren beim Erwärmen mit Ninhydrin zu einem blauvioletten Farbstoff; Prolin und Hydroxyprolin färben sich mit Ninhydrin gelb. Die Nachweisreaktion ist sehr empfindlich und verläuft auch mit geringsten Substanzmengen positiv.

Bruttogleichung der Reaktion:

$$+ CO_2 + 3 H_2O + R-C\overset{O}{\underset{H}{\diagdown}}$$

5.3.2 Biuret-Reaktion

$Cu^{2\oplus}$-Ionen bilden mit der $-C=\overline{O}$-Gruppierung in alkalischer Lösung einen violetten Komplex:

Freie Aminosäuren zeigen keine positive Reaktion.

5.3.3 Xanthoproteinreaktion

Eiweiße reagieren mit konzentrierter Salpetersäure zu einer gelbgefärbten Verbindung. Die Farbreaktion beruht auf der Nitrierung aromatischer Restgruppen (Tyrosin, Tryptophan) im Protein. Diese aromatischen Aminosäuren sind praktisch in allen Eiweißen vorhanden.

In alkalischer Lösung tritt Farbvertiefung (bathochrome Verschiebung) zu Orange auf:

5.3.4 Millonsche Probe

Die Nachweisreaktion ist ebenfalls an das Vorhandensein von Tyrosin im Protein gebunden. Tyrosin wird durch konzentrierte Salpetersäure nitriert; mit $Hg^{2\oplus}$-Ionen bildet sich ein rot gefärbter Komplex.

5.3.5 Folin-Ciocalteus-Reaktion

In alkalischer Lösung kondensieren Aminosäuren bzw. Verbindungen mit freien Aminogruppen mit Naphthochinon zu einem rotbraunen Farbstoff:

Naphthochinon

5.4 Versuche

Herstellen einer Eiweißlösung:
Man trennt das Eiklar eines Hühnereies vom Eigelb ab und vermischt das Eiklar unter Rühren mit ca. der fünffachen Menge Wasser. Anschließend filtriert man die Eiweißlösung durch Glaswolle.

V 1 Ninhydrinreaktion

Chemikalien: Eiweißlösung, Ninhydrin
Durchführung: Zu ca. 5 ml Eiweißlösung fügt man einige kleine Ninhydrinkristalle und erwärmt das Gemisch über kleiner Flamme bis zur Violettfärbung.

V 2 Xanthoproteinreaktion

Chemikalien: Eiweißlösung, konz. HNO_3, konz. NH_3-Lösung
Durchführung: Im Rg werden ca. 5 ml Eiweißlösung mit 1 bis 2 ml HNO_3 versetzt und vorsichtig bis zum Sieden erwärmt (Abzug!). Nach dem Abkühlen fügt man tropfenweise NH_3-Lösung zu.

156

V 3 Millonsche Probe

Chemikalien: Eiweißlösung, Millons-Reagenz
Durchführung: Zu ca. 1 ml Eiweißlösung fügt man 1 ml Millons-Reagenz und erwärmt vorsichtig bis zur eintretenden Rotfärbung.

V 4 Biuret-Reaktion

Chemikalien: Eiweißlösung, NaOH verd., $CuSO_4$-Lösung, Harnstoff
Durchführung: Im Rg werden ca. 3 ml Eiweißlösung und 3 ml NaOH vermischt und einige Tropfen $CuSO_4$-Lösung zugesetzt. Man vergleiche die Farbreaktion direkt nach Vermischen der Reagenzien und nach einigen Minuten.
b) Anstelle einer Eiweißlösung wird die Lösung von 1 Spatelspitze Harnstoff in 3 ml Wasser mit NaOH und $CuSO_4$-Lösung versetzt.

V 5 IEP einer Albuminlösung

Chemikalien: Albumin; NaOH (1 M); CH_3COOH (1 M); CH_3COOH (0,1 M); Universalindikatorpapier
Geräte: Becherglas (100 ml); Trichter; Filterpapier; Meßzylinder (10 ml); Meßzylinder (100 ml); Tropfpipette
Durchführung: In einem 100-ml-Becherglas werden 500 mg Albumin (ca. 10 Spatelspitzen) in 50 ml Wasser und 10 ml NaOH unter ständigem Rühren und sehr gelindem Erwärmen aufgelöst. Nach Zugabe von 10 ml 1 M Essigsäure wird die Lösung mit Wasser auf 100 ml aufgefüllt und filtriert.
In 7 Rg werden folgende Lösungen eingefüllt:
a) 8 ml Austauschwasser (pH unter 6)
b) 1 Tropfen 0,1 M Essigsäure
c) 2 Tropfen 0,1 M Essigsäure
d) 10 Tropfen 0,1 M Essigsäure
e) 1,5 ml 0,1 M Essigsäure
f) 3 ml 0,1 M Essigsäure
g) 8 ml 0,1 M Essigsäure
Alle Reagenzgläser werden bis zum gleichen Volumen (etwa 8 ml) mit Austauschwasser aufgefüllt. Der pH-Wert sollte im Bereich 3 bis 6 liegen (Kontrolle mit Universalindikatorpapier). In jedes Reagenzglas wird 1 ml der Albuminlösung gegeben. Man messe den pH-Wert in dem Rg, welches die stärkste Trübung aufweist.

V 6 Denaturierung durch Hitzeeinwirkung

Chemikalien: Eiweißlösung
Geräte: Thermometer; Becherglas (250 ml)
Durchführung: In einem Rg werden einige ml einer Eiweißlösung im Wasserbad langsam erwärmt. Man mißt die Temperatur, bei welcher das Eiweiß denaturiert und koaguliert.

V 7 Denaturierung durch Salzlösungen

Chemikalien: Eiweißlösung; $CuSO_4$-Lösung; $HgCl_2$-Lösung; $Pb(CH_3COO)_2$-Lösung
Durchführung: Drei Rg werden mit jeweils ca. 2 ml Eiweißlösung gefüllt und tropfenweise die Salzlösungen zugegeben.

V 8 „Aussalzen" eines Eiweißes

Chemikalien: Eiweißlösung; $(NH_4)_2SO_4$ (fest)

Durchführung: Zu 2 ml einer Eiweißlösung gibt man so viel festes $(NH_4)_2SO_4$, bis das Eiweiß ausflockt. Anschließend fügt man einige ml Wasser hinzu und schüttelt kräftig um.

V 9 Denaturierung durch organische Lösungen und Säure

Chemikalien: Aceton; Brennspiritus; konz. HCl oder HNO_3

Durchführung: Je einige ml einer Eiweißlösung werden tropfenweise mit Aceton, Alkohol bzw. konz. Säure versetzt. Die denaturierten Eiweißlösungen verdünne man mit Wasser und registriere, ob die Denaturierung reversibel ist.

V 10 Denaturierung durch elektrischen Strom

Chemikalien: Eiweißlösung

Geräte: 2 Bechergläser (100 ml); 2 Cu-Elektroden; Kabel

Durchführung: In ein Becherglas mit ca. 30 ml Eiweißlösung taucht man 2 Cu-Elektroden ein, zwischen denen eine Gleichspannung von etwa 20 V liegt. Beobachtung an den Elektroden, Folgerung?

b) Bei entsprechender Versuchsanordnung werden ca. 40 V Wechselspannung angelegt.

5.5 Aufgaben

A 1 Formulieren Sie die Reaktionsgleichung zur Ausbildung eines zyklischen Heptapeptids aus 7 Aminosäuren!

A 2 Wieviel strukturisomere Tetrapeptide können aus 4 verschiedenen Aminosäuren synthetisiert werden?

A 3 Welche Information über ein Peptid erhält man durch die vollständige Hydrolyse und anschließende quantitative Bestimmung der Aminosäuren?

A 4 Begründen Sie, wieso im Fall „Sangers Reagenz" eine nucleophile Substitution am aromatischen System möglich ist!

A 5 Warum besitzen die meisten Proteine am IEP ihre geringste Löslichkeit?

A 6 Ein Gemisch dreier Proteine wird bei pH 6 in ein elektrisches Feld gebracht. Wohin wandern die Proteine, wenn der IEP von Protein A = 4, der von Protein B = 8, der von Protein C = 6 ist?

A 7 Polyalanin besteht als Peptid nur aus Alaninbausteinen. In wäßriger Lösung bildet Polyalanin bei pH 7 spontan α-Helices aus. Polylysin hat dagegen bei pH 7 eine unregelmäßige Form; die Formation zur α-Helix tritt bei pH 12 auf. Begründen Sie dies!

A 8 Warum können Sie nasse Seidenhemden im Gegensatz zu nassen Wollpullovern auf der Wäscheleine hängend trocknen lassen?

A 9 Gleichstrom ist für den Menschen um ein Vielfaches gefährlicher als Wechselstrom. Begründen Sie dies!

6 Makromolekulare Chemie 3: Polysaccharide

Polysaccharide liegen vor, wenn viele Monosaccharide über *vollacetalartige* Verbindungen (Bd. 1, Kap. 10.2) verknüpft sind. Sie unterscheiden sich in ihren Eigenschaften von den niedermolekularen Zuckern dadurch, daß sie kein Reduktionsvermögen besitzen und durch ihr Löslichkeitsverhalten in bezug auf Wasser, in dem die meisten Formen nicht oder nur kolloidal löslich sind, was auf hohe Molekülmassen und starke zwischenmolekulare Kräfte schließen läßt. Die Quellbarkeit aller Polysaccharide in Wasser zeigt jedoch noch deutlich ihren hydrophilen Charakter.

Zu den wichtigsten Polysacchariden gehören die **Stärke** (Amylum) mit ihren Formen *Amylose* und *Amylopektin* sowie das **Glykogen** („tierische" Stärke) und die **Cellulose**. Grundelement ist in allen Fällen die D-**Glucose**. Bei den verschiedenen Typen weist sie *jeweils durchgängig* ein spezifisches Verknüpfungsprinzip auf, wodurch unterschiedliche Raumstrukturen resultieren.

6.1 Stärke (Amylum)

Das erste einfach nachzuweisende Assimilationsprodukt in den Chloroplasten[1] ist die meist in Form von winzigen Körnchen vorkommende Stärke (s. Kap. 8.2).

Die primär bei der Assimilation gebildete α-D-Glucose erhöht den osmolaren Wert in den Chloroplasten, da die Synthese schneller verläuft als der Verbrauch und muß sofort in die osmotisch unwirksame Stärke umgewandelt werden, da sonst durch Wasseranreicherung Strukturen der Chloroplasten zerstört würden. Diese *Assimilationsstärke* kann wegen ihrer Kolloidnatur pflanzliche Membranen nicht durchdringen. Deshalb unterliegt sie vor allem im Dunkeln einem ständigen Abbau und Abtransport zu Orten des Bedarfs (Dissimilation, vgl. Kap. 8.3), wobei sie enzymatisch über Maltose zu α-D-Glucose abgebaut wird, die somit die Transportform der Stärke darstellt. Überschüssige Stärke wird in Speichergeweben wie Samen, Knollen und Zwiebeln wieder in Form von Stärke, der *Reservestärke* als wichtigstem pflanzlichen Reservestoff gespeichert.[2]

Auch als solche kommt die Stärke immer in *Kornform* vor, die sich jedoch von den Einschlüssen im Chloroplasten durch ihre Größe unterscheiden. Gebildet wird die Reservestärke in Amyloplasten, chloroplastenähnlichen, aber farblosen Strukturen. Die Ablagerung geht von einem oder mehreren Bildungskernen aus, um die sich die Stärke *schichtweise* ablagert. Der detaillierte Ablauf der Biosynthese ist noch weitgehend ungeklärt.

Es entstehen dabei *artspezifische* Kornformen und -größen, so daß bei mikroskopischer Überprüfung stärkehaltiger Nahrungsmittel die Herkunft der Stärke festgestellt werden kann. So ist z. B. die Kartoffelstärke exzentrisch geschichtet bei einer

---

1 Chloroplasten sind vom Cytoplasma der Zelle durch Doppelmembranen abgegrenzte Gebilde, die den Farbstoff Chlorophyll enthalten.
2 Bei manchen Pflanzen (z. B. Nadelhölzern und weichholzigen Laubgewächsen) wird die Reservestärke zu Beginn der kalten Jahreszeit wie in den Laubblättern immergrüner Pflanzen großenteils in Fette umgewandelt.

Korngröße von 0,06 bis 0,1 mm. Bohnenstärke ist etwas kleiner und zentrisch geschichtet. Haferstärke entsteht dagegen aus mehreren Bildungskernen und ist komplex aufgebaut. Mit die feinste Korngröße besitzt die Reisstärke mit einem Durchmesser von 0,003 bis 0,007 mm.

Bei der **Gewinnung** der Stärke muß das stärkehaltige Pflanzenmaterial so zerkleinert werden, daß die Stärkekörner aus den Zellen befreit werden. Dies geschieht trocken beim Mahlen des Getreides zu Mehl, das dann neben Stärkekörnern noch andere pflanzliche Bestandteile wie z. B. Zellwandreste enthält oder naß durch Ausschlämmen des zerriebenen Materials, wodurch man reines Stärkemehl erhält (z. B. Kartoffelstärke).

Stärkehaltige Pflanzenteile und isolierte Stärke in Form von Mehlprodukten stellen den Hauptbestandteil der menschlichen Nahrung dar. Als Zusatz zu stärkefreien Nahrungsmitteln dient sie z. B. bei verschiedenen Wurstsorten und Joghurt als Quellmittel. Der Stärkezusatz zur Margarine, in der sie sich leicht nachweisen läßt, ist zur Unterscheidbarkeit gegenüber der Butter gesetzlich vorgeschrieben. Stärke ist Grundstoff zur Gewinnung von Maltose, die meist zu Ethanol vergoren wird. Mit Hilfe von Mikroorganismen kann Stärke auch zu Butanol und Aceton abgebaut werden. Bestimmte Schimmelpilze setzen sie in Citronensäure um. In der Medizin und Kosmetik wird feinste Stärke (Reisstärke) als Grundsubstanz für Puder benötigt. Bei der Verteilungschromatographie wird Stärke als Adsorptionsmittel eingesetzt. Schließlich findet sie auch im Haushalt vielfach Anwendung, z. B. zum Stärken von Kleidungsstücken.

Durch die katalytische Wirkung von Säuren wird Stärke stufenweise über Dextrine (Gemische unterschiedlicher Oligosaccharide) und Maltose zu D-Glucose abgebaut.

6.1.1 Amylose

Amylose kommt im Inneren der Stärkekörner zu etwa 20 bis 30 % der Gesamtsubstanz vor und besteht aus 250 bis 300 D-Glucoseeinheiten, was einer Molekülmasse von etwa 50 000 u entspricht. Die Glucopyranosereste sind durchgängig in **1,4-Stellung α-glycosidisch** miteinander verknüpft. Jeweils zwei benachbarte Glucopyranosen bilden somit eine Maltoseeinheit (Bd. 1, Kap. 13.2.1).

glycosidische
OH–Gruppe in α–Form   Maltoseeinheit

Die α-D-Glucopyranosen haben in der energetisch stabileren Sesselkonformation die glycosidische OH-Gruppe in axialer, die alkoholische am C_4-Atom in äquatorialer Stellung (Bd. 1, Kap. 12.3.1). Dies führt dazu, daß die Ringe zweier in 1,4-Stellung verknüpfter α-D-Glucopyranosen gewinkelt sind, wenn ein Sauerstoffatom die Bindungsbrücke darstellt. Diese Winkelung setzt sich bei Verknüpfung mehrerer Glucosereste gleichsinnig fort. Dies hat zur Folge, daß sich das Makromolekül der Amylose in einer **Schraubenform** (Helix) anordnet, wobei etwa sechs Glucoseeinheiten auf eine Schraubenwindung kommen.

160

Diese Struktur erhält ihre Stabilität durch die Ausbildung von *intra*molekularen Wasserstoffbrückenbindungen zwischen den freien OH-Gruppen benachbarter Glucosereste.

Durch die Helix ist im Amylosemolekül ein axialer Hohlraum vorhanden, in den andere Moleküle eingelagert werden können, ohne daß echte Bindungen ausgebildet werden. Man spricht in solchen Fällen von *Einschlußverbindungen* bzw. Clathraten. So kann beispielsweise in diesen Hohlraum ein Molekül Wasser pro Glucoseeinheit eingeschlossen werden.

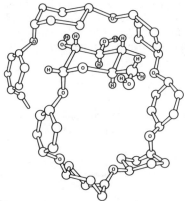

Abb. 6/1. Raumstruktur der Amylose.

Amylose geht selbst in kaltem Wasser kolloid in Lösung, weshalb sie auch **lösliche Stärke** genannt wird. Gut läßt sie sich in heißem Wasser auch aus den Stärkekörnern herauslösen, wobei sie durch die dünne Proteinhülle, die die Stärkekörner umgeben, schnell hindurchdiffundiert. Aus dem Filtrat läßt sie sich leicht mit Alkohol abscheiden.

Amylose-Lösungen zeigen deutlich den **Tyndall-Effekt,** der charakteristisch ist für Lösungen von Makromolekülen (s. Kolloide, Bd. 1, S. 234).

Mit molekularem Iod aus einer Lösung von Iod in Kaliumiodid (Iod-Iodkalium-Lsg.; IKI-Lsg.) reagiert Amylose unter Bildung einer typisch *blauviolett* gefärbten Einschlußverbindung. Die Iodmoleküle werden dabei in den durch die Schraubenwindung entstandenen kanalartigen Hohlraum kettenförmig eingelagert. Dadurch entstehen Wechselwirkungen zwischen den Iodmolekülen und Glucoseresten, wodurch eine Änderung in der Lichtabsorption eintritt. Die Elektronen des Iods werden dann bereits wie im gasförmigen Zustand durch Lichtquanten des längerwelligen Bereichs des sichtbaren Spektrums angeregt.

Beim Erwärmen nimmt die Eigenbewegung der beteiligten Moleküle zu, so daß die Wechselwirkungen aufgehoben werden und die Iodmoleküle schließlich den Hohlraum der Helix verlassen: die Blauviolettfärbung verschwindet und es entsteht Gelbfärbung durch gelöstes Iod. Falls durch zu langes Erhitzen die Struktur der Amylose nicht zerstört wurde, tritt die blauviolette Farbe beim Abkühlen wieder auf.

Die Iodstärkereaktion ist hochspezifisch und so empfindlich, daß bereits geringste Mengen Amylose mikroskopisch nachgewiesen werden können. Andererseits dient sie z. B. in der Iodometrie auch zum Nachweis von Iod.

Im Organismus wird Amylose durch *Amylasen* (Kap. 8.1.3), die α-glycosidische Bindungen hydrolisieren, fast quantitativ in Maltose aufgespalten.

6.1.2 Amylopektin

Die Hüllsubstanz der Stärkekörner, die durch eine dünne Proteinmembran nach außen abgegrenzt werden, besteht aus Amylopektin. Sie macht 70 bis 80% der Gesamtsubstanz aus und besteht aus etwa 10 000 D-Glucoseeinheiten, was einer Molekülmasse von fast $2 \cdot 10^6$ u entspricht.

Das Grundverknüpfungsprinzip der vorliegenden D-Glucopyranosen ist wie bei der Amylose eine α-glycosidische Verbindung in 1,4-Stellung. Daneben kommen auch **Verzweigungen** durch *α-glycosidische Verknüpfungen in 1,6-Stellung* vor, die sich mit anderen Grundketten von Amylopektinmolekülen koppeln können.

Das Amylopektin besitzt insgesamt eine stark verzweigte Struktur aus einer Vielzahl relativ kurzer Ketten von durchschnittlich 25 Glucoseresten, die durch α-glycosidische Verknüpfungen in 1,6-Stellung miteinander verbunden sind.

Die Teilketten des Makromoleküls zeigen wahrscheinlich ähnlich wie bei der Amylose einen schraubenartigen Aufbau. Darauf weist auch die Reaktion mit molekularem Iod hin, die zu einer rotvioletten Färbung führt und wohl auch auf einem Einschluß von Iod in den axialen Kanal der Schraubenwindung beruht.

Amylopektin kann in Wasser nicht mehr kolloid gelöst werden. Durch die aufgelockerte, schwammartige Struktur der Makromoleküle nimmt es bereits in der Kälte bis zu 20% seiner Masse an Wasser auf, wodurch eine **Quellung** hervorgerufen wird. Bei der *Verkleisterungstemperatur* von 60 bis 62°C wird die Quellung unbegrenzt. Dabei nimmt das Amylopektin das gesamte zur Verfügung stehende Wasser auf, ohne daß eine Lösung entsteht: es bildet sich eine dickflüssige Phase, die bei hoher Stärkekonzentration gelartig erstarrt.

Im Organismus kann Amylopektin nur von Enzymen, die sowohl 1,4-α-glycosidische als auch 1,6-α-glycosidische Verbindungen hydrolisieren, zerlegt werden. Dabei entsteht neben Maltose die Isomaltose, ein in 1,6-Stellung verknüpftes Disaccharid aus α-D-Glucopyranosen.

6.2 Glykogen

Pflanzen, die keine Amyloplasten besitzen, wie Pilze, Bakterien und Blaualgen, bauen als Reservestoff die Stärke in Form von Glykogen auf. Besonders im tierischen Organismus wird überschüssige D-Glucose zur Verminderung des osmolaren

Wertes als Glykogen in der Leber gespeichert. Glykogen wird deshalb auch als *tierische Stärke* bezeichnet.

Im chemischen Aufbau entspricht es weitgehend dem Amylopektin, jedoch ist es höhermolekular mit fast 10^5 Glucoseeinheiten und Molekülmassen bis zu $1,8 \cdot 10^7$ u. Außerdem besitzt es kürzere Grundketten von 12 bis 18 Glucoseresten und ist stärker verzweigt.

Trotzdem ist Glykogen, soweit es nicht an Eiweiße gebunden ist, in Wasser löslich.

Mit molekularem Iod liefert es ein rotbraunes Addukt.

6.3 Cellulose

Cellulose kommt bei pflanzlichen Lebewesen vorwiegend als Gerüstsubstanz vor und findet sich im Holz der Pflanzen meist zusammen mit Hemicellulosen und Lignin.[1] Cellulose besteht aus 8000 bis 12 000 Glucoseeinheiten, was einer Molekülmasse bis zu $2 \cdot 10^6$ u entspricht. Die Glucopyranosereste sind stets in **1,4-Stellung β-glycosidisch** miteinander verknüpft. Jeweils zwei benachbarte Glucopyranosen bilden daher eine Cellobioseeinheit (Bd. 1, Kap. 13.2.1).

Cellobioseeinheit

In der Sesselkonformation der β-D-Glucose weisen alle OH-Gruppen die äquatoriale Stellung auf. Die Verknüpfung der β-D-Glucosereste über Sauerstoffatome führt nur zu einer minimalen Winkelung der gedachten Ebenen benachbarter Ringe. Da diese Winkelung durch die wechselnde Anordnung der β-D-Glucopyranosen wieder ausgeglichen wird, resultiert insgesamt ein **gestrecktes Molekül.**

Dieses ist in der nativen Cellulose vielfach gefaltet, wobei einzelne Abschnitte durch Wasserstoffbrückenbindungen miteinander verknüpft sind. Etwa 30 solcher Moleküle lagern sich zu Elementarfibrillen zusammen, die sich ebenfalls durch Wasserstoffbrückenbindungen stabilisieren. Diese sind zu seilähnlichen Strukturen, den Mikrofibrillen verdrillt, die sich wiederum zu Cellulosefasern zusammenlagern. Im Holz sind diese Fasern ebenso wie bereits die Elementarfibrillen durch eingelagerte Hemicellulosen und Lignin miteinander verkittet.

Cellulose kann von Wirbeltieren nicht verdaut werden und dient in der Nahrung nur als Ballaststoff.

Für diesen in der Natur in großer Menge zur Verfügung stehenden Stoff haben sich in vielfältiger Weise Verwendungen gefunden. Baumwolle, die aus fast reiner Cellulose besteht, wird aus den Samenhaaren der Baumwollpflanzen gewonnen. Sie wird wie die Bastfasern von Flachs, Hanf und Jute zu Garnen und Geweben verarbeitet.

---

1 Hemicellulosen bestehen aus einem Gemisch unterschiedlicher Polysaccharide. Lignin, auch Holzstoff genannt, kommt zu etwa 30 Massenprozenten im Holz vor. Die Struktur ist noch weitgehend ungeklärt.

Große Bedeutung hat Cellulose zur Herstellung von *Papier* jeglicher Art. Dazu wird das Rohmaterial (Holz, Stroh) zunächst von den Begleitstoffen (Harz, Hemicellulosen, Lignin) weitgehend befreit. Dies erfolgt durch Kochen von Holz mit einer Lösung von Kalziumhydrogensulfit. Stroh wird unter Druck mit Natronlauge erhitzt. Die Cellulose wird dabei nur wenig angegriffen. Der gewonnene Zellstoff wird anschließend gebleicht. Es gelingt auf diese Weise nicht, Lignin und Hemicellulosen vollständig zu entfernen. Sulfit-Zellstoff z. B. enthält 85 bis 90% Cellulose.

Große Bedeutung hat Cellulose für die Herstellung halbsynthetischer Kunststoffe (Kap. 7).

Wie die Stärke läßt sich die Cellulose säurekatalytisch zu Glucose hydrolysieren.

6.4 Versuche

Stärke

V 1 Isolierung von Stärke aus Kartoffeln

Chemikalien: rohe Kartoffeln; Wasser
Geräte: breites Becherglas (400 ml); Becherglas (100 ml); Porzellanschale ($\varnothing$ 20 cm); Messer; Faltenfilter; Trichter; Küchenreibe; Stofftaschentuch oder Leinentuch
Durchführung: Man zerkleinert eine geschälte Kartoffel über einer Porzellanschale auf einer Küchenreibe. Die Kartoffelreibsel gibt man über einem breiten Becherglas auf ein Tuch, formt dieses zu einem Beutel und preßt den Fruchtsaft ab. Dann wird der Beutel mit dem stärkehaltigen Rückstand in der zu einem Drittel mit Wasser gefüllten Porzellanschale mehrfach gründlich ausgedrückt.
Die trübe Flüssigkeit wird in ein kleines Becherglas gegeben (anhaftende Reste mit Wasser abspülen!). Nach Absetzen der Stärke (etwa 5 bis 10 Minuten) wird dekantiert, mit Wasser nachgewaschen, filtriert und evtl. anschließend getrocknet.
Mögliche Nachweisreaktion mit der so gewonnenen Stärke s. V 4.

V 2 Isolierung von löslicher Stärke

Chemikalien: Stärke; Ethanol (oder Brennspiritus)
Geräte: Becherglas (100 ml); Faltenfilter; Trichter; Thermometer
Durchführung: Eine Spatelspitze Stärke wird im Becherglas in etwa 20 ml Wasser aufgeschwemmt und über kleiner Flamme auf ca. 60 °C erhitzt. Man hält einige Minuten auf dieser Temperatur. Nach dem Abkühlen filtriert man durch ein Faltenfilter. Das klare Filtrat wird auf 2 Rg aufgeteilt. Zum einen Teil läßt man kalten Ethylalkohol (Brennspiritus) an der Wand des Rg zufließen. Der andere Teil wird bis zum Sieden erhitzt (keine Kleisterbildung!).
Man vergleiche das Verhalten des noch feuchten Rückstandes beim Erhitzen.

V 3 Darstellung von Stärkekleister und mikroskopische Untersuchung

Chemikalien: Stärke; IKI-Lsg.

Geräte: Becherglas (50 ml); Glasstab; Objektträger mit Deckgläschen; Mikroskop

Durchführung: Eine Spatelspitze Stärke wird mit etwa 10 ml Wasser unter Rühren im Becherglas über kleiner Flamme zum Sieden erhitzt. Eine Probe des entstandenen Stärkekleisters wird auf einem Objektträger zu einem Tropfen Wasser gegeben. Man fügt einen Tropfen IKI-Lösung zu und beobachtet das Präparat nach Auflegen eines Deckgläschens unter dem Mikroskop.
Man vergleiche mit einer Stärkeprobe, die nicht erhitzt wurde.

V 4 Nachweis von Stärke

Chemikalien: lösliche Stärke; IKI-Lsg.

Geräte: Spatel; Rg

Durchführung: Eine knappe Spatelspitze lösliche Stärke wird im Rg mit 4 bis 5 ml Wasser versetzt und über kleiner Flamme 1 bis 2 Minuten zum Sieden erhitzt. Die Lösung wird unter fließendem Wasser abgekühlt. Anschließend fügt man 1 Tropfen IKI-Lösung zu. (Die Nachweisfarbe ist evtl. besser zu erkennen, wenn die Probe mit Wasser verdünnt wird.)
Man prüft die Farbänderung, die bei erneutem Erhitzen und Abkühlen zu beobachten ist.

V 5 Stärkenachweis in Margarine

Chemikalien: Margarine; Butter; IKI-Lsg.

Geräte: Pipette mit Pipettenheber; Becherglas (400 ml); Dreifuß; Asbestnetz; Spatel; Siedesteinchen; Rg

Durchführung: In zwei Rg gibt man 2 bis 3 Spatelspitzen Butter bzw. Margarine und läßt in einem Becherglas mit siedendem Wasser schmelzen. Man fügt jeweils 2 bis 3 ml Wasser hinzu und läßt die Proben einige Minuten im siedenden Wasser stehen.
Anschließend werden die unteren wäßrigen Phasen getrennt abpipettiert, mit der gleichen Menge Wasser versetzt und über der Flamme kurz aufgekocht. Man kühlt unter fließendem Wasser ab und versetzt beide Lösungen mit je 1 Tropfen IKI-Lösung.

V 6 Tyndalleffekt

Chemikalien: lösliche Stärke (evtl. aus V 2); Glucose; Maltose
Geräte: 3 Bechergläser (je 200 ml); Rundfilter; Trichter; Reuterlampe mit Kondensor; Sammellinse ($f \approx 50$ mm); Küvette oder kleines quaderförmiges Glasgefäß
Durchführung: Man löse jeweils 1 Spatel Glucose, Maltose und lösliche Stärke in etwa 100 ml destilliertem Wasser. Jede Lösung wird filtriert und gemäß folgender Versuchsanordnung untersucht.

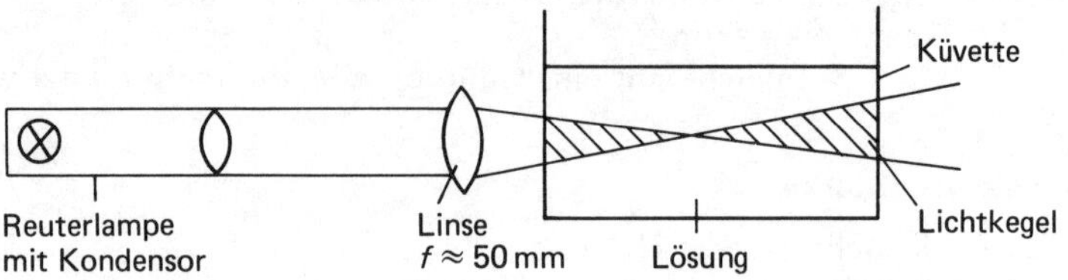

Abb. 6/2. Versuchsaufbau zu Versuch V 6.

Die Reuterlampe wird zur Erzeugung von parallelen Lichtstrahlen so eingestellt, daß die Glühwendel auf einer weit entfernten Wand scharf abgebildet wird (Kondensor versetzen!). Die Küvette muß im Bereich des Brennpunktes der Linse liegen, was mit vorgehaltenem Papier leicht zu ermitteln ist.
Man vergleiche den sich in der jeweiligen Lösung abzeichnenden Doppelkegel, der auch durch Schwebeteilchen und Staub in destilliertem Wasser erzeugt wird.

V 7 Dialyse-Versuch

Chemikalien: erhitzte und kalt filtrierte Stärkelösung; Glucose; Maltose; IKI-Lsg.; Fehling I und II
Geräte: drei Porzellanschalen; Dialysierschlauch; Pipette; dünner Bindfaden
Durchführung: Ein etwa 15 bis 20 cm langes Stück angefeuchteter Dialysierschlauch wird an einem Ende gedreht und mit einem Stück Bindfaden fest verknotet. Man gießt etwa 20 ml Glucose- bzw. Maltose- und Stärkelösung hinein und verschließt das andere Ende auf die gleiche Weise. Beide Enden werden nach oben gehalten, die Beutel sicherheitshalber nochmals gründlich mit destilliertem Wasser von außen abgespült und vorsichtig in je eine Porzellanschale mit destilliertem Wasser gelegt, so daß die beiden Enden nicht in das Wasser eintauchen. Der äußeren Flüssigkeit entnimmt man zunächst nach 10, dann nach 20 Minuten eine Probe mit der Pipette und prüft bei Glucose und Maltose mit Fehling I und II, bei Stärke mit IKI-Lösung.

V 8 Saure Hydrolyse von Stärke

Chemikalien: lösliche Stärke; Fehling I und II; IKI-Lsg.; HCl konz.
Geräte: Becherglas (200 ml); Pipette und Pipettenhütchen
Durchführung: Man gibt einen vollen Spatel lösliche Stärke in etwa 100 ml Wasser, kocht auf und fügt 3 bis 4 ml konzentrierte Salzsäure zu. Mit der Pipette entnimmt man sofort zwei Proben, gibt sie in Rg und führt in einem Rg den Stärkenachweis mit IKI-Lösung, im anderen die Fehling-Probe durch. Danach wiederholt man die beiden Nachweisreaktionen mit Stärkelösung, die 10 bzw. 20 Minuten lang erhitzt wurde.

Cellulose

V 9 Cellulose-Nachweis mit Zinkchlorid-Iod-Lösung

Chemikalien: Filterpapier; Schreibpapier; Baumwolle; $ZnCl_2$; KI; I
Geräte: Glasstab
Durchführung: Man stellt eine Zinkchlorid-Iod-Lösung aus 4 bis 5 Spatel Zinkchlorid, 1 Spatelspitze Kaliumiodid, 1 bis 2 Kriställchen Iod und etwa 5 ml Wasser her. Gegebenenfalls muß man lange schütteln und leicht erwärmen, um alles Iod (bis zur Braunfärbung) in Lösung zu bringen. Man betupft damit Filterpapier, Schreibpapier und Baumwolle.

V 10 Ligninnachweis

Chemikalien: 1,3,5-Trihydroxy-benzol (Phloroglucin); Holzspan; Zeitungspapier; Schreibpapier
Geräte: Glasstab; Rg; Waage mit Gewichtssatz
Durchführung: Man löst 0,1 g Phloroglucin in 5 ml konzentrierter Salzsäure und verdünnt mit Wasser auf das doppelte Volumen.
Mit dieser Reagenzlösung betupft man einen Holzspan, Zeitungspapier und Schreibpapier.

V 11 Celluloseabbau zu Glucose

Chemikalien: Watte; Sägemehl; Fehling I und II; HCl konz.; H_2SO_4 konz.; verd. NaOH-Lsg.; pH-Papier
Geräte: Becherglas (100 ml); Mörser mit Pistill; Rundfilter; Trichter; Rg
Durchführung: a) Etwas Watte wird im Rg mit konzentrierter Schwefelsäure übergossen, so daß nach 1 bis 2 Minuten eine milchige Suspension entsteht. Man gießt sie in ein Rg zu etwa 5 ml Wasser (**Vorsicht!** Starke Wärmeentwicklung!). Man läßt abkühlen und neutralisiert mit verdünnter Natronlauge. Anschließend filtriert man und führt mit dem Filtrat die Fehlingsche Probe durch.

b) Zwei bis drei Spatel Sägemehl werden im Mörser mit etwa 2 ml konzentrierter Salzsäure verrieben. Man übergießt mit ca. 15 ml Wasser, überführt in ein Becherglas und hält über kleiner Flamme 5 Minuten am Sieden. Nach dem Abkühlen filtriert man und neutralisiert eine Probe des Filtrates mit verdünnter Natronlauge (pH-Papier verwenden!). Anschließend führt man damit die Fehling-probe durch.

V 12 Pergamentpapier aus Cellulose

Chemikalien: Filterpapier; H_2SO_4 konz.; NH_3-Lösung
Geräte: Porzellanschale; Becherglas (100 ml)
Durchführung: Man stellt unter Kühlen (**Vorsicht!**) ein Gemisch aus etwa 6 ml konzentrierter Schwefelsäure und 2 ml Wasser her und gibt es in eine Porzellanschale. Dann hält man einen Streifen Filterpapier 15 Sekunden lang zur Hälfte in die Säure, spült gut mit fließendem Wasser ab, taucht ihn in ein Becherglas mit NH_3-Lösung und spült nochmals ab.

6.5 Aufgaben

A 1 Wodurch unterscheidet sich trocken gewonnene Stärke von naß ausgeschlämmter Stärke?

A 2 Geben Sie die Strukturformel der Isomaltose an!

A 3 Stellen Sie je einen Strukturformelausschnitt mit drei Monomeren aus der Amylose und aus der Cellulose dar!

A 4 Begründen Sie die gleichsinnige Winkelung der Glucoseringe in der Stärke!

LK A 5 Durch die α-glycosidische 1,4- und 1,6-Verknüpfung ergeben sich im Amylopektin unterschiedlich miteinander verknüpfte Grundketten.
Welche Möglichkeiten der Verknüpfung von Grundketten lassen sich aufstellen?

A 6 Stellen Sie den Reaktionsmechanismus der säurekatalysierten Hydrolyse von Stärke dar!

LK A 7 Weshalb zeigt Stärke keine reduzierende Wirkung?
Begründen Sie, weshalb Isomaltose Fehlingsche Lösung reduziert!

7 Makromolekulare Chemie 4: Halbsynthetische Polymere

Als *halbsynthetisch* bezeichnet man solche Polymere, die durch physikalische und chemische Veränderung natürlich vorkommender Makromoleküle entstehen.

Der bei weitem wichtigste Ausgangsstoff für die Herstellung halbsynthetischer Polymere ist die Cellulose, die als Hauptbestandteil des Holzes in großen Mengen zur Verfügung steht. Insbesondere werden daraus Fasern hergestellt, die einen seidenartigen Glanz aufweisen und als „Kunstseide" Verwendung finden; sie werden allgemein als Reyon (Rayon) bezeichnet.

Die Makromoleküle der Cellulose können auf verschiedene Weise verändert werden.

7.1 Derivate der Cellulose

Jede Glucoseeinheit in der Cellulose besitzt drei freie Hydroxylgruppen, die chemische Reaktionen eingehen können, ohne daß die vorliegenden Makromoleküle zerstört werden.

Mit Nitriersäure[1] werden die alkoholischen OH-Gruppen in jedem Glucoserest der Cellulose zum größten Teil verestert. Es bildet sich Cellulosenitrat als ein Gemisch unterschiedlich langer Ketten, die verschieden hoch nitriert sind.

$$\{-\underline{O}-H + HNO_3 \longrightarrow \{-\underline{O}-NO_2 + H_2O$$

Hochnitrierte Cellulose mit einem Stickstoffgehalt von 12,5 bis 13,4 Molmassenprozent besteht überwiegend aus Trinitraten. Man bezeichnet sie als **Nitrocellulose** oder Schießbaumwolle. Sie brennt an der Luft blitzartig ohne Rauchentwicklung harmlos ab, explodiert aber sehr heftig in gepreßter Form schon durch Schlag. Als Treibmittel für Geschosse ist sie daher ungeeignet. Die rückstandslose Zersetzung beruht darauf, daß nur gasförmige Produkte entstehen: N_2, H_2, H_2O, CO und CO_2.

Nitrocellulose löst sich in Aceton, Butyl- und Amylacetat. Beim Befeuchten mit einem Ethanol-Ether-Gemisch (1:2) quillt sie nur auf und gelatiniert. Die gelatinierte Nitrocellulose dient zur Herstellung von Nitrolacken; gekörnt wird sie als rauchschwaches Schießpulver verwendet.

Die *niedriger nitrierte* **Kollodiumwolle** ist ein Gemisch von Mono- und Dinitraten mit einem Stickstoffgehalt von 10 bis 11%. Sie ist in einem Ethanol-Ether-Gemisch löslich und hat in dieser Form ein breites Anwendungsfeld: als Wundverschluß, bei dem nach Verdunsten des Lösungsmittels ein durchsichtiger, fester Film auf der Wunde zurückbleibt; als durchsichtiger Schutzüberzug für Papier und Pappe; für die Lackfabrikation (Zaponlacke); als Grundsubstanz für Klebstoffe und Bindemittel.

Weiterhin dient Kollodiumwolle als Ausgangsmaterial für die Herstellung von **Celluloid,** dem geschichtlich ersten „Kunststoff". Es entsteht beim Durchkneten von

---

1 In der Praxis verwendet man ein Gemisch von 1 Teil konzentrierter Salpetersäure und 2 bis 3 Teilen konzentrierter Schwefelsäure.

Kollodiumwolle mit alkoholischer Campherlösung, wobei Campher[1] als Weichmacher dient. Das elastische, hornartige Celluloid hat thermoplastische Eigenschaften und wurde früher ungefärbt in bedeutenden Mengen zu Kinofilmen verarbeitet. Gefärbt dient es z. B. zur Herstellung von Kämmen, Knöpfen und als Ersatz für Elfenbein. Ein bedeutender Nachteil des Celluloids ist seine leichte Entflammbarkeit.

Als weiteres *Derivat* der Cellulose hat das **Acetat-Reyon** (Acetatseide) große Bedeutung erlangt. Bei der Behandlung mit Essigsäureanhydrid und wenig Schwefelsäure als Katalysator erfolgt Acetylierung der Cellulose in das Triacetat. Dieses ist relativ schwerlöslich und wird durch Zugabe einer berechneten Menge Wasser partiell hydrolisiert, so daß auf eine Glucoseeinheit durchschnittlich 2,5 Acetylgruppen entfallen. Dieses **Cellit** genannte Produkt ist im Gegensatz zum Triacetat acetonlöslich und kann im *Trockenspinnverfahren,* bei dem man das Lösungsmittel verdunsten läßt, leicht zu schwer entflammbaren Fasern (Acetat-Reyon) und Folien (Acella) verarbeitet werden. Acetat-Reyon ist weniger hygroskopisch und besitzt größere Naßfestigkeit als die regenerierten Fasern. Durch Weichmacher, meist Phthalsäureester, erhält man Produkte, die heute anstelle des feuergefährlichen Celluloids als Filmunterlage Verwendung finden.

7.2 Regenerate der Cellulose

Eine strukturelle Umformung der Cellulose ist nur über den gelösten Zustand möglich.

Man hat deshalb Verfahren erarbeitet, die die schwerlösliche Cellulose in leichter lösliche Derivate überführen, aus denen sie sich durch einfache chemische Prozesse zurückgewinnen läßt. Fällt die Cellulose dabei in nahezu chemisch reiner Form an, so spricht man von **Regenerat-Cellulose.** Durch den Spinnprozeß werden die ungeordneten Makromoleküle parallel orientiert, wodurch Endlosfäden oder -folien entstehen. Diese von der nativen Struktur abweichende Kristallform nennt man auch „Hydratcellulose".

Celluloselösungen werden in der Reyonfabrikation vorwiegend nach zwei Verfahren hergestellt:

1. Beim **Viskoseverfahren** entsteht durch Behandeln der Cellulose mit Natronlauge die Natroncellulose[2], die mit Schwefelkohlenstoff zur Reaktion gebracht wird. Bei dieser Sulfidierung oder Xanthogenierung entsteht Cellulosexanthogenat, das als *Viskose* bezeichnet wird.

$$\left\{-\bar{O}-H\ +\ CS_2\ +\ NaOH\ \longrightarrow\ \left\{-\bar{O}-\underset{\underset{\bar{S}I}{\|}}{C}-\bar{S}I^{\ominus}Na^{\oplus}\ +\ H_2O\right.\right.$$

In der Praxis genügt die Einführung einer Xanthogenatgruppe auf zwei Glucoseeinheiten, um eine vollständige Lösung der Cellulose in Natronlauge zu bewirken.

1

2 In Natronlauge ist die Quellung der Cellulose besonders stark und führt zur Einlagerung von Natriumhydroxid in die Kristallite. Chemisch stellt die Natroncellulose vermutlich ein hydrathaltiges Cellulosealkoholat dar.

Das Fällbad enthält Schwefelsäure. Die Viskose wird in ihm unter Ausscheidung von Schwefelkohlenstoff und Natriumsulfat zu annähernd reiner Cellulose regeneriert.

$$\left\{-\bar{O}-\underset{\underset{|\underline{S}|}{\overset{\|}{C}}}{C}-\bar{\underline{S}}|^{\ominus}Na^{\oplus}\right. \xrightarrow{(H^{\oplus})} \left\{-\bar{O}-H + CS_2 + Na^{\oplus}\right.$$

Man stellt hieraus mit feinen Spinndüsen, die den Faden in das Fällbad leiten, **Viskose-Reyon** (Viskoseseide) her. Auch Folien lassen sich auf ähnliche Weise darstellen. Behandelt man sie mit Glycerin als Weichmacher, so erhält man das **Cellophan.**

Zerschneidet man den unendlichen Viskose-Faden in kurze Fasern, die dann zu Garnen versponnen werden, so erhält man **Zellwolle.** Oft wird die Zellwolle mit natürlichen oder vollsynthetischen Fasern zu Mischgarnen verarbeitet.

2. Das **Kupferverfahren** beruht auf der Löslichkeit von Cellulose in Schweizers Reagenz, dem Tetramminkupfer(II)-hydroxid $[Cu(NH_3)_4](OH)_2$. Dabei entsteht eine zähe, dunkelblaue Flüssigkeit, die durch Spinndüsen in fließendes Wasser gepreßt wird.

$$\begin{array}{c} \diagdown_{O}\diagdown \quad \diagup^{NH_3} \\ \qquad Cu \\ -O\diagup \quad \diagdown_{NH_3} \end{array}$$

Da das Wasser sich dabei schneller bewegt als der Faden, findet eine starke Streckung des Fadens statt *(Streckspinnverfahren).* Schließlich kommen die Fäden in ein Härtebad aus 5 bis 10%iger Schwefelsäure, wobei sich die Kupferoxidammoniakreste ausscheiden. Auf diese Weise stellt man **Kupfer-Reyon** (Glanzstoff) her.

7.3   Versuche

1 Darstellung von Nitrocellulose

Chemikalien: Watte; H_2SO_4 konz.; HNO_3 konz.
Geräte: Porzellanschale; Glasstab; Filterpapier; Holzspan; schwerschmelzbares Rg mit Korkstopfen; Fön
Durchführung: In einer Porzellanschale wird etwas Watte mit einem Glasstab in etwa 15 ml Nitriersäure bewegt. Für die Herstellung der Nitriersäure werden 2 Teile konzentrierte Schwefelsäure und 1 Teil konzentrierte Salpetersäure **vorsichtig** zusammengegossen. Die Nitriersäure läßt man vor der Behandlung der Watte unbedingt abkühlen, da sonst Verkohlung der Watte eintreten kann. Nach etwa 5 Minuten entnimmt man die Watte mit dem Glasstab der Porzellanschale, wäscht sie unter fließendem Wasser aus, trocknet sie durch Pressen zwischen Filterpapier, zerzupft sie und vollendet das Trocknen durch vorsichtiges Erwärmen kleiner Portionen im nicht zu heißen Teil des Luftstroms eines Föns. Die getrocknete Nitrocellulose wird auf Filterpapier gelegt und mit einem Holzspan entzündet.
Ein Stückchen der Nitrocellulose gibt man auf den Boden eines schwerschmelzbaren Rg. Dieses wird mit einem Korkstopfen locker verschlossen, an einem Stativ eingespannt und am Boden erhitzt **(Vorsicht! Schutzbrille!).**

V 2 Lösung von Cellulose in Schweizers Reagenz

Chemikalien: Watte; $CuSO_4$; NH_3-Lsg.; NaOH-Plätzchen; verd. H_2SO_4

Geräte: Erlenmeyerkolben (100 ml); Becherglas (100 ml); Glasstab

Durchführung: Im Erlenmeyerkolben werden 10 Spatelspitzen Kupfersulfat mit ungefähr 20 ml verdünnter NH_3-Lösung unter Rühren aufgelöst.
Man gibt einen etwa haselnußgroßen Knäuel Watte hinzu und versetzt
die Lösung unter fortgesetztem Rühren nacheinander mit bis zu 8 Na-
triumhydroxid-Plätzchen, bis die Watte verschmiert und sich löst.
Anschließend läßt man die Lösung tropfenweise in ein Becherglas zu
etwa 30 ml verdünnter Schwefelsäure tropfen. Die entstehenden Flok-
ken verlieren bei leichtem Schütteln ihre blaue Farbe.

V 3 Darstellung von Viskose-Kunstseide

Chemikalien: Watte; halbkonz. NaOH-Lsg.; 1 M-NaOH-Lsg.; konz. H_2SO_4; $NaHSO_4$;
CS_2

Geräte: Becherglas (100 ml); Becherglas (600 ml); Erlenmeyerkolben (200 ml);
Saugflasche mit Nutsche und Filterpapier; Thermometer; 2 Meßzylinder (je 50 ml); Meßzylinder (20 ml); Kolbenprober; Tropftrichter; ge-
winkeltes Glasrohr mit fein ausgezogener Spitze; große Porzellanschale; Glasstab

Durchführung: Etwa 3 g Watte werden im 100 ml-Becherglas mit rund 50 ml halbkon-
zentrierter Natronlauge einige Minuten lang mit dem Glasstab durch-
geknetet. Man nutscht ab, übergießt die Watte in demselben Becher-

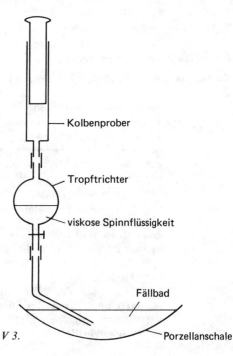

Abb. 7/1. Versuchsaufbau zu V 3.

Kolbenprober

Tropftrichter

viskose Spinnflüssigkeit

Fällbad

Porzellanschale

glas mit etwa 20 ml Schwefelkohlenstoff (Abzug!) und läßt 10 Minuten unter gelegentlichem Umrühren bei 30°C im Wasserbad stehen. Nach Abgießen des Schwefelkohlenstoffs gibt man 30 ml 1 M-NaOH-Lösung zu und erwärmt im Wasserbad unter Rühren auf 50°C bis zum Entstehen einer viskosen Flüssigkeit. Diese gibt man in den Tropftrichter und baut nebenstehende Spinnapparatur zusammen.

Unter gleichmäßigem Druck wird die Spinnflüssigkeit in das Fällbad gegeben, das aus 200 ml Wasser, 12 ml konzentrierter Schwefelsäure und 4 g Natriumhydrogensulfat besteht.

Der sich bildende Viskose-Kunstseidefaden kann auf einem Glasstab aufgewickelt werden.

V 4 Darstellung von Acetatseide

Chemikalien: Eisessig; Essigsäureanhydrid; konz. H_2SO_4; Filterpapier

Geräte: Erlenmeyerkolben (200 ml); Becherglas (600 ml); Becherglas (1000 ml); Meßzylinder (25 ml); Porzellannutsche mit Saugflasche und Filterpapier

Durchführung: 2 große Filterpapiere ($\emptyset$ ca. 15 cm) werden kleingeschnitzelt und im Erlenmeyerkolben mit je 15 ml Eisessig und Essigsäureanhydrid übergossen. Nach Zutropfen von 10 Tropfen konzentrierter Schwefelsäure als Katalysator wird das Gemisch im siedenden Wasserbad 10 Minuten lang erwärmt, bis sich das Papier gelöst hat. Die entstandene bräunlich-trübe Flüssigkeit gießt man langsam in ein großes Becherglas zu kaltem Wasser. Es fällt Cellulosetriacetat in weißen Flocken aus, die abgenutscht, mit Wasser zweimal gewaschen und im Trockenschrank bei etwa 80°C einen Tag lang getrocknet werden können.

7.4 Aufgaben

LK A 1 Stellen Sie den Reaktionsmechanismus zur Bildung des Nitronium-Ions in der Nitriersäure dar (s. Bd. 1, Kap. 8.1.3)!
Nach welchem Mechanismus verläuft die Nitrierung?

LK A 2 Berechnen Sie den Stickstoffgehalt in der theoretisch vollständig nitrierten Nitrocellulose in relativen Molmassenprozenten!

A 3 Geben Sie die Reaktionsgleichung für die Zersetzung der Nitrocellulose an! Gehen Sie aus von einem Monomeren mit der Summenformel $C_6H_7O(ONO_2)O$!

A 4 In welchem Lösungsmittelgemisch ist Kollodiumwolle löslich, Nitrocellulose dagegen nicht?

A 5 Durch welches Baumerkmal unterscheidet sich Celluloid vom Cellophan?

A 6 Stellen Sie einen Formelausschnitt aus dem Cellit dar!

8   Energie- und Stoffumsatz in lebenden Systemen

8.1   Enzyme

8.1.1 Bedeutung der Enzyme

Die chemischen Vorgänge im tierischen und pflanzlichen Organismus gehören zum Gebiet der Biochemie. „Leben" ist verbunden mit ständiger Stoffaufnahme und -umwandlung. Für die dabei ablaufenden Reaktionen gelten im Prinzip die gleichen Gesetzmäßigkeiten wie in der anorganischen und organischen Chemie.

Können zwei Stoffe A und B miteinander zu den Produkten C und D reagieren, so findet in geschlossenen Systemen die Reaktion solange statt, bis sich ein thermodynamischer Gleichgewichtszustand einstellt. In diesem bleiben die Stoffkonzentrationen zeitlich konstant. Die Stoffkonzentrationen im **Gleichgewichtszustand** (Gl) müssen dann das Massenwirkungsgesetz erfüllen, d. h. für

$$aA + bB \rightleftharpoons cC + dD$$

gilt:

$$\frac{[C]_{Gl}^c \cdot [D]_{Gl}^d}{[A]_{Gl}^a \cdot [B]_{Gl}^b} = K$$

Während der Reaktion nimmt die *freie Enthalpie* ($G = H - T \cdot S$) solange ab, bis sie im *thermodynamischen Gleichgewichtszustand* ein *Minimum* erreicht hat. Trägt man die freie Enthalpie des Systems gegen den Reaktionsstand (Reaktionsfortschritt) λ auf, so erhält man folgenden Graphen:

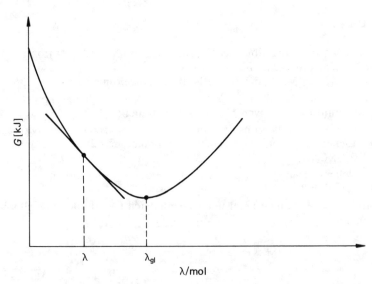

Abb. 8/1. Freie Enthalpie eines geschlossenen Systems in Abhängigkeit vom Reaktionsstand.

Solange die Tangentensteigung des Graphen zu $\lambda \rightarrow G$ negativ ist, läuft die Reaktion in der gewünschten Richtung, d. h. von links nach rechts ab. Je negativer diese Steigung ist, desto größer ist das Bestreben der Reaktion, in dieser Richtung fortzuschreiten. Somit ist die Tangentensteigung, die mathematisch die erste Ableitung $G' = \left(\dfrac{\partial G}{\partial \lambda} \right)_{p,T}$ der Funktion $\lambda \rightarrow G$ darstellt, ein Maß für die „momentane Triebkraft" der chemischen Reaktion, in einer bestimmten Richtung fortzuschreiten. Physikalisch bedeutet G' die maximale Nutzarbeit, bezogen auf 1 mol elementarer Formelumsätze $\left(|G'| = \dfrac{|W_{max}|}{\lambda} \right)$, die ein chemisches System bei den momentanen Konzentrationsverhältnissen verrichten kann.

Im Gleichgewicht ist die freie Enthalpie minimal, d. h. $G' = 0$. Wird die Tangentensteigung G' positiv, so läuft die Reaktion in der umgekehrten Richtung ab. Die momentane Triebkraft G' einer chemischen Reaktion hängt vom momentanen Reaktionsstand λ und damit von den momentanen Konzentrationsverhältnissen im System ab. Eine mathematische Analyse zeigt, daß für die Reaktion

$$aA + bB \longrightarrow cC + dD$$
$$G' = \Delta G^0 + R \cdot T \cdot \ln \frac{[C]^c \cdot [D]^d}{[A]^a \cdot [B]^b}$$

ist, wobei [A], [B] usw. die momentanen Stoffkonzentrationen darstellen. ΔG^0 ist die freie Reaktionsenthalpie im **Standardzustand** (Konzentration: 1 mol/l, $\lambda = 1$ Mol, pH $= 7$, $T = 298,15$ K) und kann nach der Gleichung $\Delta G^0 = \Delta H^0 - T \cdot \Delta S^0$ berechnet werden.

Im thermodynamischen Gleichgewicht ergibt sich wegen $G' = 0$ aus der obigen Gleichung folgende Beziehung:

$$\Delta G^0 = -R \cdot T \cdot \ln K$$

Zu beachten ist, daß zwar $\Delta G^0 > 0$ für $K < 1$ gilt. Dies besagt aber *nicht,* daß gar keine Prozesse ablaufen können. Solange sich das System nicht im Standardzustand befindet, können es die momentanen Konzentrationen zulassen, daß $G' < 0$ ist.

Charakteristisch für lebende Systeme ist nun gerade, daß die biochemischen Reaktionen zwar auf den thermodynamischen Gleichgewichtszustand hin tendieren (d. h. in Richtung abnehmender freier Enthalpie ablaufen), *ohne ihn aber jemals zu erreichen.* Dadurch wird die Arbeitsfähigkeit lebender Systeme aufrechterhalten, da Systeme, in denen makroskopisch keine Prozesse mehr ablaufen, nicht arbeitsfähig sind ($G' = 0 \rightarrow W_{max} = 0$). Biologische Systeme erreichen dies, indem sie als *offene* Systeme mit der Umgebung Energie und *Materie* austauschen. Sie tauschen mit der Umgebung derart Stoffe aus, daß die Stoffkonzentrationen innerhalb des biologischen Systems konstant bleiben, aber *nicht* mit denen des thermodynamischen Gleichgewichts im geschlossenen System übereinstimmen. Diesen Zustand bezeichnet man als **Fließgleichgewicht** (engl.: steady state). Im Fließgleichgewicht stellen sich die Konzentrationen des offenen Systems so ein, daß $G' < 0$ ist, und somit innerhalb des biologischen Systems ständig lebenswichtige biochemische Prozesse in einer Richtung ablaufen. In diesem Fall ist $|G'|$ gerade gleich der maximalen Nutzarbeit bei einem Stoffumsatz von 1 mol elementarer Formelumsätze.

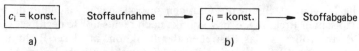

Abb. 8/2. *Vergleich zwischen a) Gleichgewicht im geschlossenen System und* *b) Fließgleichgewicht im offenen System.*

Ist ΔG^0 negativ, sollte eine chemische Reaktion freiwillig (exergonisch) bis zur Gleichgewichtseinstellung ablaufen. Daß viele metastabile Stoffe bei Zimmertemperatur nicht spontan reagieren, ist auf die hohe Aktivierungsenergie zurückzuführen. Erst wenn die Moleküle durch Wärmezufuhr in einen energiereichen Übergangszustand gelangen, kann ein chemischer Umsatz eintreten. Da jedoch im Organismus die Reaktionstemperatur in engen Schranken vorgegeben ist, muß er mit Hilfe von Biokatalysatoren, sogenannten Enzymen, die Aktivierungsenergie herabsetzen:

Enzyme sind Proteine mit katalytischen Eigenschaften, die auf ihrer Fähigkeit zur spezifischen Aktivierung beruhen.

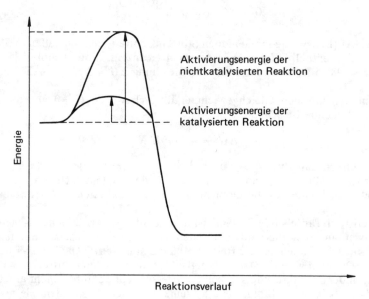

Abb. 8/3. *Energiediagramm einer nichtkatalysierten und katalysierten Reaktion.*

Der von einem Enzym umgesetzte Stoff heißt **Substrat (S).** Das Enzym lagert an einer bestimmten Stelle, dem „aktiven Zentrum", das Substrat an und bildet einen **Enzym-Substrat-Komplex (ES).** Dieser Komplex hat einen energieärmeren Übergangszustand als das freie Substrat, so daß die Reaktion zum Produkt (P) erleichtert wird:

$$E + S \rightleftharpoons ES; \qquad ES \rightleftharpoons E + P$$

176

Durch die Mitwirkung der Enzyme wird die Ansteuerung des Gleichgewichtes beschleunigt, ohne daß die Gleichgewichtskonstante verändert wird.
Im Unterschied zu den aus der unbelebten Chemie bekannten Katalysatoren sind die Enzyme **substratspezifisch** und **wirkungsspezifisch,** d. h. sie setzen nur für ein spezielles Substrat und für eine ganz bestimmte chemische Reaktion von mehreren möglichen Reaktionen die Aktivierungsenergie herab.

8.1.2 Energetische Kopplung

Eine endergonische Reaktion ($\Delta G > 0$) kann nur dann ablaufen, wenn sie mit einer exergonischen Reaktion gekoppelt ist, die so stark exergonisch ist, daß die Summe beider ΔG gleich Null oder negativ ist. Zwischen endergonischer und exergonischer Reaktion spielt als Vermittler das ATP/ADP-System eine besondere Rolle[1].

Bei pH = 7 liegen die Moleküle als hochgeladene Anionen $ATP^{4\ominus}$ bzw. $ATP^{3\ominus}$ und $ADP^{3\ominus}$ vor[2].
Das Symbol der wellenförmigen Linie ~ kennzeichnet eine „energiereiche Bindung". In der Biochemie sind damit Bindungen (häufig Ester- oder Säureanhydridbindungen) gemeint, bei deren hydrolytischer Spaltung Energie von mehr als 25 kJ/mol frei wird. Die Hydrolyse des ATP liefert im Standardzustand ca. 30 kJ/mol:

$$ATP^{4\ominus} + H_2O \rightleftharpoons ADP^{3\ominus} + HPO_4^{2\ominus} + H^{\oplus} \qquad \Delta G^0 = -30{,}6 \text{ kJ/mol}$$

Je negativer ΔG^0 für die Hydrolyse der phosphorylierten Verbindung ist, desto größer ist auch ihre Fähigkeit, die Phosphorylgruppe[3] auf andere Moleküle zu übertragen.

---

1 ATP wurde 1929 aus sauren Muskelextrakten isoliert. Um 1940 erkannte man die generelle Bedeutung des ATP als Energiespeicher und -überträger.
2 In der Zelle bilden diese Anionen mit $Mg^{2\oplus}$-Ionen Komplexe.
3 Die Phosphorylgruppe $P{=}O$ wird häufig durch das Symbol Ⓟ abgekürzt.

Tabelle 8/1. Hydrolyseenergien einiger phosphorylierter Verbindungen

Verbindung	$\dfrac{\Delta G^0}{\text{kJ/mol}}$
Phosphoenolpyruvat	$-62{,}0$
1,3-Diphosphoglycerat	$-49{,}4$
Acetylphosphat	$-42{,}3$
ATP	$\mathbf{-30{,}6}$
Glukose-1-phosphat	$-20{,}9$
Glukose-6-phosphat	$-13{,}8$
Glycerin-1-phosphat	$-\ 9{,}2$

Nach dem Prinzip der „energetischen Kopplung" übernimmt ADP von einer energiereichen Phosphatverbindung die Phosphorylgruppe und überträgt diese als ATP auf ein zweites Molekül:

$$B \sim \text{\textcircled{P}} + ADP \longrightarrow B + ATP$$
$$ATP + C \longrightarrow C\text{—}\text{\textcircled{P}} + ADP$$

Das Molekül C wird durch diese Phosphorylierung aktiviert und kann enzymatisch umgesetzt werden. So muß z. B. das Atmungssubstrat Glukose zunächst in den reaktionsbereiten Glukose-6-Phosphat-Ester überführt werden. Diese endergonische Phosphorylierung verläuft unter gleichzeitiger ATP-Spaltung. Die Resynthese des ATP aus ADP erfolgt z. B. bei der Umwandlung von Phosphoenolpyruvat zu Pyruvat. Isoliert voneinander laufen also folgende Reaktionen ab:

a)

CH$_2$OH ... Glukose $+ HPO_4^{2\ominus} \longrightarrow$ CH$_2$–O–PO$_3^{2\ominus}$ ... Glukose–6–Phosphat $+ H_2O$ $\Delta G^0 = +13{,}8$ kJ/mol

b) $ATP^{4\ominus} + H_2O \longrightarrow ADP^{3\ominus} + HPO_4^{2\ominus} + H^{\oplus}$ $\Delta G^0 = -30{,}6$ kJ/mol

c) $ADP^{3\ominus} + H^{\oplus} + HPO_4^{2\ominus} \longrightarrow ATP^{4\ominus} + H_2O$ $\Delta G^0 = +30{,}6$ kJ/mol

d)

COO$^{\ominus}$ | C–O$\sim$\textcircled{P}$^{2\ominus}$ ‖ CH$_2$ $+ H_2O \longrightarrow$ COO$^{\ominus}$ | C–OH ‖ CH$_2$ $+ HPO_4^{2\ominus}$ $\Delta G^0 = -62$ kJ/mol

Phosphoenolpyruvat   Pyruvat

178

Die *kombinierten Reaktionen* sind dann jeweils exergonisch:

a+b: Glukose-OH + ATP$^{4\ominus}$ $\longrightarrow$ Glukose-6-phosphat$^{2\ominus}$ + ADP$^{3\ominus}$ + H$^{\oplus}$

$$\Delta G^0 = -16,8 \text{ kJ/mol}$$

c+d: Phosphoenolpyruvat$^{3\ominus}$ + ADP$^{3\ominus}$ + H$^{\oplus}$ $\longrightarrow$ Pyruvat$^{\ominus}$ + ATP$^{4\ominus}$

$$\Delta G^0 = -31,4 \text{ kJ/mol}$$

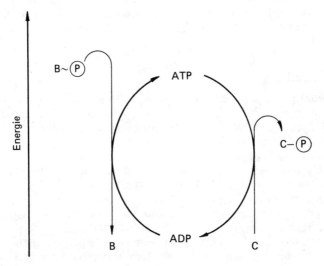

Abb. 8/4. Schema der energetischen Kopplung.

Die freie Enthalpie ΔG der ATP-Spaltung ist in der Zelle sicherlich größer als ΔG^0; je nach Zelltyp liegen die Konzentrationen an ATP bzw ADP in wäßriger Phase bei 2 bis 15 mM, die HPO$_4^{2\ominus}$-Konzentration bei 10^{-2} m. Nimmt man für ATP und ADP gleiche Konzentrationen an, wird

$$\Delta G = \Delta G^0 + R \cdot T \cdot \ln \frac{[\text{ADP}^{2\ominus}] \cdot [\text{HPO}_4^{2\ominus}]}{[\text{ATP}^{4\ominus}]}$$

$$\Delta G = -30,6 + 2,303 \cdot R \cdot T \cdot \log 10^{-2} \quad / \quad R = 8,3143 \text{ J/mol K}$$
$$T = 298 \text{ K}$$
$$\Delta G = -42 \text{ kJ/mol}$$

8.1.3 Einteilung der Enzyme

Je nach katalysierter Reaktionsart teilt man die Enzyme nach ihrer Wirkungsspezifität in folgende Gruppen ein:

Gruppe	katalysierte Reaktion
Oxidoreduktasen	Redoxreaktionen
Transferasen	Übertragung funktioneller Gruppen
Hydrolasen	Hydrolysen
Lyasen	Addition an Doppelbindung bzw. Eliminierungsreaktionen
Isomerasen	Umlagerungen innerhalb eines Moleküls
Ligasen	Ausbildung neuer Bindungen unter ATP-Spaltung

179

Die *Namen* vieler Enzyme sind nach dem Substrat mit der Endung -ase gebildet *(Maltase, Cellulase)*; häufig sind auch Trivialnamen wie Pepsin, Trypsin u. ä. im Gebrauch.

In ihrer **chemischen Zusammensetzung** können Enzyme reinen Proteincharakter haben oder zusätzlich zum Proteinanteil eine prosthetische Gruppe, z. B. ein Metallion oder ein Vitaminmolekül besitzen. Nimmt die prosthetische Gruppe am katalytischen Vorgang teil, bezeichnet man sie als **Coenzym.** Zusammen mit dem Proteinanteil (= Apoenzym) bildet das Coenzym das **Holoenzym:** Holoenzym = Apoenzym + Coenzym.

8.1.4 Enzymaktivität

Die **Wechselzahl** (= Umsatzzahl) eines Enzyms gibt an, wieviele Substratmoleküle pro Minute von einem Enzymmolekül aktiviert werden. Die Wechselzahl, die außerordentlich hohe Werte haben kann (beim Enzym Katalase beträgt sie ca. $5 \cdot 10^6$), ist ein Maß für die Enzymaktivität.

Bei der experimentellen Bestimmung der Enzymaktivität muß man eine analytische Methode wählen, mit der man möglichst exakt die Änderung der Substrat- bzw. Produktkonzentration erfassen kann; häufig wendet man das photometrische Verfahren an.

Die Enzymaktivität ist von mehreren Faktoren abhängig: der Konzentration an Substrat (und evtl. an Coenzym), dem Ionenmilieu, der Temperatur und dem pH-Wert. Im niedrigen Temperaturbereich gilt die RGT-Regel, die Reaktionsgeschwindigkeit des enzymatischen Umsatzes steigt bei einer Temperaturerhöhung um 10 °C auf das 2- bis 4fache. Bei 40 bis 50 °C setzt Denaturierung des Proteins ein; dabei verliert ein Enzym seine Katalysatoreigenschaft. Nur wenige Enzyme sind temperaturunempfindlicher und noch bei Temperaturen über 60 °C aktiv.

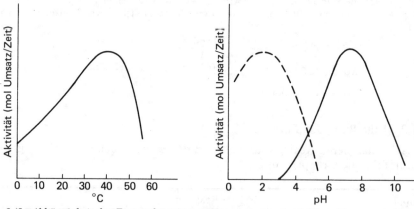

Abb. 8/5. Abhängigkeit der Enzymaktivität von Temperatur und pH-Wert.

Der pH-Wert beeinflußt den Dissoziationszustand der ionischen Gruppen, sowohl den des aktiven Zentrums des Enzyms als auch des Substrats. Davon ist die *Bindung* des Substratmoleküls an das aktive Zentrum ebenso betroffen wie die katalytisch wirkenden, funktionellen *Gruppen* des Enzyms. Optimal ist bei den meisten

Enzymen der neutrale bis schwach saure Bereich. Ein extremes pH-Optimum von 1,5 bis 2,5 weist das eiweißspaltende Pepsin auf, welches im Magen bei Anwesenheit verdünnter Salzsäure wirksam ist.

8.1.5 Mechanismus der Katalyse

Nach dem „*Schlüssel-Schloß*"-*Modell* besitzt ein Enzym im aktiven Zentrum ganz bestimmte, funktionelle Gruppen, an welche das spezifische Substrat, passend wie ein Schlüssel in das Schloß, gebunden wird. Dabei ist eine charakteristische Konformation des Enzymmoleküls von entscheidender Bedeutung.

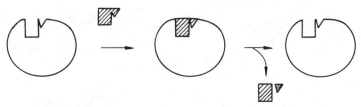

Abb. 8/6. Schema der Enzymwirkung.

Man nimmt an, daß durch die Bindung des Substratmoleküls das Enzym seine dreidimensionale Konformation ändert („induzierte Anpassung"); diese Änderung des sehr großen Proteinmoleküls kann sich auf das vergleichsweise sehr kleine, gebundene Substratmolekül auswirken, indem es gestreckt oder komprimiert und damit in einen reaktionsbereiten Zustand überführt wird. Als Beispiel sei der Katalysemechanismus des Lysozyms angeführt: das Lysozym katalysiert als Hydrolase die Spaltung des speziell in Bakterienzellwänden vorkommenden Polysaccharids Murein. Das Murein wird als Substrat in eine „Rinne" des Enzymmoleküls eingelagert, wodurch sich die Konformation des Enzyms ändert. Einer der Kohlenhydratringe wird daraufhin aus der energetisch günstigen Sesselform in eine nahezu *ebene* Form gedrängt. In diesem Zustand wird die glykosidische —C—O—C-Bindung gespalten. Dabei sind zwei im aktiven Zentrum befindliche Aminosäurereste, die Glutaminsäure und die Asparaginsäure, beteiligt. An das O-Atom der gespaltenen —C—O-Bindung lagert sich ein Proton an, welches von der —COOH-Gruppe des Glutaminsäurerestes abdissoziiert. Die positive Ladung des Carbeniumions am C_1-Atom des abgetrennten Polysaccharidstückes wird durch die negative Ladung des Asparaginsäurerestes stabilisiert. Ein Teilstück der Kohlenhydratkette kann sich nun vom aktiven Zentrum ablösen. Das $OH^\ominus$-Ion aus einem H_2O-Molekül lagert sich am Carbeniumion an, während das Proton des H_2O von der $COO^\ominus$-Gruppe des Glutaminsäurerestes aufgenommen wird.

8.1.6 Enzymkinetik

Mißt man bei sonst konstanten Bedingungen die Reaktionsgeschwindigkeit des Substratumsatzes jeweils zu Beginn einer enzymatischen Reaktion in Abhängigkeit verschiedener Substratkonzentrationen, so stellt man fest, daß die Reaktionsgeschwindigkeit zunächst zunimmt, von einer bestimmten Substratkonzentration an aber konstant bleibt: das Enzym ist mit Substrat „gesättigt". Bei hohen Konzentra-

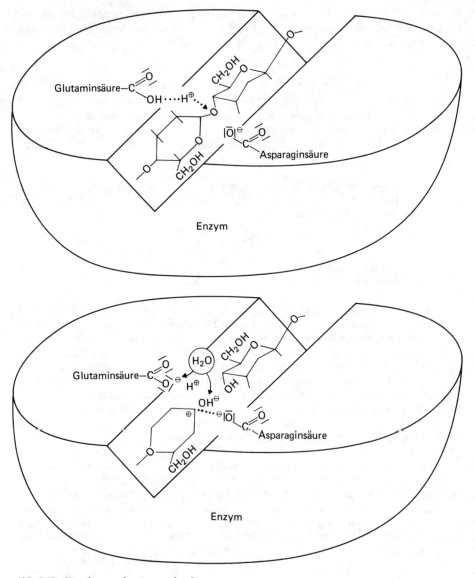

Abb. 8/7. Katalysemechanismus des Lysozyms.

tionen bindet praktisch jedes Enzymmolekül ein Substratmolekül, so daß eine weitere Erhöhung der Substratkonzentration keine weitere Steigerung der Geschwindigkeit bewirkt.

Die Substratkonzentration, bei der die Reaktionsgeschwindigkeit ihren halbmaximalen Wert erreicht hat, heißt *Michaelis-Konstante* K_M. Je größer die Michaelis-Konstante, desto geringer ist die Stabilität des Enzym-Substrat-Komplexes.

182

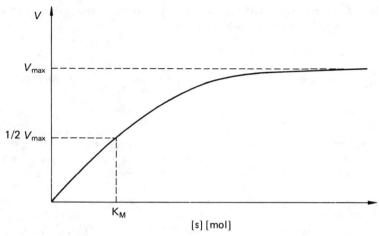

Abb. 8/8. Abhängigkeit der Reaktionsgeschwindigkeit v einer Enzymreaktion von der Substratkonzentration.

8.1.7 Enzymhemmung

Die Aktivität der Enzyme im Stoffwechsel ist durch Hemmstoffe beeinflußbar; der Stoffumsatz reguliert sich u. a. mittels der Enzymhemmung auf das erforderliche Niveau selbst ein.

• Bei der **kompetitiven Hemmung** konkurrieren echtes Substrat und der strukturell ähnliche Hemmstoff um das aktive Zentrum. Die Stärke der Hemmung richtet sich nach dem Verhältnis Substrat-Hemmstoff. Experimentell ist die kompetitive Hemmung daran zu erkennen, daß Erhöhung der Konzentration an echtem Substrat letztlich doch zur maximalen Reaktionsgeschwindigkeit des Umsatzes führt.

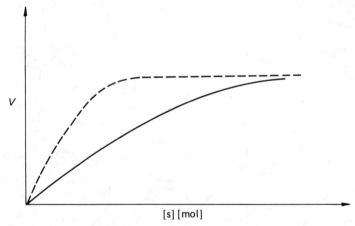

Abb. 8/9. Reaktionsgeschwindigkeit bei der kompetitiven Hemmung.

Ein Beispiel für diesen Hemmungstyp stellt die Hemmung der Succinat-Dehydrogenase durch strukturähnliche Dicarbonsäureanionen wie z. B. Malonat oder

183

Oxalat dar. Die Succinatdehydrogenase katalysiert im Citronensäurezyklus (s. S. 211) die Dehydrierung von Succinat zu Fumarat:

$$
\begin{array}{c}
COO^{\ominus} \\
| \\
CH_2 \\
| \\
CH_2 \\
| \\
COO^{\ominus}
\end{array}
+ \text{Wasserstoff–Akzeptor}
\quad
\begin{array}{c}
\text{Succinat–} \\
\text{Dehydrogenase} \\
\xrightarrow{\hspace{2cm}} \\
\text{Hemmstoff}
\end{array}
\quad
\begin{array}{c}
COO^{\ominus} \\
| \\
CH \\
\| \\
HC \\
| \\
COO^{\ominus}
\end{array}
+
\begin{array}{c}
\text{reduzierter} \\
\text{Wasserstoff–} \\
\text{Akzeptor}
\end{array}
$$

Vermutlich besitzt das Enzym im aktiven Zentrum zwei positiv geladene Gruppen, die nicht nur das Succinat, sondern auch das Malonat oder Oxalat ionisch binden können. Das Enzymmolekül ist dann (reversibel) in einem Enzym-Hemmstoff-Komplex blockiert, welcher nicht wie der Enzym-Substrat-Komplex weiterreagieren kann.

Ein physiologisch wichtiger Fall einer kompetitiven Hemmung ist die *Produkthemmung*: dabei führt eine Anhäufung des Produktes zu einer Verlangsamung der Enzymreaktion, denn das Produkt stellt das Substrat für die Rückreaktion dar.

● Von besonderer Bedeutung für den Stoffwechsel ist die **allosterische Hemmung**, die bei „Regulatorenzymen" auftritt. Solche Regulatorenzyme sind besonders große, aus mehreren Polypeptidketten zusammengesetzte Proteine mit komplizierter Reaktionskinetik. Ein Regulatorenzym wird durch einen aus dem Stoffwechsel stammenden „Effektor" in seiner Aktivität beeinflußt. Man nimmt an, daß der Effektor nicht wie ein kompetitiver Hemmstoff am aktiven Zentrum angelagert wird, sondern an einer davon entfernten Stelle des Enzymmoleküls. Die Konformation des Proteins und damit das aktive Zentrum werden durch die Bindung so verändert, daß die Einlagerung des Substratmoleküls erschwert wird oder die Katalyse langsamer erfolgt (v_{max} nimmt ab).

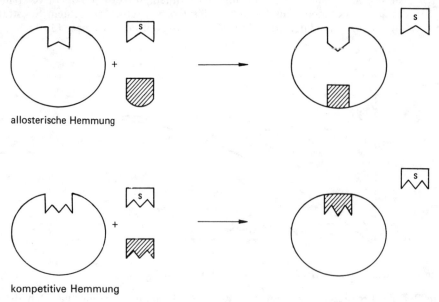

allosterische Hemmung

kompetitive Hemmung

Abb. 8/10. Schema der allosterischen und kompetitiven Hemmung.

184

So kann das *Endprodukt* einer Stoffwechselkette als Effektor auf das erste Enzym allosterisch hemmend wirken. Die Produktion des Endproduktes wird gestoppt und kommt erst wieder in Gang, wenn die Konzentration des Endproduktes absinkt, schematisch:

$$A \xrightarrow{\;E_1\;} B \xrightarrow{\;E_2\;} C \xrightarrow{\;E_3\;} D \xrightarrow{\;E_4\;} \text{Endprodukt}$$

$$(E_i = \text{Enzyme})$$

Man spricht von einer *„feedback"- oder Rückkopplungshemmung.*

Als Beispiel sei die Hemmung der L-Threonin-Desaminase durch L-Isoleucin bei der Bildung von L-Isoleucin aus L-Threonin genannt:

L—Threonin   (B—E = Zwischenprodukte)   L—Isoleucin

Bekannt ist auch das Phänomen der allosterischen Förderung: die Bindung des Substrates bzw. eines Effektors erhöht die katalytische Wirksamkeit. Ein ähnlicher Fall allosterischer Förderung ist beim Hämoglobin vorhanden. Wird ein O_2-Molekül an eine der vier Hämgruppen gebunden, so wird die Anlagerung weiterer O_2-Moleküle an die noch freien Hämgruppen beschleunigt.

8.1.8 Coenzyme

Coenzyme sind niedermolekulare Verbindungen, die teils fest, teils reversibel am Enzymprotein gebunden sind. In letzterem Fall werden sie als „Transportmetaboliten"[1] bezeichnet. So übernimmt das Coenzym ADP, angelagert an das Apoenzym Kinase, von einer energiereichen Phosphatverbindung die Phosphorylgruppe, löst sich als ATP vom Apoenzym ab und kann an anderer Stelle der Zelle, angelagert an eine zweite Kinase, die Phosphorylgruppe auf ein neues Substrat übertragen. Die Coenzyme sind also eigentlich „Cosubstrate", da sie in stöchiometrischen, nicht katalytischen Mengen reagieren.

Einteilung der Coenzyme:

a) Wasserstoffübertragende Coenzyme

    Bsp.: Nicotinamidadenin-   übertragene Gruppe: Wasserstoff
          dinucleotid ($NAD^{\oplus}$)

          Nicotinamidadenin-   übertragene Gruppe: Wasserstoff
          dinucleotidphosphat
          ($NADP^{\oplus}$)

          Flavinadenin-   übertragene Gruppe: Wasserstoff
          dinucleotid (FAD)

---

1 Metabolismus = Stoffwechsel

b) Gruppenübertragende Coenzyme

Bsp.: Adenosintri- phosphat (ATP)	übertragene Gruppe: Phosphoryl-
Pyridoxal- phosphat (PLP)	übertragene Gruppe: Amino-
Coenzym A (CoA)	übertragene Gruppe: Acyl-

c) Coenzyme der Lyasen und Isomerasen

Bsp.: Uridindiphosphat (UDP)	Reaktion: Zuckerisomerisierung
Thiaminpyrophosphat (ThPP)	Reaktion: Decarboxylierung

Als Beispiel für ein *wasserstoffübertragendes Coenzym* sei das $NAD^{\oplus}$ bzw. $NADP^{\oplus}$ angeführt:

Nicotinsäureamidribosid   Adenosin

Im $NAD^{\oplus}$ ist Nicotinsäureamid mit Ribose N-glykosidisch verknüpft zum Nicotinsäureamidribosid. Dieses ist über Diphosphorsäure mit dem Adenosin (= Adenin + Ribose) verestert.

Das $NADP^{\oplus}$ enthält im Adenosinanteil der Ribose eine weitere Phosphorsäure in Esterbindung:

Aufgrund der positiven Ladung am N-Atom des Pyridinringes kann ein Hydridion $H^{\ominus}$ angelagert werden, formal:

$$NAD^{\oplus} + 2H \rightleftharpoons NADH + H^{\oplus}$$
$$NADP^{\oplus} + 2H \rightleftharpoons NADPH + H^{\oplus}$$

Bsp. einer solchen Redoxreaktion:

$$NAD^{\oplus} \qquad\qquad NADH$$

Die aromatische Natur des Pyridinringes geht bei der Reduktion verloren. Das reduzierte NADH hat im Gegensatz zum oxidierten $NAD^{\oplus}$ ein Absorptionsmaximum im nahen UV-Bereich bei 340 nm. Dies macht man sich im „optischen Test" zunutze, um den Reaktionsverlauf einer $NAD^{\oplus}$-abhängigen Enzymreaktion zu verfolgen: man mißt spektralphotometrisch die Absorptionszunahme bei 340 nm und hat damit ein Maß für die Enzymaktivität.

Das reduzierte NADH kann seinerseits ein geeignetes Substrat durch Wasserstoffübertragung reduzieren, schematisch:

(red. = reduzierte Form, ox. = oxidierte Form des Substrates bzw. Coenzyms)

ATP als gruppenübertragendes Coenzym:
Am bekanntesten ist die Übertragung des Phosphorylrestes auf ein Substrat, wobei ADP abgespalten wird (vgl. S. 178):

187

Unter Umständen kann ATP als Coenzym auch den ⓟ ~ ⓟ-Rest übertragen, wobei AMP abgespalten wird.

Thiaminpyrophosphat als Coenzym der Lyasen:
Thiaminpyrophosphat ist ein Ester des Thiamins (= Vitamin B_1):

Thiazol
Thiamin = Vitamin B_1

Diphosphorsäure

Der aktive Teil des Moleküls ist der Thiazolring, der katalytisch bei der Decarboxylierung von α-Ketosäuren bzw. der Bildung von α-Ketoverbindungen wirksam ist.
Thiaminpyrophosphat ist z. B. das Coenzym der Pyruvat-Decarboxylase, die bei der alkoholischen Gärung die Decarboxylierung von Brenztraubensäure zu Ethanal katalysiert (s. alkoholische Gärung, Kap. 8.3.3):

Thiazolring

Brenztrauben-
säure

Hydroxyethyl-
thiaminpyro-
phosphat

Das Wasserstoffatom im Thiazolring kann als $H^{\oplus}$ abgespalten werden, wobei sich das Carbanion an das Carbonyl-C-Atom der Brenztraubensäure anlagert. Aus dieser Zwischenverbindung wird CO_2 abgespalten und es entsteht ein Hydroxyethylthiaminpyrophosphat. Das Coenzym wird letztlich unter Ablösung von Ethanal wieder frei.

8.1.9 Versuche

V 1 Proteincharakter der Enzyme

Chemikalien: Ninhydrin; konz. HNO_3; Millons Reagenz; NaOH; $CuSO_4$; Urease (oder anderes Enzym)
Durchführung: Vgl. Nachweisreaktionen der Proteine V 1 bis V 4

V 2 Katalysatorwirkung von Enzymen

Chemikalien: Hefesuspension; H_2O_2 3%ig; MnO_2 (oder PbO_2)
Geräte: Glimmspan
Durchführung: a) In einem Rg versetzt man ca. 5 ml H_2O_2 mit einer Spatelspitze MnO_2 und führt die Glimmspanprobe aus.
b) Zu 5 ml H_2O_2 werden ca. 2 ml einer wäßrigen Hefesuspension gegeben und die Glimmspanprobe durchgeführt.
c) Man wiederhole Vers. b) mit einer Hefesuspension, die zuvor ½ Minute aufgekocht und dann unter fließendem Wasser abgekühlt wurde.
Beobachtung?
Anschließend setzt man einige Tropfen frischer Hefesuspension hinzu.

V 3 Substratspezifität und Vergiftung von Enzymen

Chemikalien: Harnstoff; Thioharnstoff; Urease; Phenolphthalein; $CuSO_4$
Durchführung: a) Man löst einen Spatel Harnstoff in ca. 5 ml Wasser, fügt eine kleine Spatelspitze Urease sowie 5 Tropfen Phenolphthalein hinzu und schüttelt das Gemisch.
b) Man wiederhole den Vers. a) mit der Lösung von Thioharnstoff anstelle von Harnstoff.
c) Man setzt den Versuch wie bei Vers. a) beschrieben an und gibt vor der Zugabe der Urease einige kleine $CuSO_4$-Kristalle hinzu.

V 4 Fettspaltung durch Lipase

Chemikalien: Na_2CO_3; Phenolphthalein; Pankreatin (oder Lipase); fetthaltige Büchsenmilch
Geräte: Becherglas (400 ml); Thermometer
Durchführung: Man verdünnt ca. 5 ml Büchsenmilch mit etwa der gleichen Menge Wasser, fügt eine Spatelspitze Na_2CO_3 sowie einige Tropfen Phenolphthalein hinzu und verteilt die rosa-rotgefärbte Lösung auf zwei Rg. Eine Probe wird mit 1 Spatelspitze Pankreatin versetzt, die zweite Probe dient als Kontrolle.
Beide Rg werden einige Minuten lang im Wasserbad von 40°C erwärmt.

V 5 pH-Abhängigkeit einer Enzymreaktion

Chemikalien: Pepsin; 0,1 m HCl; 0,1 m NaOH; Universalindikatorpapier; Eiklar eines Hühnereies

Geräte: Thermometer; 2 Bechergläser (400 ml)

Durchführung: Das Eiklar eines Hühnereies wird mit Wasser auf ca. 100 ml verdünnt und die Lösung solange erhitzt, bis das Eiweiß denaturiert und weiß ausflockt.

In 4 Rg werden je 3 ml dieser Suspension gegeben.

Folgende Substanzen werden zugesetzt:

Rg 1: 3 ml HCl (0,1 m)
Rg 2: 1 Spatelspitze Pepsin und 3 ml Wasser
Rg 3: 1 Spatelspitze Pepsin und 3 ml HCl (0,1 m)
Rg 4: 1 Spatelspitze Pepsin und 3 ml NaOH (0,1 m)

Man bestimmt mit Universalindikatorpapier den pH-Wert in allen Gemischen und stellt die Rg für ca. 10 Minuten in ein Wasserbad von 40 °C.

V 6 Temperaturabhängigkeit einer Enzymreaktion

Chemikalien: Hefesuspension; H_2O_2 3%ig; Eis

Geräte: Becherglas (600 ml); Thermometer; Kolbenprober; Stoppuhr; 100 ml-Kolben mit doppelt durchbohrtem Stopfen; U-Rohr mit seitlichen Ansatzrohren und Stopfen; 2 Meßzylinder (10 ml); Gasableitungsrohr

Durchführung: Man baut die in der Skizze angegebene Versuchsanordnung auf und führt eine Meßreihe aus mehreren Einzelmessungen durch.

In den Rundkolben werden 10 ml Hefesuspension eingefüllt und nach Erreichen der gewünschten Temperatur 10 ml einer 3%igen H_2O_2-Lösung zugegeben. Der Kolben wird sofort verschlossen und das Volumen an Sauerstoff bestimmt, welches sich im Zeitraum von 60 Sekunden entwickelt.

Man beginnt die Meßreihe mit eisgekühltem Wasserbad und erwärmt das Wasserbad vor jeder Messung um ca. 10 °C.

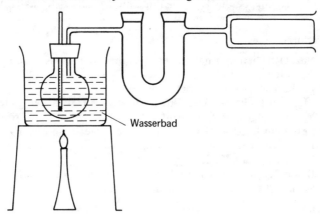

Wasserbad

Abb. 8/11. Versuchsaufbau zur Bestimmung der Temperaturabhängigkeit einer Enzymreaktion.

V 7 Abhängigkeit der Reaktionsgeschwindigkeit von der Substratkonzentration

Chemikalien: Urease; Harnstoff

Geräte: Magnetrührer; Stoppuhr; Leitfähigkeitsmesser (oder Kohleelektroden); 2-ml-Pipette; 10-ml-Meßzylinder; 100-ml-Meßzylinder; Becherglas (50 ml); 5 bis 6 Bechergläser (250 ml); Waage mit Gewichtssatz; Ampèremeter

Durchführung: Man stellt 200 ml einer 10%igen Harnstofflösung her sowie 20 ml einer 1%igen Urease„lösung". Ein Teil der Harnstofflösung wird jeweils durch Zugabe der entsprechenden Menge Wasser so verdünnt, daß je 100 ml einer 2%igen, 1%igen, 0,05%igen, 0,02%igen und 0,01%igen Lösung entstehen. In die zu messende Lösung wird der Leitfähigkeitsprüfer eingetaucht und die bei 12 V Wechselspannung vorliegende, zunächst sehr geringe Stromstärke gemessen. Nach Zugabe von 2 ml Urease„lösung" zu den verschiedenen Harnstoffkonzentrationen wird die Stromstärke alle 30 Sekunden über einen Zeitraum von 3 bis 4 Minuten abgelesen. Während der Messungen muß der jeweils geeignete Meßbereich eingestellt werden! Bestimmen Sie bei jeder Meßreihe die Änderungsgeschwindigkeit $\Delta I/\Delta t$ für das Zeitintervall 60 bis 180 s. Vergleichen und interpretieren Sie die Ergebnisse in Abhängigkeit von der Substratkonzentration.

V 8 Abhängigkeit der Reaktionsgeschwindigkeit von der Enzymkonzentration

Chemikalien: 2%ige Harnstofflösung; 1%ige Urease„lösung"

Geräte: Magnetrührer; Leitfähigkeitsmesser (oder Kohleelektroden); Ampèremeter; 3 Bechergläser (250 ml); 2-ml-Pipette; 5-ml-Pipette (graduiert); 100-ml-Meßzylinder

Durchführung: Man füllt in 3 Bechergläser jeweils 100 ml einer 2%igen Harnstofflösung. Nach Eintauchen des Leitfähigkeitsmessers in die Lösung (vgl. V 7) gibt man 2 ml einer 1%igen Urease„lösung" hinzu und mißt bei 12 V Wechselspannung über einen Zeitraum von 3 bis 4 Minuten alle 30 s die Stromstärke.
Man wiederholt die Versuchsreihe mit 3 ml bzw. 4 ml Urease„lösung".
Berechnen Sie die Änderungsgeschwindigkeit der Stromstärke $\Delta I/\Delta t$ für das Zeitintervall 60 bis 180 s.

8.1.10 Aufgaben

A 1 Von welchen Faktoren hängt die Reaktionsgeschwindigkeit einer enzymatischen Reaktion ab?

A 2 Was bedeutet in der *Biochemie* der Begriff „energiereiche Bindung"?

A 3 Formulieren Sie die Hydrolysereaktion des ATP!

A 4 ATP wird als „Drehscheibe biologischer Energie" bezeichnet; erläutern Sie diese Bezeichnung an einem Beispiel!

A 5 Wieso ist die Enzymaktivität des Enzyms Pepsin, welches bei der Eiweißverdauung im Magen wirksam ist, vom Vorhandensein des salzsauren Magensaftes abhängig?

A 6 Wie könnte man experimentell entscheiden, ob eine Enzymhemmung allosterisch oder kompetitiv ist?

A 7 Verknüpfen Sie die folgenden Stoffe sinnvoll miteinander und machen Sie dabei die Wirkungsweise des Coenzyms NAD deutlich:
NAD$^+$; Enzym 1; α-Hydroxypropansäure; Glycerinaldehyd; NADH+H$^+$; Glycerin; Enzym 2; α-Ketopropansäure.

8.2 Photosynthese

Die Photosynthese ist der wichtigste biochemische Prozeß der Erde, denn von ihrem Ablauf ist die Existenz aller Lebewesen abhängig.

Chlorophyllhaltige Pflanzen stellen aus den energiearmen und entropiereichen Stoffen Kohlendioxid und Wasser unter Ausnutzung der Lichtenergie energiereiche und entropiearme, organische Verbindungen und Sauerstoff her:

$$6\,CO_2 + 6\,H_2O \xrightarrow[\text{Chloroplast}]{h \cdot f} C_6H_{12}O_6 + 6\,O_2 \quad \Delta G^{0\prime} = +2871\ \text{kJ mol}^{-1}$$

Die *Photosyntheserate* (Reaktionsgeschwindigkeit der Photosynthese) läßt sich experimentell durch die Sauerstoffentwicklung oder die Kohlendioxidaufnahme messen. Dabei ist zu beachten, daß ein Teil des gebildeten Sauerstoffs in der Atmungsreaktion (s. Kap. 8.3) gleichzeitig verbraucht wird, so daß man meßtechnisch nur diesen Differenzbetrag erfaßt.

Die Abhängigkeit der Photosyntheserate von der Lichtintensität und Lichtqualität (spektralen Zusammensetzung) sowie der Temperatur zeigt, daß der Gesamtprozeß aus einem temperaturunabhängigen, *photochemischen* und einem temperaturabhängigen, *enzymatischen* Teilprozeß besteht.

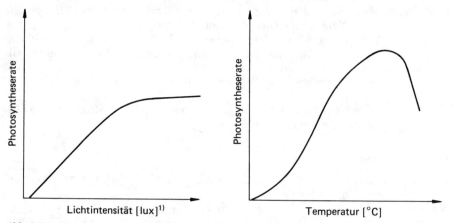

Abb. 8/12. Photosyntheserate in Abhängigkeit von Lichtintensität und Temperatur.
Man beachte die auftretende Sättigung bei hoher Lichtintensität und den für enzymatische Reaktionen typischen Kurvenverlauf.

---

1 Lux = abgeleitete SI-Einheit der Beleuchtungsstärke = 1 Lumen/Meterquadrat.

Diese Teilprozesse laufen in speziellen Organellen, den **Chloroplasten** ab. Innerhalb der Chloroplasten befindet sich eine Grundsubstanz (Stroma), die von einem Membransystem durchzogen ist, welches in Form abgeflachter Bläschen vorliegt; man bezeichnet diese Membranen als *Thylakoide*[1].

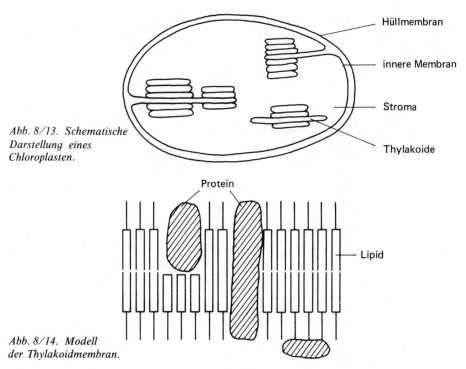

Abb. 8/13. Schematische Darstellung eines Chloroplasten.

Abb. 8/14. Modell der Thylakoidmembran.

Die Thylakoidmembran besteht aus einer bimolekularen Lipidschicht, in welche Proteinmoleküle und die Pigmente (Farbstoffe) der Photosynthese, teils *frei*, teils an Protein *gebunden*, eingelagert sind. Spezielle Proteinmoleküle sind zudem mit der Oberfläche assoziiert.

8.2.1 Pigmente der Photosynthese

Der photochemische Teilprozeß ist an die Mitwirkung von Pigmenten der grünen Blätter gebunden. Diese lassen sich mit organischen Lösungsmitteln wie Aceton oder Alkohol extrahieren. Eine so gewonnene „Rohchlorophyllösung" setzt sich aus verschiedenen Farbstoffen zusammen: dem blaugrünen Chlorophyll a, dem gelbgrünen Chlorophyll b sowie den gelben Carotinen und Xanthophyllen.
Die **Chlorophylle** enthalten 4 substituierte Pyrrolringe[2], die über Methinbrücken

---

1 ϑύλακος (griech.) = Sack.
2 Pyrrol =   Das Porphin kommt auch in anderen biologisch bedeutsamen Verbindungen vor, z. B. im Häm des Hämoglobins.

zum cyclischen Tetrapyrrol, dem Porphin verbunden sind. Zentral ist ein Magnesiumion komplex gebunden. Die Propionsäure am Pyrrolring IV ist mit dem Alkohol Phytol $C_{20}H_{39}OH$ verestert. Chlorophyll b unterscheidet sich von Chlorophyll a lediglich durch die Alkanalgruppe anstelle der Methylgruppe am Pyrrolring II.

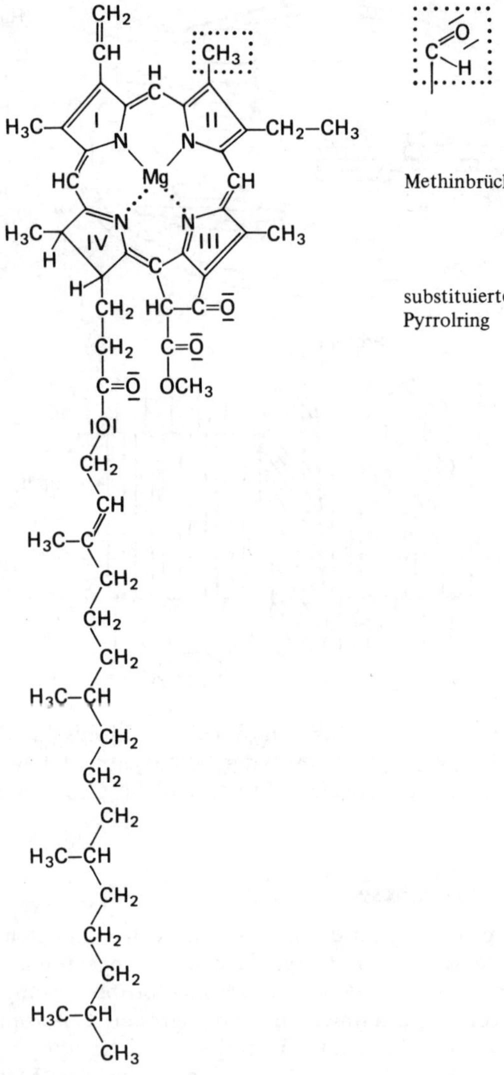

Chlorophyll b

Methinbrücke

substituierter
Pyrrolring

Chlorophyll a

Das Absorptionsspektrum (= Elektronenanregungsspektrum, vgl. Kap. 3.2) des Chlorophyll a weist zwei Maxima auf, eines im blauen Bereich ($\lambda_{max} = 430$ nm) und eines im roten Bereich ($\lambda_{max} = 660$ nm). Beim gelbgrünen Chlorophyll b sind beide Maxima zum Grünbereich hin verschoben.

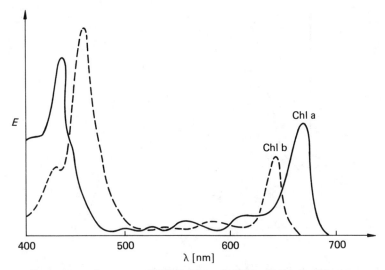

Abb. 8/15. *Absorptionsspektren von Chlorophyll a und Chlorophyll b (in Ether).*

In der *strukturellen Bindung* der Pigmente im Chloroplasten liegen die Absorptionsmaxima im längerwelligen Bereich (vgl. Abb. 8/17); Absorptionsspektren „in vivo" unterscheiden sich daher von denen „in vitro", d. h. außerhalb des lebenden Systems. Bei extrahierten Pigmenten hängt die absolute Lage der Maxima zudem vom Lösungsmittel ab.

Zu den gelb bis rot gefärbten **Carotinoiden** zählt man die **Carotine** und ihre sauerstoffhaltigen Derivate, die **Xanthophylle.** Bei diesen Farbstoffen handelt es sich um Isoprenabkömmlinge mit 40 C-Atomen.

Beispiel eines Carotins: β-Carotin

Beispiel eines Xanthophylls: Lutein (3,3'-Dihydroxy-α-Carotin)

Die Absorptionsmaxima der Carotinoide liegen im kurzwelligen Bereich zwischen 400 und 500 nm.

195

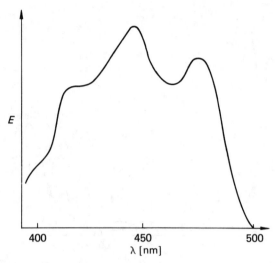

Abb. 8/16. Absorptionsspektrum des Lutein (in Ethanol).

Außer den hier genannten Pigmenten kommen in Bakterien und Algen zum Teil andere bzw. zusätzliche Farbstoffe vor, die ihnen die Lichtabsorption anderer Wellenlängenbereiche ermöglichen.

Hinweise darauf, welches Pigment photochemisch aktiv ist, gibt ein *Wirkungsspektrum* („Aktionsspektrum"). Dabei bestrahlt man Pflanzen mit Licht verschiedener Wellenlänge bei gleicher Quantenzahl (bei der der jeweiligen Wellenlänge zugehörigen Energie) und bestimmt die jeweils resultierende Photosyntheserate. Durch Vergleich mit dem Absorptionsspektrum *in vivo* kann auf das photochemisch wirksame Pigment zurückgeschlossen werden.

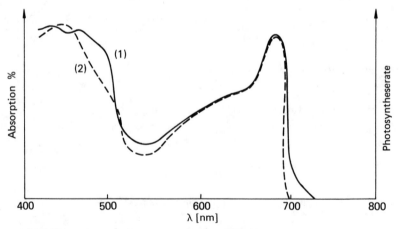

Abb. 8/17. Gesamtabsorptionsspektrum ((1) linke Ordinate) und Aktionsspektrum ((2) rechte Ordinate) einer Grünalge.

Genauere spektroskopische Untersuchungen zeigen, daß nur das Chlorophyll a, und zwar nur etwa jedes 500. Molekül, photochemisch aktiv ist. Alle anderen Chlorophyll a-Moleküle („Antennenchlorophyll" genannt) wirken, ebenso wie Chlorophyll b und die Carotinoide, als **Kollektorpigmente**: sie übertragen die absorbierte Lichtenergie auf ein zentrales, photochemisch aktives Chlorophyll a-Molekül. Das gesamte Pigmentsystem kann man sich *modellhaft* als „Sammelfalle" (trapping center) vorstellen:

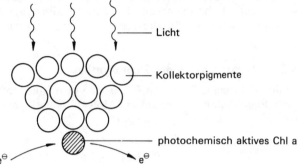

Abb. 8/18. Modell einer Sammelfalle.

Durch Absorption eines Lichtquants wird ein Chlorophyll a-Molekül aus dem Grundzustand in den angeregten Zustand überführt. Die Energie kann bei der Rückkehr in den Grundzustand in verschiedener Form freigesetzt werden: als *Wärme,* als *Fluoreszenz* oder *photochemische Arbeit.*

Die Absorption von kurzwelligem Licht (Blaulicht) führt zu einem energiereicheren, allerdings extrem kurzlebigen Anregungszustand als die Absorption von Rotlicht.

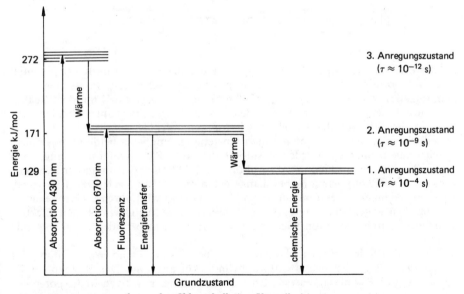

Abb. 8/19. Anregungsschema des Chlorophylls (τ = Verweilzeit).

197

Die Rotfluoreszenz des Chlorophylls geht, unabhängig von der Wellenlänge des absorbierten Lichtes, auf denselben Anregungszustand zurück. Auch die photochemische Arbeit des Chlorophylls im Reaktionszentrum ist unabhängig von der absorbierten Wellenlänge. Rotes Licht wird demzufolge energetisch besser „ausgenutzt" als blaues Licht.

Die Fluoreszenz ist nur bei extrahiertem Chlorophyll oder in vivo bei defektem Photosyntheseapparat deutlich zu erkennen. Im intakten Blatt ist die Fluoreszenz sehr gering, da im membrangebundenen Chlorophyllmolekül die photochemische Arbeit gegenüber der Fluoreszenz stark bevorzugt wird.

8.2.2 Lichtreaktion der Photosynthese

In der Lichtreaktion werden Elektronen vom Sauerstoff des Wassers über verschiedene Redoxkatalysatoren auf ein Molekül Nicotinamidadenindinucleotidphosphat $NADP^\oplus$ (s. Kap. 8.1.8) übertragen:

$$2\,H_2O \longrightarrow 2\,H^\oplus + 2\,e^\ominus + H_2O + \tfrac{1}{2}\,O_2$$
$$NADP^\oplus + 2\,H^\oplus + 2\,e^\ominus \longrightarrow NADPH + H^\oplus$$

Der Elektronentransport verläuft damit *entgegen* dem Redoxpotential der Reaktionsteilnehmer ($E^{0\prime}$ von $H_2O/\tfrac{1}{2}\,O_2 = +0{,}82$ V; $E^{0\prime}$ von $NADPH/NADP^\oplus = -0{,}32$ V) und wird nur durch die Energie der absorbierten Lichtquanten ermöglicht. In der Lichtreaktion wird *zusätzlich* der zelleigene „Energieüberträger" ATP (s. Kap. 8.1.2) gebildet.

Beide Stoffe, NADPH und ATP, sind erforderlich, um in der „Dunkelreaktion" Kohlendioxid zum Kohlenhydrat zu reduzieren:

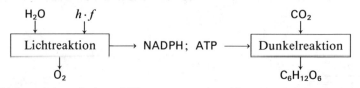

An der Lichtreaktion sind zwei Photosysteme beteiligt, die sich im Redoxpotential und im Absorptionsmaximum des Chlorophyll a unterscheiden: Photosystem I mit dem Reaktionszentrum „P_{700}" ($\lambda_{max} = 700$ nm) und Photosystem II mit dem Reaktionszentrum „P_{680}" ($\lambda_{max} = 680$ nm). Beide Reaktionszentren unterscheiden sich nicht in der Struktur des einzelnen Chlorophyllmoleküls, sondern durch unterschiedliche Wechselwirkungen mit ihrer Umgebung. Nur wenn beide Photosysteme gleichermaßen angeregt werden, resultiert die volle Photosyntheseleistung (man vergleiche den Unterschied im Absorptions- und Aktionsspektrum im langwelligen Rotlicht). Das Photosystem I gibt im angeregten Zustand an das $NADP^\oplus$ Elektronen ab. Die entstandene Elektronenlücke im Photosystem I wird durch Elektronenübertragung vom angeregten Photosystem II gefüllt. Letzteres gleicht seinen Elektronenmangel durch Oxidation von Wasser aus. Im einzelnen finden dabei folgende Reaktionen statt:

● Durch Absorption eines Lichtquants im Photosystem I und Weiterleitung der Energie zum P_{700} wird dieses Chlorophyllmolekül angeregt. Das Redoxpotential des angeregten P_{700} beträgt etwa $-0{,}6$ V. Aufgrund des negativen Redoxpotentials gibt das Molekül ein Elektron an einen Akzeptor X (vermutlich ein spezielles Ferredoxinmolekül) ab. Das reduzierte X-Molekül wird durch Reaktion mit Ferredoxin wieder oxidiert. Ferredoxin überträgt das Elektron auf ein Enzym, die Ferredoxin-NADP-Oxidoreduktase. An diesem Enzym erfolgt unter gleichzeitiger Aufnahme eines Protons die Reduktion des $NADP^\oplus$ zu NADPH.

● Gleichzeitig zu diesen Vorgängen absorbiert das Photosystem II ein Lichtquant, dadurch wird P_{680} in den angeregten Zustand überführt. Ein noch nicht identifizierter Akzeptor Q (vermutlich ein Chinon) übernimmt das Elektron. Dieses wird über eine Reihe von Redoxkatalysatoren (u. a. Plastochinon, Plastocyanin) zum oxidierten Chlorophyllmolekül P_{700} des Photosystem I weitergeleitet.

● Das Elektronendefizit des oxidierten Chlorophyll $P_{680}^\oplus$ wird von einem manganhaltigen Protein Y ausgeglichen. Terminaler Elektronendonator ist das Wasser, welchem $Y^\oplus$ ein Elektron entzieht. Bei dieser Wasserspaltung („Photolyse") entsteht neben Protonen der molekulare Sauerstoff.

Tabelle 8/2.

Redoxteilnehmer	$E^{0\prime}$ (Volt)
H_2O/O_2	$+0{,}82$
P_{680} Grundzustand	$+1{,}00$
P_{680} angeregt	$\pm 0{,}00$
Plastochinon	$+0{,}06$
Cytochrom f (Protein mit 2 Häm)	$+0{,}36$
Plastocyanin (Cu-haltiges Protein)	$+0{,}37$
P_{700} Grundzustand	$+0{,}46$
P_{700} angeregt	$-0{,}60$ (vermutlich)
Ferredoxin (Fe-haltiges Protein)	$-0{,}43$
$NADPH/NADP^\oplus$	$-0{,}32$

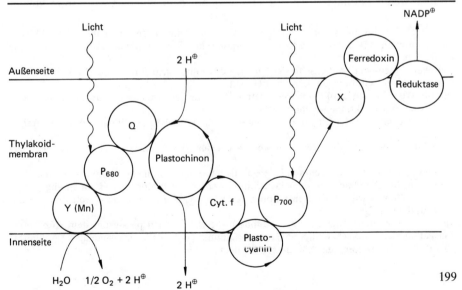

199

Abb. 8/20. Schema des Elektronentransports in der Lichtreaktion.

Neben diesem „nichtzyklischen" Weg der Elektronen vom Wasser zum NADP$^{\oplus}$ existiert ein „zyklischer" Elektronentransport. Dabei wird das Elektron nach Anregung im Photosystem I vom Akzeptor X wieder auf P$_{700}$ übertragen. Der zyklische Weg ist daher weder mit Sauerstoffentwicklung noch der NADP$^{\oplus}$-Reduktion, jedoch mit einer ATP-Synthese verbunden. Ob und in welchem Maße der zyklische Elektronentransport in vivo abläuft, ist noch umstritten.

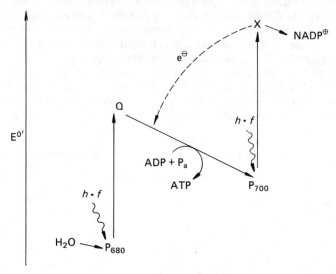

Abb. 8/21. Nichtzyklischer und zyklischer Elektronentransport in der Lichtreaktion.

Beim Elektronentransport in der Lichtreaktion wird zusätzlich Energie für die Bildung von ATP aus ADP und P$_a$ geliefert. Diese lichtabhängige ATP-Synthese wird als *Photophosphorylierung* bezeichnet. Pro Transport zweier Elektronen wird vermutlich ein Molekül ATP gebildet. Dabei ist nach neueren Vorstellungen die ATP-Bildung weder räumlich noch zeitlich direkt mit dem Elektronentransport gekoppelt.

Nach der „chemi-osmotischen" Hypothese besteht vielmehr ein Zusammenhang zwischen der endergonischen ATP-Synthese und dem exergonischen Transport von Protonen durch die Thylakoidmembran.

Zwischen Innen- und Außenseite der Thylakoidmembran tritt infolge des Elektronentransportes ein Konzentrationsgradient an H$_3$O$^{\oplus}$ auf.

Der pH-Wert der Thylakoidaußenseite beträgt ca. 8, auf der Innenseite dagegen nur etwa 5. Dafür sind drei Reaktionen verantwortlich:

1. Auf der Innenseite der Membran werden durch die Photolyse des Wassers Protonen freigesetzt.
2. Auf der Außenseite der Membran werden bei der Reduktion von NADP$^{\oplus}$ Protonen verbraucht.
3. Die Reduktion des Plastochinon ist ebenfalls mit einer Protonenaufnahme von außen verbunden; bei der Oxidation des Plastochinon werden die Protonen nach innen abgegeben.

Auf diese Weise wird ein Konzentrationsgradient an H$_3$O$^{\oplus}$-Ionen sowie ein elektrischer Ladungsgradient aufgebaut.

An besonderen Stellen der Membran wandern die H$_3$O$^{\oplus}$-Ionen passiv mit dem Konzentrationsgefälle nach außen. Bei diesem Transport kann an einem Enzymsystem als „Kopplungsfaktor" die ATP-Bildung aus ADP und P$_a$ erfolgen.

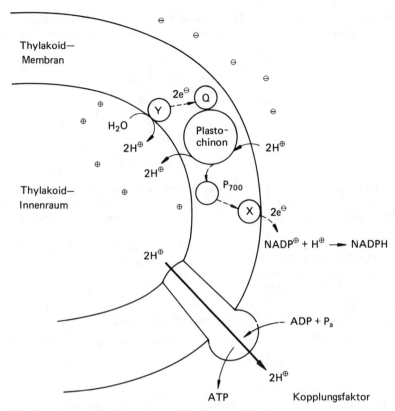

Abb. 8/22. Entstehung eines Protonen- und Ladungsgradienten.

Diese Theorie wird durch verschiedene Beobachtungen gestützt. So bildet sich z. B. ATP auch im Dunkeln, wenn künstlich ein pH-Gradient erzeugt wird. Zugabe von $NH_4^\oplus$-Ionen, die aufgrund des Gleichgewichtes $NH_3 + H_2O \rightleftharpoons NH_4^\oplus + OH^\ominus$ den Wasserstoffgradienten zusammenbrechen lassen, wirken als „Entkoppler", d. h. der Elektronentransport wird dabei nicht von ATP-Bildung begleitet.

Die Vorgänge der Lichtreaktion lassen sich in folgender *Gesamtgleichung* zusammenfassen:

$$4\,H_2O + 2\,NADP^\oplus + 2\,ADP + 2\,P_a \xrightarrow{8\,h\cdot f} 2\,(NADPH + H^\oplus) + 2\,H_2O + 2\,ATP + O_2$$

8.2.3 Dunkelreaktion der Photosynthese (CO_2-Reduktion)

Die Reduktion des Kohlendioxid zum Kohlenhydrat ist als enzymatische Reaktion lichtunabhängig und wird deshalb auch als „Dunkelreaktion" bezeichnet. Der Reaktionsablauf wurde von Calvin (1948) unter Verwendung radioaktiven ^{14}C aufgeklärt. Nach Applikation des [14]CO_2 wurden die photosynthesetreibenden Zellen abgetötet, die organischen Verbindungen extrahiert und chromatographisch identifiziert.

Das erste, radioaktiv markierte Zwischenprodukt ist die 3-Phosphoglycerinsäure. Sie entsteht durch Bindung des CO_2 an das Akzeptormolekül Ribulose-1,5-diphosphat:

$$
\begin{array}{c}
H_2C\text{-}O\text{-}\textcircled{P} \\
C=\bar{O} \\
H\text{-}C\text{-}OH \\
H\text{-}C\text{-}OH \\
H_2C\text{-}O\text{-}\textcircled{P}
\end{array}
\quad\xrightarrow[+\,H_2O]{+\,{}^*CO_2}\quad
\begin{array}{c}
H_2C\text{-}O\text{-}\textcircled{P} \\
HO\text{-}C\text{-}H \\
{}^*COOH \\[4pt]
COOH \\
H\text{-}C\text{-}OH \\
H_2C\text{-}O\text{-}\textcircled{P}
\end{array}
$$

Die Reaktion wird katalysiert durch das Enzym Ribulosediphosphat-Carboxylase, welches auf der Oberfläche der Thylakoidmembran lokalisiert ist. Auch alle weiteren enzymatischen Umsetzungen erfolgen im thylakoidfreien Raum der Chloroplasten.

3-Phosphoglycerinsäure wird durch das Reduktionsmittel NADPH zum Alkanal reduziert. Da diese Reaktion jedoch stark endergonisch ist, geht eine Aktivierung durch Phosphorylierung voraus.

Vereinfachte Reaktionsfolge:

$$
\begin{array}{c}
C\!\!\diagup\!\!{}^{O}_{OH} \\
H\text{-}C\text{-}OH \\
H_2C\text{-}O\text{-}\textcircled{P}
\end{array}
\xrightarrow[\;\;]{ATP\;\;ADP}
\begin{array}{c}
C\!\!\diagup\!\!{}^{O}_{O\sim\textcircled{P}} \\
H\text{-}C\text{-}OH \\
H_2C\text{-}O\text{-}\textcircled{P}
\end{array}
\xrightarrow[\;\;]{NADPH + H^{\oplus}\;\;NADP^{\oplus}}
\begin{array}{c}
H\diagdown C\!\!\diagup\!\!{O} \\
H\text{-}C\text{-}OH \\
H_2C\text{-}O\text{-}\textcircled{P}
\end{array}
+\;H_3PO_4
$$

Mit der Reduktion zum Glycerinaldehyd-3-phosphat ist die entscheidende, chemische Umsetzung erfolgt: es ist eine energiereiche *Triose* entstanden; Lichtenergie wurde in chemischer Energie konserviert.

Glycerinaldehyd-3-phosphat steht mit dem Isomeren Dihydroxyacetonphosphat im Gleichgewicht:

$$
\begin{array}{c}
H\diagdown C\!\!\diagup\!\!{O} \\
H\text{-}C\text{-}OH \\
H_2C\text{-}O\text{-}\textcircled{P}
\end{array}
\;\underset{\text{Isomerase}}{\overset{\text{Triosephosphat}}{\rightleftharpoons}}\;
\begin{array}{c}
H_2C\text{-}OH \\
C=\bar{O} \\
H_2C\text{-}O\text{-}\textcircled{P}
\end{array}
$$

Die beiden Moleküle lagern sich in einer Aldolreaktion zur *Hexose* zusammen:

$$
\begin{array}{c}
H\diagdown C\!\!\diagup\!\!{O} \\
H\text{-}C\text{-}OH \\
H_2C\text{-}O\text{-}\textcircled{P}
\end{array}
+
\begin{array}{c}
H_2C\text{-}OH \\
C=\bar{O} \\
H_2C\text{-}O\text{-}\textcircled{P}
\end{array}
\;\underset{\text{(Aldolase)}}{\rightleftharpoons}\;
\begin{array}{c}
\textcircled{P}\text{-}O\text{-}CH_2 \qquad CH_2\text{-}O\text{-}\textcircled{P} \\
\\
C\diagdown^{OH}_{H} \quad OH\,C=\bar{O} \\
H\;C\text{-}C \\
\quad OH\;\;H
\end{array}
$$

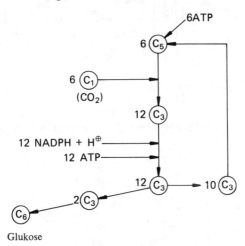

Fruktose–1,6–diphosphat

Glukose–6–phosphat

Der CO_2-Akzeptor Ribulose-1,5-diphosphat wird in einem Kreisprozeß über verschiedene Zuckerphosphate regeneriert (*„Calvinzyklus"*).
Der Reaktionsablauf der Dunkelreaktion ist im folgenden schematisch unter Angabe der C-Atome der beteiligten Zucker stark vereinfacht zusammengefaßt:

Glukose

Da der CO_2-Akzeptor mit zwei Molekülen Phosphorsäure verestert ist, ist zur Aufrechterhaltung des Zyklus die Reaktion der Pentosen mit je einem Molekül ATP erforderlich.
Die Gesamtreaktion läßt sich als Bilanz demnach formulieren als:[1]

$$6\,CO_2 + 18\,ATP + 12\,(NADPH + H^{\oplus}) + 12\,H_2O \longrightarrow C_6H_{12}O_6 + 18\,ADP + 18\,P_a + 12\,NADP^{\oplus}$$

Die Unabhängigkeit der CO_2-Reduktion von den Prozessen im Licht läßt sich anhand der **„Hillreaktion"** demonstrieren: isolierte Chloroplasten sind nämlich in der Lage, in Anwesenheit eines zellfremden Elektronenakzeptors (2,6-Dichlorphe-

---

1 Die Reaktionsgleichung ist deshalb stöchiometrisch nicht exakt, da ADP, P_a und ATP in der abgekürzten Schreibweise angegeben sind.

nolindophenol[1]) oder Kaliumhexacyanoferrat-III) Sauerstoff zu entwickeln. Werden die Chloroplasten sorgfältig isoliert, bilden sie in Gegenwart von ADP und P_a wie in der intakten Zelle ATP.

8.2.4 Quantenbedarf und energetische Ausbeute

Zur Reduktion von einem Molekül CO_2 auf die Oxidationsstufe des Kohlenhydrates $\left[H{-}\overset{|}{\underset{|}{C}}{-}OH \right]$ werden $4\,e^{\ominus}$, also 2 Moleküle NADPH + $H^{\oplus}$ sowie 2 Moleküle ATP benötigt. Ein weiteres Molekül ATP ist erforderlich, um den Calvinzyklus in Gang zu halten. Demnach müssen vier Elektronen über zwei Lichtreaktionen durch acht Lichtquanten angeregt werden. Bei Annahme eines zyklischen Elektronentransportes würden zwei weitere Lichtquanten zur Bildung des dritten ATP-Moleküls ausreichen.

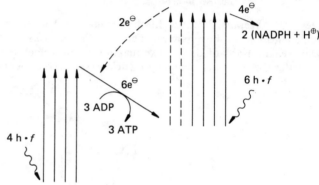

Abb. 8/23. Quantenbedarf der Photosynthese.

Die Energie eines Lichtquants der Wellenlänge $\lambda = 680$ nm ist gleich

$$E = h \cdot f = \frac{h \cdot c}{\lambda} = \frac{6{,}625 \cdot 10^{-34} \cdot 3 \cdot 10^{10}}{6{,}8 \cdot 10^{-5}} \; J$$

$$E_{680\,nm} = 2{,}92 \cdot 10^{-19} \; J$$

Bezogen auf ein Molquant ($=$ „1 Einstein"):

$$E_{680\,nm} = 2{,}92 \cdot 10^{-19} \cdot 6{,}023 \cdot 10^{23} \; J$$

$$E_{680\,nm} = 176 \; kJ$$

Zehn Molquanten des Rotlichts enthalten also die Energie 1760 kJ. Da $\frac{1}{6}$ Mol Glukose einen Energieinhalt von ca. 480 kJ besitzt, beträgt die photochemische Ausbeute $\dfrac{480 \cdot 100}{1760} = 27\%$.

1

2,6–Dichlorphenolindophenol
oxidiert, blau

reduziert, farblos

204

8.2.5 Versuche

V 1 Stärkenachweis in Laubblättern

Chemikalien: Methanol; Iod-Iodkalium; grünes Laubblatt
Geräte: Heizplatte; Petrischale; 2 Bechergläser (300 ml)
Durchführung: Ein grünes Laubblatt wird im Becherglas kurz in kochendes Wasser gelegt und anschließend in Methanol auf der Heizplatte erhitzt, bis das Blatt nahezu farblos ist. Daraufhin legt man das Blatt nochmals kurz in kochendes Wasser, gibt es dann in eine Petrischale und übergießt es mit einigen ml Iod-Iodkalium-Lösung.

V 2 Nachweis der Sauerstoffentwicklung

Chemikalien: Indigokarmin; $Na_2S_2O_4$ (Natriumdithionit); $KHCO_3$; Wasserpflanze (z. B. Elodea)
Geräte: Erlenmeyerkolben (300 ml) mit Stopfen; Becherglas (100 ml); Diaprojektor
Durchführung: Eine kleine Spatelspitze Indigokarmin wird im Erlenmeyerkolben in ca. 200 ml Wasser gelöst und 5 Minuten zum Sieden erhitzt. Der Kolben wird mit dem Stopfen verschlossen und unter fließendem Wasser abgekühlt. Zu dieser Lösung gibt man solange tropfenweise eine Lösung von 1 Spatel $Na_2S_2O_4$ in 100 ml Wasser, bis sich die Indigokarminlösung gerade bleibend entfärbt. Man fügt 1 Spatel $KHCO_3$ hinzu und legt die Pflanze in die Lösung. Sollte sich sofort ein Farbumschlag einstellen, gibt man nochmals bis zur erneuten Entfärbung $Na_2S_2O_4$-Lösung hinzu. Dann verschließt man das Gefäß und belichtet mit dem Projektor. Man beobachte, unter Umständen über einen längeren Zeitraum, die Blaufärbung an den Stellen der Sauerstoffentwicklung.

V 3 Extraktion der Blattpigmente

Chemikalien: Methanol; Seesand; $Ca(HCO_3)_2$; grüne Blätter (Gras, Spinat o.ä.)
Geräte: Mörser, Pistill, Heizplatte, Trichter, Filterpapier, Erlenmeyerkolben (300 ml), Schere
Durchführung: Man füllt den Mörser gut zur Hälfte mit zerkleinerten Blättern, fügt etwas Seesand und 1 Spatelspitze $Ca(HCO_3)_2$ sowie einige ml Methanol hinzu und zerstampft diese Mischung grob (maximal 2 Minuten lang). Nach Überführen des Gemenges in den Erlenmeyerkolben füllt man so viel Methanol auf, daß das Material eben bedeckt ist und erhitzt auf der Heizplatte bis zum Ausbleichen der Blätter. Anschließend wird filtriert.
Die so hergestellte Rohchlorophyllösung kann für V 4, V 5 und V 6 verwendet werden.

V 4 Nachweis der Fluoreszenz in der Rohchlorophyllösung

Chemikalien: Rohchlorophyllösung nach V 3
Geräte: Erlenmeyerkolben (200 ml); UV-Lampe oder Diaprojektor
Durchführung: Man gibt von der Rohchlorophyllösung so viel in den Erlenmeyerkolben, bis der Boden gut bedeckt ist und bringt das Gefäß in den Strahlengang der Lampe. Anschließend fügt man tropfenweise Wasser hinzu. Beobachtung?

V 5 Bestimmung des Absorptionsspektrums der Rohchlorophyllösung

Chemikalien: Rohchlorophyllösung nach V 3; Methanol
Geräte: Spektralphotometer (oder Kolorimeter); 2 Küvetten
Durchführung: Man bestimmt die Extinktion der Rohchlorophyllösung zwischen 400 nm und 700 nm (in möglichst engen Abständen). Als Blindprobe wird jeweils das Lösungsmittel Methanol verwendet und dessen Extinktion auf den Wert Null eingestellt.
Die Extinktionswerte werden graphisch aufgetragen.

V 6 Chromatographische Trennung der Blattfarbstoffe

Chemikalien: Chloroform; Isopropanol; Petrolbenzin (50 bis 70 °C); Pigmentextrakt aus V 3; Kieselgelfertigplatte
Geräte: Chromatographie-Trennkammer; Kapillare; Meßzylinder (25 ml)
Durchführung: Zunächst stellt man sich ein Laufmittelgemisch aus Petrolbenzin, Chloroform und Isopropanol im Verhältnis 9:7:1 her. Dieses Gemisch wird in die Trennkammer eingefüllt und die Trennkammer verschlossen.
Mittels einer Kapillare wird nun der Pigmentextrakt ca. 2 cm vom unteren Rand der Kieselgelplatte durch Auftupfen nebeneinanderliegender Punkte aufgebracht. Die Substanzflecken sollen möglichst klein sein. Das Auftragen des Pigmentextraktes wird mehrfach wiederholt, nachdem man jeweils die Trocknung auf der Kieselgelplatte abgewartet hat.
Die Platte wird (mit der Substanzprobe unten) in die Trennkammer eingebracht. Man beobachte die Trennung der Pigmente über einen Zeitraum von 30 bis 45 Minuten.

8.2.6 Aufgaben

A 1 Geben Sie die möglichen Energieumsätze am angeregten Chlorophyll an!

A 2 Warum zeigen grüne Pflanzen bei Mondlicht keine Sauerstoffproduktion?

A 3 Rotalgen, die in tiefen Gewässerschichten unterhalb der Grünalgenzone leben, besitzen neben Chlorophyll a, Chlorophyll b und den Carotinoiden das Phycoerythrin, welches den Pflanzen ihre rote Farbe verleiht.
a) Begründen Sie die Zweckmäßigkeit des zusätzlichen Pigmentes!
b) Erklären Sie den Verlauf des Aktionsspektrums; berücksichtigen Sie, daß auch bei Rotalgen nur das Chlorophyll a photochemisch wirksam ist!

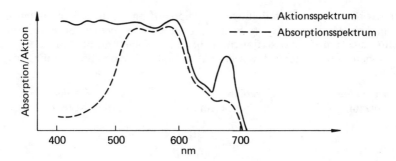

Aktionsspektrum
Absorptionsspektrum

A 4　Geben Sie die Grundbausteine des Chlorophylls und der Carotinoide an!

A 5　Erklären Sie das untenstehende Diagramm bezüglich der Abhängigkeit der Photosynthese vom Licht und der Temperatur!

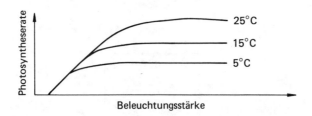

A 6　Wieviele Lichtquanten sind zur Erzeugung von 1 mol O_2 erforderlich?

A 7　Welches sind die primären Elektronenakzeptoren der beiden Photoreaktionen?

LK　A 8　Formulieren Sie die Hill-Reaktion mit Kaliumhexacyanoferrat!

A 9　Welche Produkte der Lichtreaktion werden zur CO_2-Reduktion zur Verfügung gestellt?

A 10　Warum wird rotes Licht bei der Photosynthese energetisch besser ausgenutzt als blaues Licht?

A 11　Berechnen Sie die photochemische Ausbeute der Photosynthese für Licht der Wellenlänge 430 nm!

8.3　Dissimilation

Der Abbau energiereicher, organischer Verbindungen innerhalb des Organismus zu energieärmeren Produkten zum Zweck des Energiegewinns wird als Dissimilation bezeichnet. Als Substrat dient vor allem Glukose, in welche hochmolekulare Kohlenhydrate zunächst enzymatisch zerlegt werden müssen. Verlaufen die Abbaureaktionen unter anaeroben[1] Bedingungen, spricht man von **Gärungen,** je nach Produkt z. B. von Milchsäuregärung oder alkoholischer Gärung. Die **Atmung** hingegen

---

1 anaerob (lat.) = ohne Luft, d. h. ohne Sauerstoff.

erfolgt aerob, d. h. unter Beteiligung von Sauerstoff und ist nur in speziellen Zellorganellen, den Mitochondrien (s. S. 211), möglich. Bei beiden Stoffwechseltypen handelt es sich um Redoxreaktionen, wobei als Zwischenprodukt aus der Glukose Brenztraubensäure entsteht; dieser erste Abschnitt des Kohlenhydratabbaues heißt **Glykolyse.**

anaerober Abbau	**Glykolyse**	**aerober Abbau**
im Cytoplasma	im Cytoplasma	in den Mitochondrien

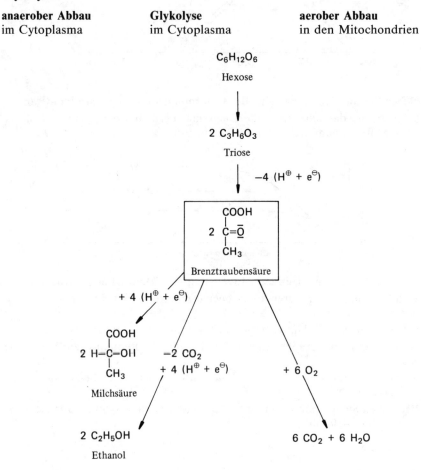

8.3.1 Glykolyse

Die Glykolyse stellt eine Reihe enzymatisch katalysierter chemischer Reaktionen dar; der Abbauweg verläuft über folgende Zwischenprodukte:
a) Aktivierung der Glukose unter ATP-Verbrauch und Spaltung der phosphorylierten Hexose in zwei Moleküle Triosephosphat:

α–D–Glukose Glukose–6–phosphat Fruktose–6–phosphat

Dihydroxyacetonphosphat (96%)

Fruktose–1,6– diphosphat

Glycerinaldehyd-phosphat (4%)

b) Oxidation der Triose zur Säure mit Hilfe des Oxidationsmittels NAD$^{\oplus}$; Bildung von ATP:

Glycerinaldehydphosphat

Zwischenprodukte, vereinfacht

1,3–Diphosphoglycerinsäure

3–Phosphoglycerinsäure

c) Umwandlung der Säure in Brenztraubensäure unter Bildung von ATP:

3–Phospho-
glycerinsäure

2–Phospho-
glycerinsäure

Phosphoenol-
brenztraubensäure

Brenztraubensäure

Nachdem zunächst pro Molekül α-D-Glukose 2 Moleküle ATP verbraucht wurden, werden beim weiteren Abbau bis zur Brenztraubensäure 4 Moleküle ATP gebildet. Der „Gewinn" an Energie beträgt demnach 2 mol ATP pro mol Glukose.
Bilanz der Glykolyse:

$$C_6H_{12}O_6 + 2\,ADP + 2\,P_a{}^{1)} + 2\,NAD^{\oplus} \longrightarrow 2\,C_3H_4O_3 + 2\,ATP + 2\,(NADH + H^{\oplus})$$

8.3.2 Milchsäuregärung

Wird die Brenztraubensäure durch das in der Glykolyse entstandene $NADH + H^{\oplus}$ reduziert, entsteht als Endprodukt des Glukoseabbaues Milchsäure:

Gesamtreaktion (unter Berücksichtigung der Glykolyse):

$$C_6H_{12}O_6 + 2\,ADP + 2\,P_a \longrightarrow 2\,C_3H_6O_3 + 2\,ATP \quad \Delta G^{0\prime} = -139\ kJ/mol$$

Bei den anaeroben *Milchsäurebakterien* diffundiert die Milchsäure als Stoffwechselendprodukt nach außen und verursacht eine Erniedrigung des pH-Wertes. Praktisch wird die Tätigkeit der Milchsäurebakterien z. B. bei der Herstellung von Joghurt und Sauerkraut ausgenutzt.
Auch in höheren Zellen wie z. B. den Muskelzellen wird bei mangelnder Sauerstoffzufuhr (kurzfristige Höchstleistung) Milchsäure gebildet. Die als „Muskelkater" bekannte Reaktion auf die Milchsäureanhäufung im Muskel verschwindet wieder, wenn die Milchsäure in der Leber weiter verarbeitet wird.
Der Energiegewinn bei der Milchsäuregärung ist mit 2 mol ATP pro mol Glukose, verglichen mit dem aeroben Abbau (vgl. S. 217) relativ gering; der anaerobe Abbau zeichnet sich demzufolge durch hohen Stoffumsatz aus.

---

1 P_a = anorganische Phosphorsäure.

8.3.3 Alkoholische Gärung

Verschiedene Hefepilze sind unter anaeroben Bedingungen in der Lage, Glukose zu Ethanol zu vergären:

$$C_6H_{12}O_6 + 2\,ADP + 2\,P_a \longrightarrow 2\,CO_2 + 2\,C_2H_5OH + 2\,ATP \quad \Delta G^{0\prime} = -175\ kJ/mol$$

Die in der Glykolyse entstandene Brenztraubensäure wird zunächst mit Hilfe der Pyruvat-Decarboxylase decarboxyliert:

Als Coenzym ist das Thiaminpyrophosphat (vgl. Kap. 8.1.8) beteiligt. Ethanal wird anschließend durch $NADH + H^{\oplus}$ reduziert:

$$CH_3-CHO + NADH + H^{\oplus} \xrightarrow{\text{Alkoholdehydrogenase}} C_2H_5OH + NAD^{\oplus}$$

Wie bei der Milchsäuregärung beträgt der Energiegewinn für die Zellen 2 mol ATP pro mol Glukose. Der Stoffumsatz ist auch bei diesem Stoffwechselweg hoch, das Endprodukt Ethanol reichert sich bis zu einem Gehalt von 10 bis 15 % an. Höhere Ethanolproduktion ist vor allem wegen der toxischen Wirkung des Alkohols nicht möglich.

Bei der alkoholischen Gärung entstehen stets etliche Nebenprodukte, u.a. Glycerin. Das $NADH + H^{\oplus}$ reduziert in diesem Fall Glycerinaldehyd anstelle von Ethanal. Diese Reaktion tritt vor allem zu Beginn der alkoholischen Gärung auf, wenn die Menge an Ethanal als Wasserstoffakzeptor noch gering ist.

8.3.4 Citronensäurezyklus

Unter aeroben Bedingungen wird die Brenztraubensäure in den Mitochondrien weiter oxidiert.

Mitochondrien sind Zellorganellen von ca. 1 μm Durchmesser, die wie die Chloroplasten eine doppelte Membran besitzen. Die innere Membran ist vielfach in den Innenraum der Mitochondrien eingefaltet. Die Enzyme befinden sich teils im Inneren des Organells, teils assoziiert an die innere Membran; daneben sind spezielle Enzyme und Redoxkatalysatoren geordnet zwischen Strukturproteine und Lipide in die Membran selbst eingelagert.

Die Brenztraubensäure unterliegt zunächst einer *oxidativen Decarboxylierung*; an dieser Reaktion ist ein Multienzymkomplex, bestehend aus 3 Enzymen und 5 Coenzymen, beteiligt. Vereinfacht läuft folgende Reaktion ab:

$$\Delta G^{0\prime} = -33,5\ kJ/mol$$

Brenztraubensäure   Coenzym A   Acetyl–CoA ("aktivierte Essigsäure")

Das Coenzym A enthält eine Sulfhydrylgruppe und bindet die nach Decarboxylierung entstehende Essigsäure in einer energiereichen Thioester-Bindung, die zwischen der Carboxylgruppe der Säure und der SH-Gruppe des Coenzyms ausgebildet wird. Als Oxidationsmittel ist das $NAD^{\oplus}$ beteiligt.

Die „aktivierte Essigsäure" wird im weiteren Verlauf zu Kohlendioxid abgebaut:

$$CH_3-C\overset{O}{\underset{S-CoA}{\big\langle}} + 3\ H_2O \longrightarrow 2\ CO_2 + 8\ (H^{\oplus} + e^{\ominus}) + CoA-SH$$

Die Oxidationsschritte sind *Dehydrierungsreaktionen,* wobei der Wasserstoff von Coenzymen übernommen wird. Die gesamte Reaktionsabfolge stellt einen zyklischen Prozeß dar, der nach dem ersten Zwischenprodukt als *Citronensäurezyklus* oder Tricarbonsäurezyklus bezeichnet wird. Die Citronensäure wird durch Reaktion der aktivierten Essigsäure mit Oxalacetat in einer Aldoladdition gebildet:

$$H_2O + \underset{\underset{COO^{\ominus}}{|}}{CH_2}-\overset{\overset{O}{\diagup}}{\underset{\underset{COO^{\ominus}}{|}}{C}} + H-\overset{\overset{H}{|}}{\underset{\underset{H}{|}}{C}}-C\overset{O}{\underset{S-CoA}{\big\langle}} \xrightarrow{\text{Citratsynthetase}} \underset{\underset{COO^{\ominus}}{|}}{CH_2}-\overset{\overset{OH}{|}}{\underset{\underset{COO^{\ominus}}{|}}{C}}-CH_2-C\overset{O}{\underset{O^{\ominus}}{\big\langle}} +$$

Oxalacetat   Acetyl–CoA   Citronensäure

$CoA-SH + H^{\oplus}$ $\Delta G^{0'} = -32\ kJ/mol$

Wie das folgende Schema auf S. 213 zeigt, wird der Akzeptor für die aktivierte Essigsäure in einem Kreisprozeß regeneriert.
Als Gesamtreaktion läßt sich formulieren:

$$CH_3-C\overset{O}{\underset{S-CoA}{\big\langle}} + 3\ NAD^{\oplus} + FAD + GDP^{1)} + P_a + 3\ H_2O \longrightarrow$$

$$2\ CO_2 + 3\ (NADH + H^{\oplus}) + FADH_2 + GTP + CoA-SH$$

Die Hauptbedeutung des Citronensäurezyklus liegt in der stufenweisen Oxidation der Essigsäure. Neben Kohlendioxid entsteht Coenzym-gebundener Wasserstoff. Bei drei Dehydrierungsschritten wird das Coenzym $NAD^{\oplus}$ reduziert. Bei der Oxidation der Bernsteinsäure zu Fumarsäure ist die Succinatdehydrogenase wirksam, die als Coenzym nicht $NAD^{\oplus}$, sondern FAD (Flavinadenindinucleotid) enthält.

Das Redoxpotential des Redoxpaares Bernsteinsäure/Fumarsäure beträgt $-0,03$ V. Während $NADH/NAD^{\oplus}$ ein Redoxpotential von $-0,32$ V aufweist, ist das Redoxpotential von $FADH_2/FAD$ mit $\pm 0,0$ V ausreichend positiv für die Oxidation der Bernsteinsäure.
Energie in Form von ATP wird im Citronensäurezyklus *direkt* nicht gewonnen. Bei der oxidativen Decarboxylierung von α-Ketoglutarsäure entsteht jedoch Bernsteinsäure-CoA mit einer energiereichen Thioesterbindung. In energetischer Kopplung (vgl. Kap. 8.1.2) wird bei der Hydrolyse zu Bernsteinsäure aus GDP (Guanosindiphosphat) und P_a GTP (Guanosintriphosphat) gebildet. Das GTP/GDP-System steht mit dem ADP/ATP-System im Gleichgewicht:

$$ADP + GTP \rightleftharpoons GDP + ATP$$

---

1 Guanosin ist wie das Adenosin ein mit einer Ribose verknüpftes Purinderivat:

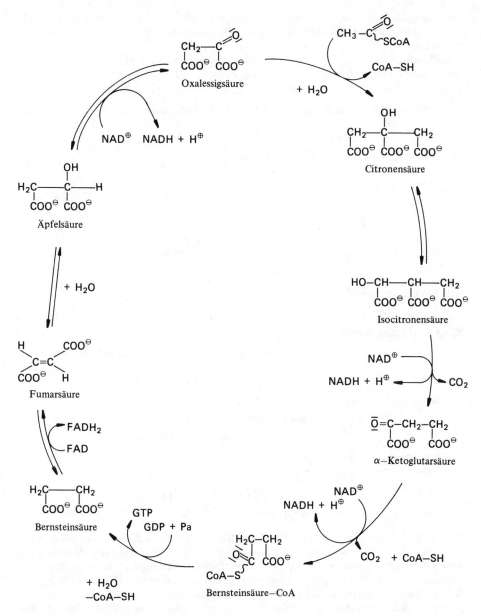

Schema des Citronensäurezyklus[1]

1 Es sind die Säureanionen aufgeführt, da die Säuren unter physiologischen Bedingungen protolysiert sind.

Die Essigsäure, die in den Citronensäurezyklus eingeschleust wird, stammt nicht nur aus dem Kohlenhydratabbau, sondern auch aus dem Fettsäureabbau des Fettstoffwechsels.

Zwischenprodukte des Citronensäurezyklus werden außerdem zur Synthese anderer Verbindungen, z. B. von Aminosäuren, herangezogen. Insofern nimmt der Citronensäurezyklus eine *zentrale Rolle* im gesamten Stoffwechsel ein.

Einige Stoffwechselbeziehungen zum Citronensäurezyklus:

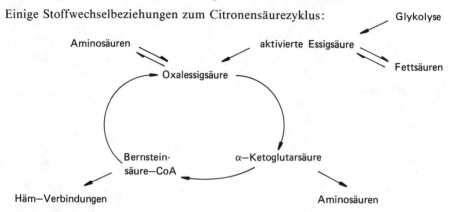

8.3.5 Atmungskette

In der Atmungskette reagiert der Coenzym-gebundene Wasserstoff mit Sauerstoff zu Wasser:

$$NADH + H^{\oplus} + \tfrac{1}{2}O_2 \longrightarrow NAD^{\oplus} + H_2O$$

Die Normalpotentiale $E^{0'}$ der Redoxpaare betragen für

$$NADH + H^{\oplus}/NAD^{\oplus} = -0,32\ V$$
$$O^{2\ominus}/\tfrac{1}{2}O_2 = +0,82\ V$$

Die freie Enthalpie der Redoxreaktion ist nach

$$\Delta G^{0'} = -n \cdot F \cdot \Delta E^{0'}$$
$$\Delta G^{0'} = -2 \cdot 96{,}5 \cdot 10^3 \cdot 1{,}14 \frac{As \cdot J}{As \cdot mol} \quad \left(1\ V = \frac{1\ J}{As}\right)$$
$$\Delta G^{0'} = -220\ kJ/mol$$

Bei der Oxidation des Wasserstoffs durch Sauerstoff (formal der Knallgasreaktion entsprechend) wird also sehr viel Energie frei. In der Zelle wird die Reaktion dadurch „gebremst", daß die Elektronen *nicht direkt,* sondern über mehrere Redoxkatalysatoren vom NADH auf den Sauerstoff übertragen werden. Diese Redoxkatalysatoren liegen, eingebaut in der inneren Mitochondrienmembran, vermutlich in Komplexen („respiratory assemblies") zusammen. Geordnet nach Redoxpotentialen sind dies:

214

Redoxpaar	$E^{0\prime}(V)$
NADH/NAD$^\oplus$	$-0,32$
Flavoprotein H$_2$/Flavoprotein	$-0,06$
Coenzym Q red./ox.	$+0,01$
Cytochrom b/c$_1$-Komplex (Fe$^{2\oplus}$/Fe$^{3\oplus}$)	$+0,07$
Cytochrom c (Fe$^{2\oplus}$/Fe$^{3\oplus}$)	$+0,26$
Cytochrom a/a$_3$-Komplex (Fe$^{2\oplus}$/Fe$^{3\oplus}$)	$+0,29$
O$^{2\ominus}$/½O$_2$	$+0,82$

Das reduzierte NADH aus dem Citronensäurezyklus wird durch ein Flavoprotein *wieder oxidiert*. Das reduzierte Flavoprotein überträgt Elektronen und Protonen auf Coenzym Q (= Ubichinon). An dieser Stelle wird auch der Wasserstoff vom Dehydrierungsschritt der Bernsteinsäure im Citronensäurezyklus durch ein membrangebundenes FAD-enthaltendes Enzym eingeschleust. Von den folgenden Cytochromen b und c$_1$ an werden nur Elektronen, keine Protonen auf die folgenden Redoxkatalysatoren übertragen. Die Cytochrome enthalten im Häm gebundene Eisenionen, die reduziert bzw. wieder oxidiert werden. Über den Cytochrom a/a$_3$-Komplex wird letztlich der Sauerstoff reduziert, als Endprodukt entsteht H$_2$O.

Der Elektronentransport in der Atmungskette ist gekoppelt mit der *Synthese von ATP* („oxidative Phosphorylierung"). Zwischen drei Redoxpaaren ist die Differenz der Redoxpotentiale so groß, daß durch die freiwerdende Energie bei den entsprechenden Redoxreaktionen der Energiebedarf zur endergonischen ATP-Bildung aus ADP und P$_a$ gedeckt werden kann. Experimentell wurden, ausgehend von 1 mol NADH, pro mol reduziertem Sauerstoff stets 3 mol ATP gemessen.

Die Atmungskette stellt den typischen Fall eines Fließgleichgewichtes dar; ihr Ablauf ist abhängig von der Anlieferung an NADH, der Sauerstoffkonzentration und der Verfügbarkeit von ADP.

Der Mechanismus der ATP-Bildung ist bislang noch nicht eindeutig geklärt. Vermutlich ist die Ausbildung eines Protonen- und Membranpotentials ursächlich beteiligt (vgl. chemiosmotische Hypothese, Kap. 8.2.2). In die innere Mitochondrienmembran, die für Protonen nicht permeabel ist, sind die Elektronenüberträger so geordnet eingelagert, daß sie Protonen aus dem Innenraum des Mitochondriums in den Intermembranraum herausschleusen; innen steigt daraufhin der pH-Wert, außen sinkt der pH-Wert ab. Die Membran lädt sich innen negativ gegenüber außen auf.

An gewissen Stellen gleicht sich der Protonengradient aus. Die dabei freiwerdende Energie wird, möglicherweise über ein energiereiches Zwischenprodukt, zur endergonischen ATP-Synthese genutzt.

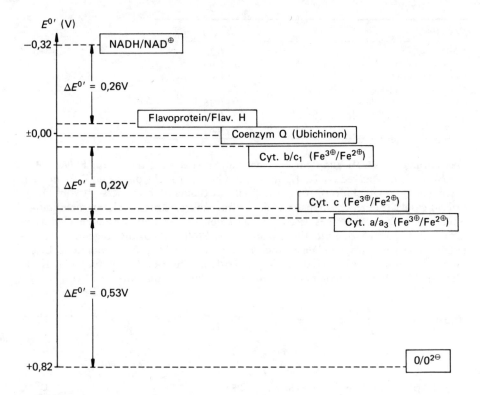

8.3.6 Bilanz des aeroben Kohlenhydratabbaus

- Glykolyse:

$$C_6H_{12}O_6 + 2\,ADP + 2\,P_a + 2\,NAD^\oplus \longrightarrow$$
$$2\,CH_3COCOOH + \boxed{2\,ATP} + 2\,H_2O + \boxed{2\,NADH + H^\oplus}\,^{[1]}$$

- Oxidation zur aktivierten Essigsäure:

$$2\,CH_3COCOOH + 2\,NAD^\oplus + 2\,CoA—SH \longrightarrow$$
$$2\,CH_3CO \sim S—CoA + \boxed{2\,NADH + H^\oplus} + 2\,CO_2$$

- Citronensäurezyklus:

$$2\,CH_3CO \sim S—CoA + 6\,NAD^\oplus + 2\,FAD + 2\,GDP + 2\,P_a + 6\,H_2O \longrightarrow$$
$$4\,CO_2 + 2\,CoA—SH + \boxed{6\,NADH + H^\oplus} + \boxed{2\,FADH_2} + \boxed{2\,GTP}$$

- Atmungskette:

$$NADH + H^\oplus + \tfrac{1}{2}\,O_2 + 3\,ADP + 3\,P_a \longrightarrow NAD^\oplus + H_2O + \boxed{3\,ATP}$$

$$FADH_2 + \tfrac{1}{2}\,O_2 + 2\,ADP + 2\,P_a \longrightarrow FAD + H_2O + \boxed{2\,ATP}$$

---

[1] NADH, welches im Verlauf der Glykolyse entsteht, muß durch spezielle „carrier" in die Mitochondrien überführt werden.

Energiegewinn:

2 ATP	aus der Glykolyse
2 GTP ($\hat{=}$ 2 ATP)	aus dem Citronensäurezyklus
30 ATP	durch Oxidation von 10 NADH + H$^{\oplus}$
4 ATP	durch Oxidation von 2 FADH$_2$ aus dem Citronensäurezyklus
38 mol ATP pro 1 mol Glukose	

38 mol ATP entsprechen einer biologisch wirksamen Energie von 1148 kJ. Die freie Enthalpie der vollständigen Oxidation von 1 mol Glukose zu 6 mol CO_2 und 6 mol H_2O beträgt 2871 kJ. Demnach ist der Wirkungsgrad rund 40%.

8.3.7 Versuche

V 1 Nachweis der enzymatischen Saccharosespaltung

Chemikalien: Saccharose; Trockenhefe; Resorcin; HCl konz.; Fehling I; Fehling II
Geräte: Becherglas (400 ml); Thermometer
Durchführung: In einem Reagenzglas werden 2 Spatel Saccharose unter Erwärmen in ca. 5 ml Wasser gelöst. Man fügt eine Spatelspitze Trockenhefe hinzu und erwärmt das Gemisch in einem Wasserbad von 40 °C. Nach ca. 10 Minuten entnimmt man 2 Proben; in der einen Probe führt man den Fehling-Nachweis durch (vgl. Bd. I, 13.1.4), die andere Probe versetzt man mit einigen Kristallen Resorcin sowie ca. 1 ml HCl konz. und erhitzt.

V 2 Nachweis von Ethanol und CO_2

Chemikalien: Saccharose; Hefe; NaOH verd.; KI-I$_2$-Lsg.; Ethanol; Ba(OH)$_2$-Lsg.
Geräte: Erlenmeyerkolben (100 ml); Gäraufsatz mit Stopfen; Thermometer; Becherglas (600 ml); Zentrifuge
Durchführung: Man löst im Erlenmeyerkolben 2 bis 3 Spatel Saccharose in ca. 10 ml Wasser, fügt 3 bis 4 ml Hefesuspension hinzu und setzt ein mit Barytwasser gefülltes Gärröhrchen auf. Das Gemisch wird in einem Wasserbad von 40 °C 15 Minuten lang stehengelassen.
Vorgänge im Gärröhrchen?
Zum Nachweis des Alkohols wird das Gemisch anschließend zentrifugiert. Zu ca. 2 ml der überstehenden Lösung werden 2 ml NaOH verd. zugegeben und tropfenweise bis zur Gelbfärbung Iodiodkalium. Nach kurzem Erwärmen fällt kristallines, gelbes Iodoform aus. (Man führe parallel den Iodoformnachweis mit Ethanol aus, vgl. Bd. I, 9.1.2).

217

V 3 Abfangen und Nachweis von Ethanal

Chemikalien: Trockenhefe; Saccharose; Na_2SO_3; $CaCl_2$; Piperidinlösung (ca. 3%ig); Natriumnitrosylprussiatlösung (ca. 1%ig); Ethanal; Indikatorpapier

Geräte: Becherglas (400 ml); Becherglas (100 ml); Thermometer

Durchführung: Im 100-ml-Becherglas werden etwa 4 g Saccharose (entsprechend 4 bis 5 Spatel) in ca. 20 ml Wasser gelöst und die Lösung auf 2 Reagenzgläser verteilt. Der einen Saccharoselösung wird 1 Spatel Na_2SO_3 zugefügt und soviel festes $CaCl_2$ bis zur neutralen Reaktion (Überprüfung mit Indikatorpapier!). Es fällt $CaSO_3$ aus. In beide Reagenzgläser wird je 1 Spatel Trockenhefe gegeben und die Gemische im Wasserbad von 40 °C erwärmt. Nach ca. 10 bis 15 Minuten überprüft man auf Anwesenheit von Ethanal: je eine Probe von 1 ml wird mit einigen Tropfen Natriumnitrosylprussiatlösung und ca. 1 ml Piperidinlösung versetzt. Zum Vergleich führe man die Blindprobe mit Ethanal durch.

V 4 Decarboxylierung von Pyruvat im Modellversuch

Chemikalien: Natriumpyruvat; H_2O_2 30%ig; H_2SO_4 konz.; Ethanol 60%ig; Dinitrophenylhydrazin

Geräte: 2 Meßzylinder (10 ml); Waage; Gewichtssatz

Durchführung: Zur Herstellung des Reagenzes auf Carbonylverbindungen löst man 1,5 g Dinitrophenylhydrazin in 7,5 ml H_2SO_4 konz. Diese Lösung läßt man vorsichtig in ca. 10 ml Ethanol 60%ig einfließen.

Im Reagenzglas löst man 2 Spatelspitzen Pyruvat in ca. 5 ml Wasser und gießt die Hälfte der Lösung als Kontrollösung in ein zweites Reagenzglas ab. Man fügt ca. 1 ml H_2O_2 hinzu und erwärmt einige Minuten über der Sparflamme des Brenners.

Geruchsprobe!

Zum Nachweis der Decarboxylierung versetzt man die mit H_2O_2 erwärmte Lösung sowie die Kontrollösung mit einigen Tropfen Dinitrophenylhydrazin.

V 5 Nachweis der Dehydrierung bei der alkoholischen Gärung

Chemikalien: Glucose, Trockenhefe, $Na_2S_2O_3$, H_2SO_4 verd., Bleiacetatpapier

Geräte: Becherglas (400 ml), Thermometer

Durchführung: Im Reagenzglas werden 2 bis 3 Spatel Glucose unter Erwärmen in ca. 10 ml Wasser gelöst. Die Lösung wird auf 2 Reagenzgläser verteilt, eine Zuckerlösung wird mit 1 Spatel Trockenhefe versetzt. Zu beiden Lösungen fügt man 5 ml „Schwefelmilch" hinzu. Diese stellt man her, indem man eine Spatelspitze $Na_2S_2O_3$ in 10 ml Wasser löst und einige Tropfen verd. H_2SO_4 zugibt. Über die Öffnungen der Reagenzgläser werden feuchte Bleiacetatpapiere gelegt und die Reagenzgläser im Wasserbad von 40 °C erwärmt.

V 6 Modellversuch zur Oxidation von Citronensäure

Chemikalien: Natriumcitrat; H_2SO_4 verd.; $KMnO_4$

Durchführung: Man löst im Reagenzglas 2 Spatel Natriumcitrat in ca 3 ml H_2SO_4 verd., erwärmt die Lösung und gibt einige Kristalle $KMnO_4$ hinzu. Geruchsprobe!

V 7 Modellversuch zur Atmungskette

Chemikalien: Cystein; Natriumacetat; $FeSO_4$

Geräte: Erlenmeyerkolben (300 ml); Meßzylinder (100 ml)

Durchführung: Man stellt sich eine 0,1 m Lösung von Natriumacetat her (ca. 5 Spatel in 100 ml Wasser), fügt 2 Spatel Cystein sowie 2 Spatel $FeSO_4$ hinzu. Die blauviolette Lösung läßt man bis zur Entfärbung stehen. Beim Schütteln färbt sich die Lösung durch Oxidation von $Fe^{2\oplus}$ erneut blau. Man wiederhole die Vorgänge des Entfärbens beim Stehenlassen und Färbens beim Schütteln mehrfach.

8.3.8 Aufgaben

A 1 Geben Sie die Brutto-Reaktionsgleichungen der alkoholischen Gärung, Milchsäuregärung und Atmung an! Vergleichen Sie die energetische Ausbeute der verschiedenen Stoffwechselreaktionen!

LK A 2 Stärke wird beim „phosphorolytischen" Abbauweg vom *nicht*reduzierenden Ende her abgebaut, wobei unter Beteiligung von Phosphorsäure und des Enzyms Phosphorylase Glukose-1-Phosphat entsteht.
Formulieren Sie die Reaktionsgleichung!

A 3 Als Nebenprodukt kann bei der alkoholischen Gärung Glycerin entstehen. Welche biochemische Reaktion könnte zu diesem Nebenprodukt führen?

LK A 4 Beim Fettabbau entstehen als Zwischenprodukte Glycerin und Fettsäuren. Glycerin wird zum weiteren Abbau in die Glykolyse eingeschleust.
Formulieren Sie die erforderlichen Reaktionen!

A 5 Welche energiereiche Bindung charakterisiert die „aktivierte Essigsäure"?

A 6 Begründen Sie, warum im Citronensäurezyklus die Bernsteinsäure nicht durch $NAD^\oplus$ oxidiert werden kann, sondern nur durch FAD!

A 7 Nach welchem Prinzip sind die Partner eines Elektronentransportsystems geordnet?

9 Spektroskopische Methoden der Organischen Chemie

9.1 Einleitung

Der Aufbau und die Gestalt der Moleküle bestimmen die makroskopischen, für die chemische Praxis wichtigen Eigenschaften der Stoffe. Außerdem bietet die Kenntnis der Molekülgestalt die Möglichkeit, Moleküle nachzubauen. Daher gehört die Ermittlung des Molekülbaus zu einer der zentralen Aufgaben der chemischen Forschung.

Nach der Reindarstellung einer chemischen Substanz liefert die quantitative Elementaranalyse (Bd. 1, Kap. 2.2.2) die *Verhältnisformel* $(C_\alpha H_\beta O_\gamma N_\delta \ldots)_n$ mit $n \in \mathbb{N}$. Durch die Molmassenbestimmung wird n eindeutig festgelegt und man gelangt zur *Summenformel*.

Durch die Summenformel ist aber ein organisches Molekül aufgrund der vielfältigen Isomeriemöglichkeiten noch nicht eindeutig bestimmt. Im nächsten Schritt wird zur weiteren Charakterisierung des Moleküls durch die Ermittlung der Konstitution die *Strukturformel* bestimmt, die über die Art und die Reihenfolge der im Molekül vorhandenen Bindungen Auskunft gibt.

Die Konstitution macht aber noch keine Aussage über die räumliche Anordnung der Atome im Molekül[1]. Hierüber geben Konfiguration und Konformation Auskunft (Bd. 1, Kap. 12). Da sich die einzelnen Konformere (Konformationen, denen Energieminima entsprechen) sehr leicht infolge der leichten Drehbarkeit um die C—C-Einfachbindung ineinander umwandeln, gelingt es im allgemeinen bei normalen Bedingungen nicht, reine Konformere zu isolieren. Aus diesem Grund begnügt man sich meist mit der Ermittlung der Konstitution und falls erforderlich (bei cis-trans-Isomeren, Diastereomeren, Spiegelbildisomeren) der Konfiguration.

Bis vor 25 bis 30 Jahren standen dem Chemiker ausschließlich chemische Methoden der Strukturaufklärung zur Verfügung. So lassen sich durch spezifische Gruppenreagenzien funktionelle Gruppen in einem Molekül feststellen.

Durch den gezielten chemischen Abbau größerer Moleküle zu kleineren Molekülen bekannter Struktur kann man bei Kenntnis der Abbaureaktion auf die Struktur des größeren Moleküls schließen.

Schließlich stellt die Synthese einer Verbindung aus Bausteinen bekannter Struktur einen Strukturbeweis dar.

Die Nachteile der chemischen Methoden sind:
— hoher Zeitaufwand und damit verbunden hohe Personalkosten,
— großer Substanzbedarf,
— Zerstörung der Substanz,
— die Strukturinformation erfolgt nur auf indirektem Weg,
— strukturelle Feinheiten (Konfiguration, Konformation) sind nur äußerst schwierig nachweisbar.

---

1 Im strengen Sinn meint der Begriff der Struktur nur die Konstitution, im erweiterten Sinn umfaßt er auch die Konfiguration.

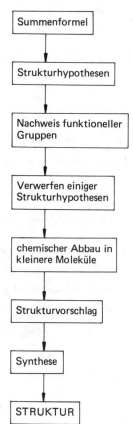

Abb. 9/1. *Schema der chemischen Methode der Strukturaufklärung.*

Aufgrund dieser Nachteile hat man in den letzten 30 Jahren mehr und mehr physikalische Methoden zur Strukturaufklärung eingesetzt. Man kann statt durch Reagenzien viele funktionelle Gruppen in einem Molekül auch über ihre Wechselwirkung mit elektromagnetischer Strahlung spektroskopisch nachweisen. Diese Methoden liefern nicht nur Aussagen über die funktionellen Gruppen in einem Molekül, sondern sie geben auch Auskunft über den Aufbau des Molekülgerüsts. Als wichtigste spektroskopische Methoden seien hier die *Ultraviolett* (UV)- (s. Kap. 3.2), *Infrarot* (IR)- und *Kernresonanzspektroskopie* (NMR), sowie die *Massenspektrometrie*[1] genannt.

Diese Methoden sind den rein chemischen Verfahren weit überlegen. Zudem erlauben sie die Automatisierung der Strukturaufklärung, sowie die Auswertung mit Hilfe von Computern.

Die spektroskopischen Methoden haben natürlich die chemischen Methoden nicht vollständig verdrängt. Häufig erhält man die Strukturformel erst durch Kombination beider Methoden.

---

1 Die Massenspektrometrie zählt strenggenommen nicht zur Spektroskopie, da keine Wechselwirkung zwischen Molekülen und elektromagnetischer Strahlung vorliegt.

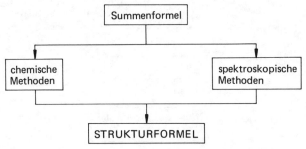

Abb. 9/2. Zusammenwirken verschiedener Methoden bei der Strukturaufklärung.

9.1.1 Aufgaben

A 1 Stellen Sie die Begriffe Konstitution, Konfiguration und Konformation einander gegenüber.

A 2 Stellen Sie eine Tabelle der wichtigsten Gruppenreagenzien für folgende funktionelle Gruppen zusammen:

$$\mathrm{C{=}C} \;\; ; \;\; -C{\equiv}C- \;\; ; \;\; \text{alkoholische } -OH; \; \text{phenol. } -OH; \;\; -C\diagdown_{\overline{O}H}^{O} \;\; ;$$

$$\mathrm{C{=}\overline{O}} \;\; ; \;\; _{H}\mathrm{C{=}\overline{O}}$$

A 3 Eine Substanz hat die Summenformel $C_8H_8O_2$. Folgende Strukturen sind denkbar:

$$\text{[Benzolring]}-COOH \;\; ; \;\; \text{[Benzolring]}-CH_2-COOH \;\; ; \;\; \text{[Benzolring]}-\overset{|O|}{\underset{}{C}}-\overline{O}-CH_3 \;\; ; \;\; CH_3-\overset{}{\underset{|O|}{C}}-\overline{O}-\text{[Benzolring]} \;\; ;$$
(am ersten Benzolring: CH_3)

$$H-C\diagdown_{\overline{O}}^{O}-\text{[Benzolring]} \quad (CH_3)$$

Diskutieren Sie Möglichkeiten, wie Sie mit Hilfe chemischer Methoden zwischen diesen Strukturen eindeutig entscheiden können.

A 4 Eine Verbindung der Summenformel C_6H_{12} entfärbt Bromwasser. Durch Oxidation mit Kaliumpermanganat unter drastischen Bedingungen entsteht als einziges Produkt Propansäure. Welche Strukturformel besitzt das Molekül? Welche Aussagen bezüglich der Konfiguration können Sie machen?

222

9.2 Einige Grundlagen der Spektroskopie

Unter Spektroskopie versteht man den Wissenschaftszweig, der sich mit der Charakterisierung der von Teilchen unterschiedlicher Art (Atome, Ionen, Moleküle, Molekülverbände) aufgenommenen oder abgegebenen elektromagnetischen Strahlung beschäftigt.

9.2.1 Charakterisierung elektromagnetischer Strahlung

Elektromagnetische Strahlung tritt in vielen Formen auf. Die am leichtesten erkennbaren Formen sind das sichtbare Licht und die Wärmestrahlung (IR-Strahlung). Weitere Formen sind γ-Strahlung, Röntgenstrahlung, UV-Strahlung, Mikrowellen und Radiowellen.

Elektromagnetische Strahlung verhält sich in bestimmten Experimenten wie eine Welle (Beugung, Interferenz), in anderen Experimenten wie ein Teilchenstrom (Photoelektrischer Effekt, Compton-Effekt etc.). Hieraus entwickelte sich einerseits das **Wellenmodell** und andererseits das **Teilchenmodell**. Beide anschaulichen Modelle beschreiben jeweils nur Teilaspekte der Naturerscheinung „elektromagnetische Strahlung".

Im Rahmen des *Wellenmodells* beschreibt man elektromagnetische Strahlung als elektromagnetische Welle. Eine elektromagnetische Welle besteht aus einem sich periodisch ändernden elektrischen Feldvektor $\vec{E}$ und einem dazu senkrecht schwingenden magnetischen Feldvektor $\vec{B}$[1].

Diese beiden Feldvektoren stehen senkrecht auf der Ausbreitungsrichtung. Aus diesem Grund sind elektromagnetische Wellen polarisierbar.

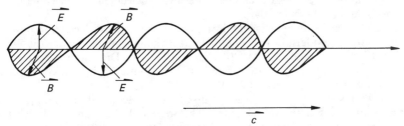

Abb. 9/3. Momentanbild einer elektromagnetischen Welle.

Mit der Zeit verschieben sich die Wellenberge mit Lichtgeschwindigkeit ($c = 3 \cdot 10^8$ m/s im Vakuum) nach rechts.

Die verschiedenen Strahlenarten unterscheiden sich in der **Frequenz** f bzw. der **Wellenlänge** λ, die über die Grundgleichung der Wellenlehre miteinander ver-

---

1 Elektrisches Feld: Jede elektrische Ladung verändert den Raum, indem sie in ihm ein elektrisches Feld erzeugt. Dieses elektrische Feld kann über eine Kraftwirkung auf eine Probeladung q_p nachgewiesen werden. Der Quotient aus Kraft und Probeladung heißt elektrische Feldstärke $\vec{E} = \dfrac{\vec{F}}{q_p}$.

Magnetisches Feld: Jeder stromdurchflossene Leiter sowie magnetisierte Stoffe werden von einem Magnetfeld umgeben, das man mit einer Kompaßnadel nachweisen kann. Die magnetische Flußdichte $\vec{B}$ kann man ähnlich wie die elektrische Feldstärke über das Drehmoment auf einen magnetischen Probedipol als Maß für die Stärke des Magnetfeldes betrachten.

knüpft sind: $c = \lambda \cdot f$. Teilt man die elektromagnetischen Strahlungsarten in bestimmte Frequenzbereiche bzw. Wellenlängenbereiche ein, so erhält man das **elektromagnetische Spektrum**. Das weiße Licht ist nur ein kleiner Ausschnitt im elektromagnetischen Spektrum ($\lambda = 400$ bis 750 nm).

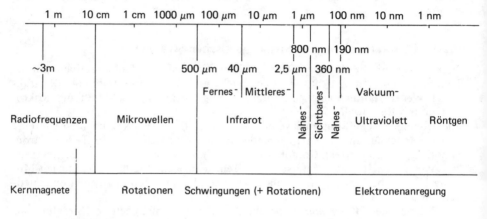

Abb. 9/4. Elektromagnetisches Spektrum.

Die Intensität einer elektromagnetischen Welle ist dem Quadrat der Amplitude proportional, d. h. $I \sim A^2$. Da $A \sim E_0$ bzw. $A \sim B_0$, ist $I \sim E_0^2 \sim B_0^2$.

Im Teilchenmodell stellt elektromagnetische Strahlung einen Strom von Lichtteilchen, sogenannten **Photonen,** dar.

Die Energie der elektromagnetischen Strahlung ist dabei nicht mehr kontinuierlich im Raum verteilt, sondern in den Photonen „zusammengeballt". Jedes dieser Photonen besitzt die Energie $E_{Ph} = h \cdot f$ ($h = 6,625 \cdot 10^{-34}$ Js). Die Intensität ist proportional zur Zahl der Photonen, die pro Sekunde auf eine Einheitsfläche senkrecht zur Ausbreitungsrichtung treffen: $I \sim N$.

Eine in sich konsistente, aber nicht mehr anschauliche Beschreibung der elektromagnetischen Strahlung liefert die Quantenelektrodynamik. Im Rahmen dieser Theorie interpretiert man die Lichtwelle als **Wahrscheinlichkeitswelle**. Ihr Amplitudenquadrat gibt dann die Wahrscheinlichkeit an, ein Photon an einem bestimmten Ort zu lokalisieren.

9.2.2 Wechselwirkung zwischen elektromagnetischer Strahlung und Materie

In der Spektroskopie spielen hauptsächlich die *Wechselwirkungen, bei denen Energie zwischen Materie und elektromagnetischer Strahlung ausgetauscht wird,* eine Rolle. Atome und Moleküle können nur in ganz bestimmten *diskreten Energiezuständen* existieren. Der tiefste Energiezustand heißt **Grundzustand**. Übergänge zwischen diesen Energiezuständen können durch **Absorption** (Aufnahme) bzw. **Emission** (Abgabe) von Energie ermöglicht werden.

Geschieht die *Energiezufuhr* durch elektromagnetische Strahlung, so wird bei der Absorption gerade ein Photon vernichtet. Die Energie des absorbierten Photons muß aufgrund des Energieerhaltungssatzes gerade gleich der Energiedifferenz zwischen den beiden Energiezuständen sein. Man erhält somit die **Resonanzbedingung der Spektroskopie:**

$$h \cdot f = E_2 - E_1$$

Bei der *Emission* dagegen geht das System vom höheren Energiezustand in den niederen über, wobei ein Photon der Energie $h \cdot f = E_2 - E_1$ freigesetzt wird.

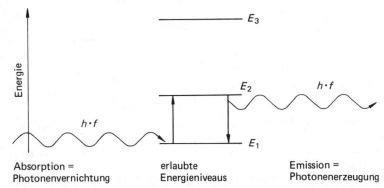

Abb. 9/5. Energieniveauschema und Wechselwirkung mit elektromagnetischer Strahlung.

Im folgenden soll nur die Absorption elektromagnetischer Strahlung betrachtet werden.
Um ein **Absorptionsspektrum** aufzuzeichnen, schickt man durch die Probe elektromagnetische Strahlung der Intensität I_0 und mißt die Intensität I der austretenden Strahlung als Funktion der Frequenz.

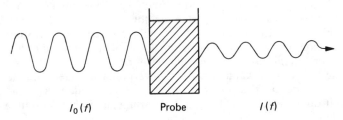

Abb. 9/6. Meßprinzip bei der Aufnahme eines Absorptionsspektrums.

Die Größe $D = \dfrac{I}{I_0} \cdot 100$ heißt **Durchlässigkeit** und gibt den Prozentsatz der durchgelassenen Strahlung an. Ein Spektrum erhält man, indem man die *Durchlässigkeit als Funktion der Frequenz* aufträgt. Bei der Frequenz, bei der Absorption stattfindet, erhält man eine Absorptionsbande.
Die einfachsten Absorptionsspektren ergeben *Atome*. Ein Atom kann folgende Energien besitzen:
— Es hat Bewegungsenergie aufgrund seiner Schwerpunktsbewegung, der Translationsbewegung.
Die **Translationsenergie** ergibt sich nach der Formel:

$$E_{tr} = \tfrac{1}{2} M v_s^2$$

225

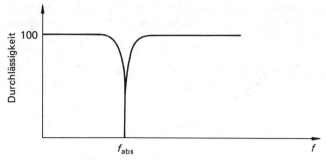

Abb. 9/7. Schema eines Absorptionsspektrums.

M = Gesamtmasse des Atoms; v_s = Geschwindigkeit des Schwerpunktes des Atoms.
Diese Translationsenergie ist **nicht gequantelt,** d. h. das Atom kann jede Translationsenergie $E_{tr} \geq 0$ annehmen.
— Die Elektronen im Atom können hingegen nur ganz bestimmte **gequantelte Energiezustände** annehmen. Die damit verbundene Energie heißt **elektronische Energie** E_{el}.
Die Gesamtenergie E_G eines Atoms ist damit $E_G = E_{tr} + E_{el}$.
Durch elektromagnetische Strahlung können *nur Übergänge zwischen den elektronischen Energieniveaus induziert werden.*
Die Translationsenergie bleibt bei dieser Wechselwirkung konstant. Daraus folgt nun, daß ein Atomabsorptionsspektrum aus einer Anzahl schmaler Absorptionslinien bei charakteristischen Absorptionsfrequenzen besteht. Zur Anregung der äußeren Valenzelektronen benötigt man sichtbares bzw. ultraviolettes Licht. Zur Anregung der inneren Elektronen ist energiereichere Strahlung erforderlich.
Die Spektren von *Molekülen* sind wesentlich komplizierter als die der Atome, da Moleküle mehr Energiezustände einnehmen können.
Genauso wie bei Atomen kann sich der Schwerpunkt des Gesamtmoleküls bewegen. Damit ist wiederum *Translationsenergie* $E_{tr} \geq 0$ verbunden, die nicht gequantelt ist und somit durch Wechselwirkung mit elektromagnetischer Strahlung nicht verändert werden kann.
Die Elektronen im Molekül besetzen Molekülorbitale diskreter Energie. Somit ist die *elektronische Energie gequantelt* und es können durch elektromagnetische Strahlung elektronische Übergänge induziert werden. Um die Übergänge zwischen dem *höchsten besetzten* (HOMO) und dem *niedrigsten unbesetzten* Molekülorbital (LUMO) zu bewirken, benötigt man sichtbares bzw. ultraviolettes Licht.
Neben der Translations- und der elektronischen Energie besitzt aber ein Molekül noch **Rotations- und Schwingungsenergie.**
Ein Molekül kann sich um seine eigene Achse drehen. Auch diese **Rotationsenergie** E_r ist **gequantelt,** so daß durch elektromagnetische Strahlung Übergänge zwischen den verschiedenen Rotationsenergiezuständen induziert werden können. Da aber der Energieabstand zwischen zwei benachbarten Rotationsenergiezuständen sehr klein ist, benötigt man hierzu eine sehr energiearme Strahlung, nämlich Mikrowellen.

Da die Bindungen in einem Molekül nicht starr sind, können die Atome des Moleküls gegeneinander Schwingungen ausführen. Mit dieser Schwingungsbewegung ist **Schwingungsenergie** E_s verbunden, die ebenfalls **gequantelt** ist.

Somit können Übergänge zwischen den Schwingungsenergieniveaus durch elektromagnetische Strahlung induziert werden. Diese Übergänge werden durch Infrarotstrahlung bewirkt, die energiereicher als die Mikrowellen zur Anregung von Rotationen ist. Man spricht deshalb auch von **Infrarotspektroskopie.**

Als Gesamtenergie eines Moleküls ergibt sich:

$$E_g = E_{tr} + E_r + E_s + E_{el}$$

Die Abstände benachbarter Energieniveaus stehen bezüglich der Größenrelation zueinander wie:

$$\Delta E_{el} \gg \Delta E_s \gg \Delta E_r$$

In Molekülspektren beobachtet man Übergänge zwischen Elektronen-, Schwingungs- und Rotationszuständen.

Trägt man die gequantelten Energiezustände eines Moleküls in einem Energieniveauschema auf, so erhält man die Darstellung in Abb. 9/8.

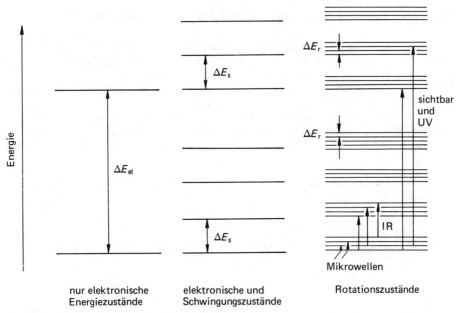

Abb. 9/8. *Energieniveauschema eines Moleküls.*

Jedes elektronische Niveau enthält verschiedene Schwingungszustände und jeder Schwingungszustand enthält seinerseits verschiedene Rotationszustände.

Anhand des Energieniveauschemas erkennt man, daß man mit Mikrowellen nur Rotationsübergänge bewirken kann, wobei der Schwingungs- und Elektronenzustand unverändert bleibt. Mit *IR-Strahlung* erzeugt man *gleichzeitig Schwingungs-*

und Rotationsübergänge, wobei aber der elektronische Zustand erhalten bleibt. Mit *ultraviolettem bzw. sichtbarem Licht* werden *gleichzeitig Elektronen-, Schwingungs- und Rotationsübergänge* bewirkt, so daß man in diesem Bereich die kompliziertesten Spektren erhält. Dies führt bei Elektronenspektren zu den breiten Absorptionsbanden.

9.2.3 Aufgaben

A 1 Ein Molekül absorbiert sichtbares Licht der Wellenlänge $\lambda = 400$ nm. Berechnen Sie f und die Energie des Übergangs.

A 2 Der Energieabstand zwischen HOMO und LUMO eines Moleküls beträgt $E = 3,3 \cdot 10^{-19}$ J. Welche Frequenz und Wellenlänge hat die elektromagnetische Strahlung, die absorbiert wird?

A 3 Weshalb benötigt man zur Anregung von Schwingungen mehr Energie als zur Anregung von Rotationen?

A 4 Welche Übergänge beobachtet man bei Mikrowellen, IR bzw. sichtbarem Licht bei Molekülen?

9.3 Schwingungsspektroskopie zweiatomiger Moleküle

Im folgenden sollen die Rotationsübergänge nicht berücksichtigt werden. Dies kann man tun, da die freie Rotation nur in verdünnten Gasen möglich ist, und man es meistens mit festen bzw. flüssigen Proben zu tun hat.

Die Bindungen in einem Molekül sind nicht starr, sondern die Atome können um ihre Gleichgewichtslage *Schwingungen* ausführen[1].

Der einfachste Fall liegt bei einem zweiatomigen Molekül vor, in dem es nur *eine* Bindung gibt. *Modellmäßig* können wir die beiden Atome durch zwei Massenpunkte m_1 und m_2 ersetzen, die durch eine Feder der Kraftkonstanten k verbunden

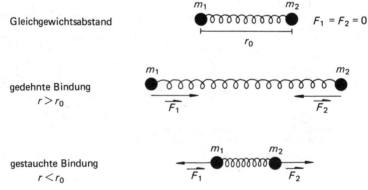

Abb. 9/9. *Kräfte während der Schwingung eines zweiatomigen Moleküls.*

---

1 Aus der Energie-Abstandskurve eines zweiatomigen Moleküls (vgl. Bd. 1, Kap. 1.6.1) kann man ableiten, daß ein Molekül Schwingungen ausführt, wenn man die Bindung über den Gleichgewichtsabstand r_0 dehnt und dann „losläßt".

sind[1]. Die Normallänge der Feder entspricht in diesem Modell eines harmonischen Oszillators dem Gleichgewichtsabstand r_0. Weicht der Abstand der beiden Massenpunkte (Atome) vom Gleichgewichtsabstand r_0 ab, so wirken rücktreibende Kräfte auf sie ein, die versuchen, sie auf den Gleichgewichtsabstand r_0 hinzubewegen. Der Betrag der rücktreibenden Kraft hängt nach dem Hooke'schen Gesetz proportional von der Auslenkung $|\Delta r| = |r - r_0|$ ab. *Die Proportionalitätskonstante k ist die Kraftkonstante,* die ein Maß für die Starrheit der Feder (Bindung) ist. Sie nimmt im allgemeinen mit der Stärke der Bindung zu.

$$|F| = k|r - r_0| \;\Rightarrow\; k = \frac{|F|}{|r - r_0|}$$

Diese **rücktreibende Kraft** ist für die Schwingungen der Feder (des Moleküls) verantwortlich. Jede Schwingung ist durch ihre **Eigenfrequenz** f_0, die Zahl der freien Schwingungen pro Sekunde charakterisiert[2]. Diese Eigenfrequenz hängt von der Kraftkonstanten und den schwingenden Massen ab. Eine theoretische Berechnung ergibt:

$$f_0 = \frac{1}{2\pi}\sqrt{\frac{k}{\mu}} \quad \text{mit} \quad \mu = \frac{m_1 \cdot m_2}{m_1 + m_2}$$

μ ist die **reduzierte Masse.** Für den Fall, daß eine Masse wesentlich größer ist als die andere, z. B. $m_2 \gg m_1$, so wird μ gleich der kleineren Masse.

$$\mu \approx m_1, \quad \text{falls} \quad m_2 \gg m_1.$$

In diesem Fall ist die größere Masse infolge ihrer Trägheit praktisch kaum an der Schwingung beteiligt. Experimentell liegt dieser Fall vor, wenn eine Masse an einer Feder hängt, die an einer Wand befestigt ist. Die Masse der Wand ist dann wesentlich größer als m_1, so daß sich für die *Eigenfrequenz* folgender Ausdruck ergibt:

$$f_0 = \frac{1}{2\pi}\sqrt{\frac{k}{m_1}}$$

Diese Beziehung läßt sich wie folgt experimentell bestätigen:
Eine Schraubenfeder wird an einem Stativ befestigt. An das untere Ende der Schraubenfeder werden nacheinander verschiedene Massenstücke befestigt, wobei darauf zu achten ist, daß die Feder nicht überdehnt wird. Bei anhängendem Massenstück wird die Feder mit der Hand ausgedehnt und dann losgelassen. Die Ausdehnung sollte nicht zu groß gewählt werden. Man bestimmt die Zeit für 10 Schwingungen und berechnet daraus die Eigenfrequenz. Die Eigenfrequenz wird in einem Graphen gegen die Masse aufgetragen, ebenso f_0 gegen $\frac{1}{\sqrt{m}}$. Dann bestimmt man die Steigung des Graphen. Es ergibt sich eine Abhängigkeit der Eigenfrequenz von der Masse.
In einer weiteren Meßreihe bleibt die Masse konstant und die Kraftkonstante wird verändert.

---

1 In den Physiklehrbüchern ist die Kraftkonstante häufiger unter dem Namen Federkonstante oder Federhärte bekannt.
2 Eine freie Schwingung liegt vor, wenn das schwingende System ohne Einwirkung weiterer äußerer Kräfte sich selbst überlassen wird.

Zunächst bestimmt man die Ausgangslänge einer Schraubenfeder, belastet mit einem Massenstück und mißt die Verlängerung *s*. Daraus berechnet man die Kraftkonstante nach dem Hooke'schen Gesetz (die Kraft muß in Newton gemessen werden!). Es wird nun wie vorher die Eigenfrequenz dieser Feder bestimmt. Danach hängt man zwei etwa gleiche Federn aneinander und bestimmt wie oben beschrieben die Kraftkonstante dieser Federkombination. Bei exakt gleichen Federn ist die Federkonstante halb so groß wie die der Einzelfeder. Es wird dann mit der gleichen Masse wie bei der Einzelfeder die Eigenfrequenz ermittelt. Danach schaltet man gemäß Abb. 9/10 zwei gleiche Federn parallel und bestimmt die Kraftkonstante dieser Parallelschaltung. Diese müßte nun doppelt so groß sein wie die einer Einzelfeder. Nun bestimmt man bei gleicher Masse wiederum die Eigenfrequenz. In einem Graphen wird die Eigenfrequenz gegen die Kraftkonstante aufgetragen, in einem zweiten Graphen f_0 gegen $\sqrt{k}$ und die Steigung des Graphen wird ermittelt. Aus der Steigung des Graphen wird die Masse des schwingenden Systems bestimmt. Es existiert eine *Abhängigkeit der Eigenfrequenz von der Kraftkonstanten*.

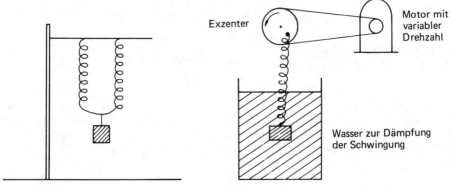

Abb. 9/10. Parallelschaltung zweier Federn. *Abb. 9/11. Modellversuch zur Anregung von Schwingungen.*

Um ein Molekül zum Schwingen *anzuregen,* muß man sicherlich *Energie zuführen.* Dies zeigt obenstehender mechanischer *Modellversuch.*
Eine Schraubenfeder, an der die Masse *m* befestigt ist, wird mittels eines Exzenters, der mit einem Elektromotor variabler Frequenz angetrieben wird, zum Schwingen angeregt. Die Drehzahl wird langsam gesteigert. Das System schwingt im Takt der Anregerfrequenz, d.h. schwingt mit der gleichen Frequenz wie der Erreger. Die Schwingungsamplitude ist stark von der Anregerfrequenz abhängig. Bei kleinen und sehr großen Anregerfrequenzen ist die Schwingungsamplitude relativ klein. In einem bestimmten Frequenzbereich in der Nähe der Eigenfrequenz f_0 wird die Schwingungsamplitude dagegen sehr groß und ist bei der Eigenfrequenz maximal.

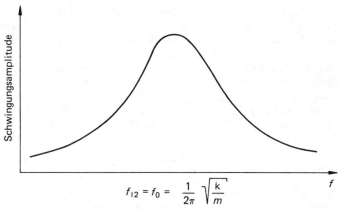

Abb. 9/12. *Amplitude einer erzwungenen Schwingung in Abhängigkeit von der Erregerfrequenz.*

Damit der Oszillator schwingen kann, muß er dauernd Energie vom Motor aufnehmen. Trägt man die vom Motor an den Oszillator abgegebene Leistung[1] als Funktion der Erregerfrequenz auf, so sieht man, daß die vom Oszillator aufgenommene Leistung P genau bei der Eigenfrequenz f_0 maximal ist.

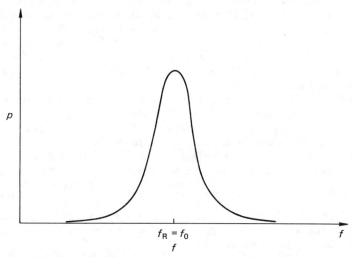

Abb. 9/13. *Aufgenommene Leistung als Funktion der Erregerfrequenz.*

Ist die Erregerfrequenz der äußeren periodischen Anregungskraft gleich der Eigenfrequenz des schwingungsfähigen Systems, so ist die Energieaufnahme maximal. Man sagt, es liegt der Resonanzfall vor ($f_R = f_0$). Dieses Ergebnis ist für alle erzwungenen Schwingungen allgemein gültig.

---

1 Leistung gleich abgegebener Energie pro Zeit $P = \dfrac{\Delta E}{\Delta t}$

231

Dieses Ergebnis läßt sich auf die Schwingung eines zweiatomigen Moleküls übertragen. Die *äußere periodische Kraft* verursacht man in der Spektroskopie mittels *elektromagnetischer Strahlung*. Klassisch stellt diese eine periodische Welle dar, die aus einem sich periodisch ändernden elektrischen $\vec{E}$ und magnetischen Feldvektor $\vec{B}$ besteht. Das elektrische Feld übt auf eine Ladung q eine Kraft aus, die — da $\vec{E}$ periodisch ist — ebenfalls periodisch ist. Ist das Molekül ein Dipol, so können wir es *modellmäßig* durch zwei Ladungen $+\delta q$ und $-\delta q$ ersetzen, die durch eine Feder verbunden sind. An diesen Partialladungen kann nun das elektrische Feld angreifen und zwei periodische Kräfte $\vec{F}_1$ und $\vec{F}_2$ ausüben.

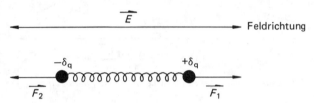

Abb. 9/14. *Elektrisches Feld und schwingendes Molekülmodell.*

Im Rhythmus der elektromagnetischen Welle wird nun der Bindungsabstand und damit das Dipolmoment $p = \delta q \cdot l$ (*l* gleich Abstand der Ladungsschwerpunkte) vergrößert und verkleinert. Das Molekül führt also in Anwesenheit der elektromagnetischen Welle eine *erzwungene Schwingung mit der Frequenz der elektromagnetischen Welle* aus. *Absorption* von elektromagnetischer Strahlung, d. h. die Energieaufnahme, findet dagegen in nennenswertem Maß nur im *Resonanzfall* statt, wenn also die Erregerfrequenz gleich der Eigenfrequenz ist. Mißt man die absorbierte elektromagnetische Strahlung als Funktion der Frequenz, so kann man auf diese Art und Weise die Eigenfrequenz des schwingenden Moleküls bestimmen. Man benötigt dazu Infrarotstrahlung.

Die Erfüllung der Resonanzbedingung ($f = f_0$) ist zwar zur Absorption notwendig, aber noch nicht hinreichend. Damit Strahlung absorbiert werden kann, müssen die elektrischen Feldkräfte an dem schwingenden Molekül Arbeit verrichten können. Dies geht aber nur dann, wenn das schwingende Molekül im Verlauf seiner Schwingung zum *Dipol* wird. Eine genaue Analyse zeigt, daß sich nur solche Schwingungen mit elektromagnetischer Strahlung anregen lassen, bei denen sich während der Schwingung das Dipolmoment ändert $\left(\dfrac{\Delta p}{\Delta r} \neq 0 \right)$. So kann das Wasserstoffmolekül nicht durch elektromagnetische Strahlung zum Schwingen angeregt werden, da während seiner Schwingung aufgrund der symmetrischen Ladungsverteilung nie ein Dipolmoment auftritt.

Die klassische Behandlung des schwingenden zweiatomigen Moleküls führt somit zu folgenden **Bedingungen für die Absorption von elektromagnetischer Strahlung:**

1. $f = f_0$

2. $\dfrac{\Delta p}{\Delta r} \neq 0$ (während der Schwingung muß sich das Dipolmoment ändern).

Die *quantenmechanische Behandlung* führt zu den gleichen Ergebnissen. Nach den Regeln der Quantenmechanik kann die Schwingungsenergie eines zweiatomigen Moleküls nur diskrete Werte annehmen. Die erlaubten Energiewerte sind

$$E_n = \left(n + \frac{1}{2}\right) h f_0, \quad \text{wobei} \quad n \in \mathbb{N}_0$$

die **Schwingungsquantenzahl** ist. Der tiefste Energiewert (Grundzustand) ist $E_0 = \frac{1}{2} h f_0$. Der Abstand zweier benachbarter Energiezustände $E_{n+1} - E_n = h f_0$ ist konstant. Daraus resultiert das Energieniveauschema in Abb. 9/15.

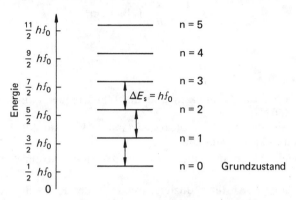

Abb. 9/15. Schwingungsenergieniveaus eines zweiatomigen Moleküls.

Die *quantenmechanische* Behandlung des Wechselwirkungsprozesses zwischen schwingendem Molekül und elektromagnetischer Strahlung ergibt, daß *nur Übergänge zwischen benachbarten Energieniveaus erlaubt sind* ($n = \pm 1$). Für die Absorption müssen dann die einfallenden Photonen die Energie $h f = E_{n+1} - E_n = h f_0$ haben. Daraus folgt die Resonanzbedingung $f = f_0$, was mit dem klassischen Ergebnis übereinstimmt.

Die Resonanzfrequenz, die gleich der Eigenfrequenz ist, stellt eine für das Molekül und seine Bindung charakteristische Größe dar. Aufgrund der Beziehung

$f_0 = \dfrac{1}{2\pi} \cdot \sqrt{\dfrac{k}{\mu}}$ erwartet man, daß mit steigender Stärke einer Bindung die Eigenfrequenz zunimmt, wenn die reduzierte Masse einigermaßen konstant bleibt. Dies ist bei den Halogenwasserstoffsäuren H—X (X = F, Cl, Br, I) der Fall, wie folgende Tabelle zeigt:

Tabelle 9/1. Schwingungsdaten der Halogenwasserstoffsäuren.

Bindung	Bindungsenergie [kJ·mol^{-1}]	μ [u]	k [N·m^{-1}]	$\bar{\nu} = \dfrac{f_0}{c}$ [cm^{-1}]
H—F	560,1	0,95	880	3958
H—Cl	427,2	0,97	480	2885
H—Br	361,6	0,99	380	2559
H—I	294,7	0,99	290	2230

Die reduzierte Masse wurde in der atomaren Masseneinheit $1\,u = 1{,}66 \cdot 10^{-27}$ kg angegeben.

(Beachte: $1\,N = 1\,\dfrac{kg\,m}{s^2}$. Bei Berechnung von $\bar{\nu}$ muß man μ in kg einsetzen.)

Da die Resonanzfrequenz relativ große Werte (ca. 10^{11} bis 10^{12} Hz) annimmt, gibt man in der IR-Spektroskopie die **Wellenzahl** $\tilde{v}$ an, die sich aus der Frequenz gemäß

$$\tilde{v} = \frac{1}{c} f_0$$

$$\tilde{v} = \frac{1}{2\pi c} \sqrt{\frac{k}{\mu}} \quad [\tilde{v}] = 1 \text{ cm}^{-1}$$

berechnet.

9.3.1 Aufgaben

A 1 Berechnen Sie die Wellenzahl und die Eigenfrequenz eines HCl-Moleküls, wenn $k = 480 \text{ N} \cdot \text{m}^{-1}$ ist.
Beachten Sie, daß Sie die reduzierte Masse in kg ausdrücken, indem Sie die Einheit 1 u in kg umwandeln.

A 2 Aus wieviel Absorptionsbanden besteht das IR-Spektrum von HCl, Cl_2, NO, H_2, N_2?

A 3 Weshalb ändert sich die reduzierte Masse in der Reihe der Halogenwasserstoffsäuren kaum?

A 4 Wie ändert sich die Wellenzahl, wenn man im HCl-Molekül das Wasserstoffatom gegen das Isotop Deuterium ($^2_1$H) ersetzt? Berechnen Sie die Wellenzahl.

9.4 Schwingungen mehratomiger Moleküle

Die Schwingungen mehratomiger Moleküle sind komplizierter als die bei zweiatomigen Molekülen. Auch hier können wir *modellmäßig* die einzelnen Bindungen durch Federn unterschiedlicher Kraftkonstanten k_{ij} und die Atomrümpfe durch Massenpunkte m_i ersetzen.

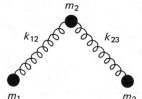

Abb. 9/16. Modell eines dreiatomigen Moleküls.

Ein mehratomiges Molekül kann mehrere Schwingungen mit verschiedenen Eigenfrequenzen f_{0i} ausführen. Man spricht auch von sogenannten *Normalschwingungen*. Bei solchen führen alle Atome des Moleküls harmonische Schwingungen *gleicher Frequenz* aus. Die *Amplituden* verschiedener Atome können je nach Atomart und je nach Bindung des Atoms bei einer Normalschwingung *verschieden* sein. Die Zahl der Normalschwingungen eines Moleküls nimmt mit der Zahl N der Atome im Molekül zu und beträgt bei *nicht linearen* Molekülen *3 N − 6*, bei *linearen* Molekülen *3 N − 5*. So hat das Wassermolekül (N = 3) 3 Normalschwingungen, während das lineare Kohlendioxidmolekül 4 Normalschwingungen hat.

Von diesen Normalschwingungen können nur diejenigen durch elektromagnetische Strahlung angeregt werden, bei denen während der Schwingung das *Dipolmoment sich ändert*. Außerdem muß die Frequenz der elektromagnetischen Strahlung gleich der Eigenfrequenz der anzuregenden Normalschwingung sein.
Bei mehratomigen Molekülen unterscheidet man zwei Arten von Normalschwingungen:
— Schwingungen, bei denen Bindungen gedehnt und gestaucht werden, heißen **Valenzschwingungen.**
— Schwingungen, bei denen Bindungswinkel verändert werden, heißen **Deformationsschwingungen.**

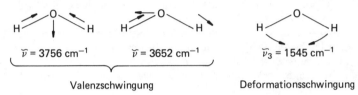

$$\tilde{\nu} = 3756 \text{ cm}^{-1} \qquad \tilde{\nu} = 3652 \text{ cm}^{-1} \qquad \tilde{\nu}_3 = 1545 \text{ cm}^{-1}$$

Valenzschwingung   Deformationsschwingung

Abb. 9/17. Valenz- und Deformationsschwingungen beim H_2O-Molekül.

Da bei einer Bindungslängenänderung die Überlappung der Atomorbitale stärker verändert wird als bei einer Bindungswinkeländerung, benötigt man hierzu auch größere Kräfte. Somit ist die Kraftkonstante für eine Valenzschwingung *größer* als für eine Deformationsschwingung. Daher sind die Eigenfrequenzen bzw. die Wellenzahlen der Deformationsschwingungen im allgemeinen kleiner als die der Valenzschwingungen.

$$k_{\text{Val}} > k_{\text{Def}} \quad \Rightarrow \quad \tilde{\nu}_{\text{Val}} > \tilde{\nu}_{\text{Def}}$$

Bei Normalschwingungen sind *im allgemeinen* alle Atome und Bindungen des Moleküls beteiligt, so daß die Eigenfrequenzen bzw. die Wellenzahlen für das Molekül als Ganzes charakteristisch sind.
Es hat sich nun aber anhand sehr vieler aufgenommener Spektren gezeigt, daß Moleküle, die gleiche funktionelle Gruppen, Struktureinheiten und Bindungen enthalten, immer Banden in bestimmten Frequenz- bzw. Wellenzahlbereichen erzeugen. So absorbieren alle Moleküle mit einer OH-Gruppe in einem Wellenzahlenbereich von 3200 bis 3700 cm^{-1}, Moleküle mit einer Carbonylgruppe ergeben eine Bande bei 1650 bis 1800 cm^{-1}. Man bezeichnet diese Banden als **charakteristische Banden** eines Moleküls. Aufgrund dieser Tatsache *eignet sich die IR-Spektroskopie zum Erkennen von funktionellen Gruppen in einem Molekül.*
Hierauf beruht ihre Anwendung bei der Strukturaufklärung komplizierter Moleküle.
Das Auftreten charakteristischer Banden bedeutet aber, daß *hier* die dazugehörigen Normalschwingungen hauptsächlich auf die Bindungen der funktionellen Gruppe lokalisiert sind und näherungsweise unabhängig vom Molekülrest erfolgen. Dazu betrachten wir die Schwingung einer Bindung AB in einem hypothetischen Molekül XYAB.

X
  \ k_{AX}
         A —— k_{AB} —— B
  / k_{AY}
Y

235

Die Normalschwingung ist näherungsweise auf die Bindung A—B lokalisiert, wenn

1. $k_{AB} \gg k_{AX}, k_{AY}$ oder $k_{AB} \ll k_{AX}, k_{AY}$

   d.h. wenn die Kraftkonstante der Bindung sich wesentlich von den Kraftkonstanten der Nachbarbindungen unterscheidet, oder

2. Atome an der Schwingung teilnehmen, deren Massen sich von denen der übrigen Atome wesentlich unterscheiden[1].

So zeigen Doppel- und Dreifachbindungen charakteristische Absorptionsbanden im IR-Spektrum, da die Nachbaratome Einfachbindungen sind, deren Kraftkonstanten wesentlich kleiner sind. Einfachbindungen ergeben nur dann charakteristische Banden, wenn dabei Atome beteiligt sind, deren Masse sich von den übrigen benachbarten Atomen stark unterscheiden.

Dies ist bei allen Bindungen der Fall, die Wasserstoff enthalten. So sind OH-, NH-, CH-Bindungen leicht im IR-Spektrum anhand ihrer Valenzschwingungen zu erkennen. C—C-, C—O- und C—N-Bindungen erzeugen dagegen keine charakteristischen Banden, da ihre Lage stark vom Molekülrest wegen vergleichbarer Massen- und Kraftkonstanten beeinflußt wird.

9.4.1 Aufgaben

A 1 Welche der folgenden Gruppen zeigen charakteristische IR-Banden?

$$-C\equiv N \quad ; \quad \diagdown C=\bar{N}\diagdown \quad ; \quad -\overset{|}{\underset{|}{C}}-\bar{N}\diagup \quad ; \quad -\overset{|}{\underset{|}{C}}-H \quad ; \quad \diagdown \bar{P}-H \quad ; \quad \diagdown \bar{P}-\bar{S}-$$

A 2 Das Kohlendioxidmolekül kann folgende Normalschwingungen ausführen. Die Pfeile geben die Bewegung der Atome während der Schwingung an.

a) $\overset{\leftarrow}{O}=C=\vec{O}$ b) $\vec{O}=C=\vec{O}$ c) $O=C=O$

Welche sind Deformations-, welche Valenzschwingungen?
Welche Schwingungen können mit IR-Strahlung angeregt werden?

9.5 Die Bereiche eines IR-Spektrums

IR-Spektren werden normalerweise in einem Wellenzahlbereich von 500 bis 4000 cm^{-1} aufgenommen. In diesem Bereich liegen fast alle IR-Absorptionsbanden organischer Verbindungen. Man teilt diesen Bereich grob in zwei Teilbereiche ein:

— **Bereiche über 1500 cm^{-1}**
— **Bereiche unter 1500 cm^{-1}**

Im ersten Bereich liegen die *Valenzschwingungen,* d.h. im allgemeinen die charakteristischen Banden. Innerhalb dieses Bereiches erkennt man die funktionellen Gruppen eines Moleküls. Im zweiten Bereich liegen vorwiegend die *Deformationsschwin-*

---

1 Die Voraussetzung für eine Lokalisation ist damit bei Valenzschwingungen sehr gut erfüllt, bei Deformationsschwingungen dagegen nicht.

236

gungen und die Valenzschwingungen von Einfachbindungen zwischen Atomen großer Massen. (Dann ist μ groß und $\tilde{\nu} = \dfrac{1}{2\pi c}\sqrt{\dfrac{k}{\mu}}$ klein.) Da diese Schwingungen sehr stark vom Rest des Moleküls beeinflußt werden, liegen in diesem Bereich wenig charakteristische Schwingungen. Jedes Molekül zeigt hier andere Banden, die für das gesamte Molekül kennzeichnend sind. Man bezeichnet deshalb diesen Bereich auch als **Fingerprint-Bereich.** Man kann mit Hilfe dieser Banden eine unbekannte Verbindung durch Vergleich mit den Spektren bekannter Verbindungen identifizieren. Heute gehört ein IR-Spektrum genauso zur Charakterisierung einer Substanz wie ihr Schmelzpunkt, Siedepunkt und Brechungsindex.

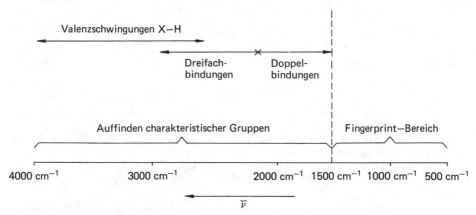

Abb. 9/18. Bereiche eines IR-Spektrums.

9.6   Diskussion einiger charakteristischer Banden

Im Bereich $\tilde{\nu} > 2400$ cm^{-1} finden wir die X—H-*Valenzschwingungen,* wobei X ein Molekülrest ist. Die Wellenzahl ist deshalb so groß, weil die reduzierte Masse μ sehr klein ist. Es gilt:

$$\tilde{\nu} = \frac{1}{2\pi c}\sqrt{\frac{k}{\mu}} \quad \text{mit} \quad \mu \cong \frac{m_X m_H}{m_H + m_X}$$

wegen $m_X \gg m_H \implies \mu \approx m_H$

Daraus folgt, daß die Masse von X praktisch keinen Einfluß auf die Wellenzahl hat. Sie wird praktisch nur von der Kraftkonstanten der X—H-Bindung beeinflußt, die selbst wiederum von der Bindungsstärke abhängt. Dies verdeutlichen die Zahlen der Tab. 9/2.

Die OH-*Schwingungen* liegen bei 3200 bis 3700 cm^{-1}. Sie kommen in Alkoholen, Phenolen und Carbonsäuren vor. Die Banden sind im allgemeinen sehr breit und ihre Lage ist stark konzentrationsabhängig. So zeigen Alkohole im Gaszustand oder in verdünnten Lösungen (z. B. in CCl$_4$) eine scharfe Bande bei ca. 3650 bis 3700 cm^{-1}. Flüssige Alkohole sowie Alkohole in konzentrierten Lösungen zeigen breite Banden bei etwa 3200 bis 3400 cm^{-1}. In konzentrierten Lösungen sowie in der

Tabelle 9/2. Schwingungsdaten einiger X—H-Valenzschwingungen.

Bindung	Bindungsenergie	μ	k	$\tilde{v}$
H—F	560,1 kJ/mol	0,95 u	$880\ \dfrac{N}{m}$	3958 cm^{-1}
H—Cl	427,2 kJ/mol	0,97 u	$480\ \dfrac{N}{m}$	2885 cm^{-1}
H—Br	361,6 kJ/mol	0,99 u	$380\ \dfrac{N}{m}$	2559 cm^{-1}
H—I	294,7 kJ/mol	0,99 u	$290\ \dfrac{N}{m}$	2230 cm^{-1}
C—H	380 kJ/mol	0,92 u	$590\ \dfrac{N}{m}$	3290 cm^{-1}
N—H	390 kJ/mol	0,93 u	$637\ \dfrac{N}{m}$	3400 cm^{-1}
O—H	460 kJ/mol	0,94 u	$721\ \dfrac{N}{m}$	3600 cm^{-1}

Flüssigkeit können sich intermolekulare Wasserstoffbrückenbindungen ausbilden, und es kommt zur Assoziation.

$$2\ R-\overline{O}-H \ \rightleftharpoons \ R-\overline{O} \begin{smallmatrix} H\cdots \\ \cdots H \end{smallmatrix} \overline{O}-R$$

$$n\ ROH \longrightarrow (ROH)_n \quad n = 2;\ 3;\ 4 \ldots$$

Die Lösung enthält nun ein Gemisch dieser Assoziate. Dies erklärt die breite Absorptionsbande, da jedes Assoziat eine etwas andere Wellenzahl für die OH-Schwingung ergibt. Weiterhin wird bei der Bildung einer Wasserstoffbrückenbindung die OH-Bindung geschwächt, was zu einer Erniedrigung der Wellenzahl führt.

Die NH-*Valenzschwingung* liegt bei 3300 bis 3500 cm^{-1}. Sie kommt in primären und sekundären Aminen sowie in Amiden $\left(-C\diagdown{\overset{O}{NH_2}}\right)$ vor. Auch diese Bande ist verbreitert und infolge der Wasserstoffbrückenbindungen stark konzentrationsabhängig.

Die CH-*Valenzschwingungen* liegen im Bereich von 2800 bis 3200 cm^{-1} und ergeben mittelstarke Banden. Den Bereich kann man je nach Bindungszustand noch in verschiedene Unterbereiche teilen.

1) $C\equiv C-H$ \quad sp-Hybridisierung \quad $\tilde{v} \approx 3300$ cm^{-1}

2) $\diagup{\diagdown}C=C\diagup{\diagdown}{\overset{H}{R}}$ \quad sp^2-Hybridisierung \quad $\tilde{v} \approx 3010$ bis 3100 cm^{-1}

3) aromatisches $\quad$ sp^2-Hybridisierung $\quad$ $\tilde{v} \approx 3010$ bis 3080 cm^{-1}

4) —CH$_3$ $\quad$ sp^3-Hybridisierung $\quad$ $\tilde{v}_{as} \approx 2950$ bis 2970 cm^{-1}
$\tilde{v}_{sym} \approx 2860$ bis 2880 cm^{-1}

5) —CH$_2$— $\quad$ sp^3-Hybridisierung $\quad$ $\tilde{v}_{as} \approx 2920$ bis 2940 cm^{-1}
$\tilde{v}_{sym} \approx 2840$ bis 2860 cm^{-1}

Aus der Lage der CH-Valenzschwingung kann man ziemlich gut auf die Art der CH-Gruppe schließen und kann so aliphatisches CH von aromatischen und olefinischen CH unterscheiden.

Die Unterschiede im Wellenzahlbereich können durch den unterschiedlichen Bindungszustand der CH-Bindung erklärt werden. Im Ethin überlappt ein sp-Hybridorbital mit einem 1s-Orbital des Wasserstoffatoms, in Alkenen und Aromaten dagegen ein sp^2-Hybridorbital, in Aliphaten ein sp^3-Hybridorbital. Da mit steigendem s-Charakter des C-Hybridorbitals die Überlappung zunimmt, wird auch die Kraftkonstante und damit die Wellenzahl in dieser Richtung größer.

Im Fall der CH$_3$- und der CH$_2$-Schwingung beobachtet man zwei Banden. Die beiden CH-Schwingungen im CH$_2$-Rest erfolgen nicht mehr unabhängig voneinander, da ihre Kraftkonstanten gleich groß sind. Somit sind alle drei Atome an der Schwingung beteiligt, und es ist eine asymmetrische und eine symmetrische Valenzschwingung möglich, die sich in der Wellenzahl etwas unterscheiden.

asymmetrische Schwingung $\qquad$ symmetrische Schwingung

Da aber die Schwingung auf die CH$_2$-Gruppe lokalisiert ist, stellt sie trotzdem eine charakteristische Schwingung dar. Ähnliches gilt für die beiden CH$_3$-Schwingungen[1]. Moleküle, die gleichzeitig CH$_3$- und CH$_2$-Gruppen enthalten, zeigen oft nur drei Banden, da sich diese teilweise überdecken.

Im Bereich von 1500 bis 2000 cm^{-1} liegen die *Mehrfachbindungen*. Da die Kraftkonstante einer Dreifachbindung größer als die einer Doppelbindung ist, beobachtet man die Valenzschwingungen von *Dreifachbindungen* bei 1900 bis 2400 cm^{-1}, während man *Doppelbindungen* bei 1500 bis 1900 cm^{-1} beobachtet. Die C≡C-Dreifachbindung kommt in Alkinen vor und liegt bei 2150 bis 2260 cm^{-1}. Ist die Dreifachbindung symmetrisch substituiert, so verändert sich während der Schwingung das Dipolmoment nicht, und die Schwingung ist IR-inaktiv. So ist in H$_3$C—C≡C—CH$_3$ die C≡C-Valenzschwingung IR-inaktiv, während in H$_3$C—C≡C—H die C≡C-Valenzschwingung im IR-Spektrum registriert wird. Die C≡N-*Dreifachbindung* tritt in Nitrilen auf und liegt bei 2200 bis 2260 cm^{-1}.

---

[1] Hier gibt es eigentlich drei Schwingungen, von denen aber zwei die gleiche Wellenzahl besitzen.

Die C=C-*Valenzschwingung* liegt zwischen 1620 bis 1680 cm^{-1} und ist im allgemeinen relativ intensitätsschwach. Bei symmetrisch substituierten Alkenen ist die C=C-Valenzschwingung IR-inaktiv. So zeigt das cis-1,2-Dichlorethen eine IR-Bande bei 1640 cm^{-1}, während das trans-Isomere keine Bande in diesem Bereich aufweist. Auf diese Weise lassen sich cis- und trans-Isomere unterscheiden.

Steht die Doppelbindung mit einer anderen Mehrfachbindung in konjugativer Wechselwirkung, so wird ihre Lage zu niedrigeren Wellenzahlen verschoben (ca. 1620 cm^{-1}). Dies ist z. B. bei Styrol der Fall. Für das Styrolmolekül kann man folgende mesomere Grenzstrukturen zeichnen:

Durch die Beteiligung der Grenzstrukturen B, C, D, E etc. wird der Doppelbindungscharakter der C=C-Bindung erniedrigt, was zu einer Erniedrigung der Kraftkonstanten führt.

Die aromatischen C=C-Ringschwingungen zeigen charakteristische IR-Absorptionen bei 1600 cm^{-1}, 1580 cm^{-1} und 1500 cm^{-1}. Die Bande bei 1580 cm^{-1} ist nicht bei allen aromatischen Verbindungen vorhanden. Diese Banden zwischen 1500 bis 1600 cm^{-1} und die CH-Valenzschwingung bei 3030 cm^{-1} sind ein deutliches Zeichen für die Anwesenheit eines aromatischen Systems.

Die C=O-Carbonylschwingung liegt im Bereich von 1650 bis 1850 cm^{-1}. Sie ist aufgrund ihrer starken Polarität und der damit während einer Schwingung auftretenden großen Dipolmomentsänderung eine der intensivsten Banden im IR-Spektrum. Je nach Substituent liegt die Carbonylbande in einem engen Wellenzahlenbereich, was die Tab. 9/3 zeigt.

Die Substituenten beeinflussen über ihren induktiven und mesomeren Effekt den Bindungsgrad und die Bindungspolarität der Carbonylgruppe. In der Carbonylgruppe sind die π-Elektronen durch Substituenten leicht verschiebbar. Es lassen sich die beiden folgenden mesomeren Grenzstrukturen aufzeichnen:

Substituenten X, die aufgrund ihres $-$I-Effektes bzw. $-$M-Effektes Elektronen vom C-Atom wegziehen, drängen nun die Beteiligung der polaren Grenzstruktur II am tatsächlichen Bindungszustand zurück. Dadurch wird der Doppelbindungscharakter der Carbonylgruppe erhöht, was eine Erhöhung der Wellenzahl zufolge hat.

Substituenten mit $+$I- bzw. $+$M-Effekt erhöhen dagegen die Elektronendichte am C-Atom und stabilisieren somit die polare Grenzstruktur II. Aus diesem Grund hat

240

Tabelle 9/3. IR-Absorptionen der Carbonylgruppe.

Verbindungsklasse	Substituent X	Substituenten-effekt	Bandenlage	$\Delta \bar{v}$
$CH_3-C\overset{O}{\underset{H}{\diagdown}}$ Aldehyde	—H	—	$1740\ cm^{-1}$ $1720\ bis\ 1740\ cm^{-1}$	0
$CH_3-C\overset{O}{\underset{CH_3}{\diagdown}}$ Ketone	—Alkyl —CH_3	+I	$1725\ cm^{-1}$ $1705\ bis\ 1725\ cm^{-1}$	$-\ 15\ cm^{-1}$
$CH_3-C\overset{O}{\underset{\overline{C}l|}{\diagdown}}$ Säurechloride	$-\overline{C}l|$	$-I > +M$	$1812\ cm^{-1}$ $1790\ bis\ 1815\ cm^{-1}$	$+\ 72\ cm^{-1}$
$CH_3-C\overset{O}{\underset{\overline{O}-C_2H_5}{\diagdown}}$ Ester	$-\overline{O}$-Alkyl	$-I > +M$	$1745\ cm^{-1}$ $1735\ bis\ 1750\ cm^{-1}$	$+\ \ 5\ cm^{-1}$
$CH_3-C\overset{O}{\underset{NH_2}{\diagdown}}$ Amide	$-\overline{N}H_2$	$+M > -I$	$1650\ cm^{-1}$ $1650\ bis\ 1690\ cm^{-1}$	$-\ 90\ cm^{-1}$
$CH_3-C\overset{O}{\underset{\overline{O}|^{\ominus}}{\diagdown}}$	$-\overline{O}|^{\ominus}$	$+I, +M$	$1545\ cm^{-1}$ $1412\ cm^{-1}$ $1550\ bis\ 1610\ cm^{-1}$ $1400\ bis\ 1420\ cm^{-1}$	$-195\ cm^{-1}$ $-328\ cm^{-1}$

diese polare Grenzstruktur einen stärkeren Anteil am gesamten Bindungszustand, und der Doppelbindungscharakter wird erniedrigt.
Cl und OR bewirken gegenüber H eine Wellenzahlerhöhung. Hier überwiegt offensichtlich der $-I$-Effekt den $+M$-Effekt. Allerdings scheinen sich beide Effekte bei der OR-Gruppe fast auszugleichen.
Bei der —NH_2-Gruppe überwiegt hingegen der $+M$-Effekt.
Generell kann man sagen, daß bei einer konjugativen Wechselwirkung der Carbonylgruppe mit einer anderen Mehrfachbindung die Wellenzahl erniedrigt wird.
Beispiel: Acrolein

$$CH_2\overset{-}{=}CH-C\overset{O}{\underset{H}{\diagdown}} \longleftrightarrow \overset{\oplus}{C}H_2-CH=C\overset{\overline{O}|^{\ominus}}{\underset{H}{\diagdown}}$$

Tabelle 9/4. Tabellarische Übersicht der wichtigsten IR-Absorptionsbanden.

$\tilde{\nu}$	Gruppe
3590 bis 3700 cm^{-1}	freie OH-Schwingung an Alkoholen und Phenolen
3200 bis 3600 cm^{-1}	alkoholische und phenolische OH-Schwingung durch H-Brücken-bindung verschoben. Je kleiner $\tilde{\nu}$, desto stärkere H-Brücke, breite Bande.
2500 bis 3200 cm^{-1}	OH-Schwingung der Carboxylgruppe
3300 bis 3500 cm^{-1}	primäre und sekundäre Amine. Primäre Amine zeigen im allgemeinen zwei Banden.
3300 cm^{-1}	C≡C—H C—H-Valenzschwingung
3010 bis 3090 cm^{-1}	$\overset{}{\underset{}{}}C=C\overset{H}{\underset{}{}}$ C—H-Valenzschwingung
3010 bis 3080 cm^{-1}	aromat. ⬡—H
2950 bis 2970 cm^{-1}	$\tilde{\nu}_{as}$ CH$_3$
2860 bis 2880 cm^{-1}	$\tilde{\nu}_{sym}$ CH$_3$
2920 bis 2940 cm^{-1}	$\tilde{\nu}_{as}$ CH$_2$
2840 bis 2860 cm^{-1}	$\tilde{\nu}_{sym}$ CH$_2$
2700 bis 2900 cm^{-1}	C—H in $-C\overset{O}{\underset{H}{}}$
2200 bis 2260 cm^{-1}	—C≡N
2150 bis 2260 cm^{-1}	—C≡C— bei symmetrisch substituierten Alkinen IR-inaktiv
1790 bis 1815 cm^{-1}	$-C\overset{O}{\underset{Cl}{}}$ bei Konjugation mit einem Arylrest oder einer Doppel-bindung Verschiebung um 20 bis 30 cm^{-1} zu kleineren Wellenzahlen.
1735 bis 1750 cm^{-1}	$-C\overset{O}{\underset{OR}{}}$ Ester; Erniedrigung durch Konjugation.
1720 bis 1740 cm^{-1}	$-C\overset{O}{\underset{H}{}}$ Aldehyde; Erniedrigung durch Konjugation.
1705 bis 1725 cm^{-1}	$\overset{R}{\underset{R}{}}C=O$ Ketone; Erniedrigung durch Konjugation um 20 bis 30 cm^{-1}.
1700 bis 1725 cm^{-1}	$-C\overset{O}{\underset{OH}{}}$ Carbonsäuren (Monomeres)
1650 bis 1690 cm^{-1}	$-C\overset{O}{\underset{NH_2}{}}$ Säureamide
1550 bis 1610 cm^{-1}	ν_{as}
1400 bis 1420 cm^{-1}	ν_{sym} } $-C\overset{O}{\underset{\bar{O}|^{\ominus}}{}}$ Carboxylat
1620 bis 1680 cm^{-1}	$\overset{}{\underset{}{}}C=C\overset{}{\underset{}{}}$ kann bei symmetrisch substituierten Alkenen fehlen bzw. schwach sein. Durch Konjugation Erniedrigung der Wellenzahl.
1560 cm^{-1}	$\tilde{\nu}_{as}$
1350 cm^{-1}	$\tilde{\nu}_{sym}$ } NO$_2$ Nitrogruppe

9.6.1 Aufgaben

A 1 Warum ist die Wellenzahl einer C—H-Schwingung größer als die einer $\diagup$C=C$\diagdown$-Schwingung obwohl die Kraftkonstante der letzteren doppelt so groß ist wie die einer C—H-Bindung?

A 2 Ethanol zeigt eine OH-Bande bei $\tilde{v} = 3700$ cm^{-1}. Wird das H-Atom durch das Isotop Deuterium ($m_D = 2\,u$) ersetzt, so wird die Bande beträchtlich verschoben. Berechnen Sie die Wellenzahl der O—D-Schwingung!

A 3 Methanol zeigt im Bereich zwischen 1500 und 4000 cm^{-1} im wesentlichen 2 Banden:

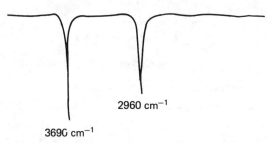

Schüttelt man Methanol mit D$_2$O, so erhält man folgendes Spektrum:

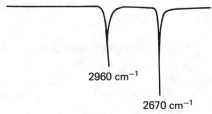

Ordnen Sie die Banden den Schwingungen zu und erklären Sie das obige Versuchsergebnis!

A 4 Welche der folgenden X—H-Schwingungen wird durch Schütteln mit D$_2$O verändert?
OH, NH$_2$, C—H

A 5 Welche der folgenden C≡C-Valenzschwingungen ist nicht IR-aktiv?

$$H-C\equiv C-CH_3 \, , \quad Cl-C\equiv C-Cl \, , \quad CH_3-C\equiv C-CH_3 \, , \quad \bigcirc\!\!\!\!\bigcirc-C\equiv C-H$$

A 6 Erklären Sie folgendes Experiment:
IR-Spektrum einer hochverdünnten Cyclohexanollösung

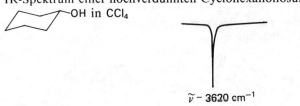

243

Erhöhung der Konzentration

$\tilde{\nu} = 3620\ cm^{-1}$

$\tilde{\nu} = 3485\ cm^{-1}$

weitere Erhöhung der Konzentration

$\tilde{\nu} = 3620\ cm^{-1}$

$\tilde{\nu} = 3320\ cm^{-1}$

$\tilde{\nu} = 3485\ cm^{-1}$

konzentrierte Lösung

$\tilde{\nu} = 3320\ cm^{-1}$

A 7 Warum liegt die Carbonylwellenzahl beim Carboxylation so niedrig? Warum beobachtet man 2 Carboxylatschwingungen?

A 8 Mißt man die Wellenzahl der Carbonylschwingung von Aceton in Hexan als Lsg., so erhält man $\tilde{\nu} = 1723\ cm^{-1}$. In Ethanol als Lsg. erhält man $1680\ cm^{-1}$. Geben Sie eine Erklärung!

A 9 Aceton absorbiert bei $\tilde{\nu} = 1725\ cm^{-1}$, Acetophenon 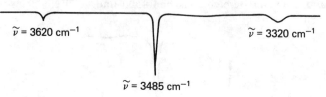 bei 1690 cm^{-1}. Erklären Sie die Wellenzahlerniedrigung!

A 10 Erklären Sie die Substituentenabhängigkeit der Wellenzahl der $>\!\!C\!\!=\!\!O$-Schwingung in folgenden substituierten Acetophenonen!

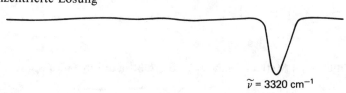

X	$\tilde{\nu}$
H	$1691\ cm^{-1}$
—CH$_3$	$1688\ cm^{-1}$
—NH$_2$	$1673\ cm^{-1}$
—Cl	$1693\ cm^{-1}$
—NO$_2$	$1700\ cm^{-1}$

A 11 Ordnen Sie folgende Carbonylverbindungen nach steigender Wellenzahl der Carbonylvalenzschwingung!

$CH_3\text{–}C\text{–}H$; $C_6H_5\text{–}C\text{–}H$; $(H_3C)_2N\text{–}C_6H_4\text{–}C\text{(=O)–}H$

A 12 Welches der folgenden Alkene ist IR-inaktiv?

$$\underset{H}{\overset{Cl}{>}}C{=}C\underset{H}{\overset{Cl}{<}} \;\; ; \;\; \underset{Cl}{\overset{H}{>}}C{=}C\underset{H}{\overset{Cl}{<}} \;\; ; \;\; \underset{H_3C}{\overset{H_3C}{>}}C{=}C\underset{CH_3}{\overset{CH_3}{<}} \;\; ;$$

$$CH_3{-}CH{=}CH_2 \;\; ; \;\; \underset{H_3C}{\overset{H_3C}{>}}C{=}C\underset{H}{\overset{CH_3}{<}}$$

9.7 Anwendungsbeispiele der IR-Spektroskopie

Beispiel 1: Mit der Summenformel C_2H_6O sind folgende Strukturvorschläge vereinbar:

$$CH_3{-}CH_2{-}OH \qquad H_3C{-}O{-}CH_3$$

In Abb. 9/19 sind die IR-Spektren beider Verbindungen abgebildet:

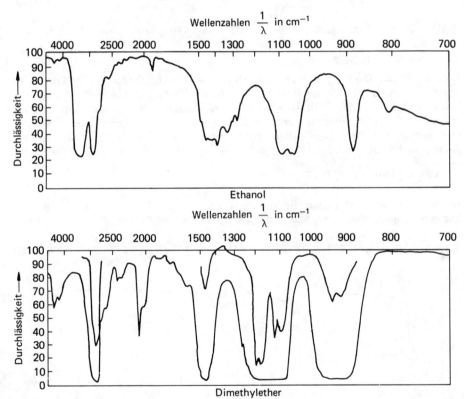

Abb. 9/19. IR-Spektren von Ethanol und Dimethylether.

Die breite Bande bei 3300 cm^{-1} weist deutlich auf alkoholisches OH hin. Da das Spektrum im flüssigen Zustand aufgenommen wurde, ist die Wellenzahl aufgrund der Wasserstoffbrückenbindungen erniedrigt. Beim Spektrum des Dimethylethers fehlt diese Bande. Beide Substanzen ergeben IR-Absorptionen zwischen 2800 bis 3000 cm^{-1}, die für die CH$_2$- bzw. CH$_3$-Schwingung charakteristisch sind. Die Linien unterhalb von 1500 cm^{-1} stammen von Deformationsschwingungen sowie von Schwingungen, an denen das ganze Molekül beteiligt ist.

Beispiel 2: Eine Verbindung der Summenformel C$_8$H$_6$ zeigt folgendes IR-Spektrum:

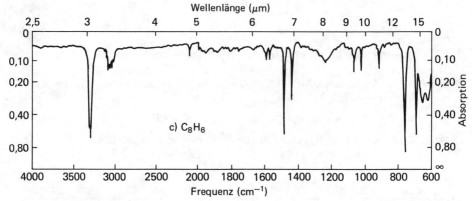

Abb. 9/20. IR-Spektrum der Verbindung C$_8$H$_6$.

Die Bande bei 3260 cm^{-1} deutet auf eine C≡C—H-Gruppierung hin. Dies wird durch die Anwesenheit einer Bande bei 2110 cm^{-1} bestätigt, die von der C≡C-Valenzschwingung stammt. Die Banden bei 3000 bis 3080 cm^{-1} rühren von der aromatischen C—H-Schwingung her. Das Doublett bei 1600 bzw. 1560 cm^{-1} stammt von den aromatischen C=C-Ringschwingungen. Somit liegt ein Aromat und ein Alkin vor. Die Summenformel und das Spektrum sind mit folgendem Strukturvorschlag vereinbar: ⬡—C≡C—H

Beispiel 3: Eine Substanz hat die Summenformel C$_6$H$_{10}$. Sie entfärbt alkalische Kaliumpermanganatlösung und zeigt das IR-Spektrum aus Abb. 9/21.

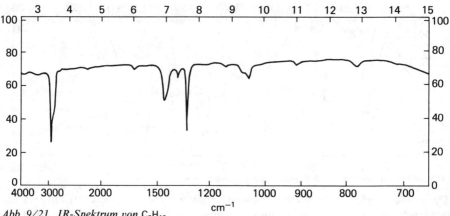

Abb. 9/21. IR-Spektrum von C$_6$H$_{10}$.

246

Die Summenformel und die Entfärbung von Kaliumpermanganat zeigen, daß es sich um eine ungesättigte Verbindung handelt. Aus der Summenformel kann man weiterhin schließen, daß es sich um eine Verbindung mit zwei Doppelbindungen oder einer Dreifachbindung oder um einen Cycloaliphaten mit einer Doppelbindung handelt. Die Banden bei 2800 bis 2960 cm^{-1} lassen sich der CH_3- und CH_2-Gruppe zuordnen. Da oberhalb 3000 cm^{-1} keine IR-Absorption erfolgt, kann es sich nicht um ein Dien handeln, da alle Diene, die mit der obigen Summenformel vereinbar sind, eine $>C=C<_H$-Bindung enthalten. Ähnliches gilt auch für ungesättigte Cycloaliphaten. Somit ist nur ein Alkin möglich. Da aber die $C\equiv C$-Valenzschwingung im IR-Spektrum fehlt, muß es sich um ein symmetrisches Alkin handeln. Die gesuchte Verbindung ist somit Hexin-(3).

$$H_3C-CH_2-C\equiv C-CH_2-CH_3$$

Beispiel 4: Eine Verbindung der Formel $C_9H_{10}O$ zeigt das IR-Spektrum der Abb. 9/22.

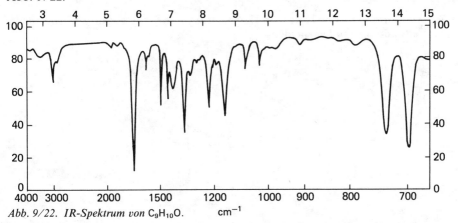

Abb. 9/22. IR-Spektrum von $C_9H_{10}O$. cm^{-1}

Die Banden bei 3020 cm^{-1} (aromatische CH-Valenzschwingung), 1600 cm^{-1}, 1580 cm^{-1} und 1490 cm^{-1} (C=C-Ringschwingungen) zeigen, daß ein Phenylring vorhanden sein muß. Die starke Bande bei 1720 cm^{-1} weist auf eine Carbonylgruppe hin. Es muß also ein aromatischer Aldehyd oder ein Keton vorliegen. Die IR-Absorptionen bei 2900 bis 3000 cm^{-1} weisen auf aliphatische CH-Gruppen (CH_3 oder CH_2) hin. Somit kann man folgende Strukturvorschläge machen:

247

Das Fehlen der $C\overset{\nearrow O}{\underset{\searrow H}{}}$ - und C—H-Valenzschwingung bei 2700 bis 2800 cm^{-1} läßt

alle Aldehyde ausscheiden, was man auch durch chemische Reaktionen (z. B. Tollensprobe) bestätigen kann. Im Keton der Form A und F ist die Carbonylgruppe in Konjugation zum Phenylring, so daß die Carbonylvalenzschwingung um 20 bis 30 cm^{-1} zu niedrigeren Wellenzahlen verschoben sein sollte (zwischen 1670 bis 1700 cm^{-1}). Da aber die Carbonylvalenzschwingung bei 1720 cm^{-1} liegt, scheidet die Konjugation aus, und es kann sich nur um Struktur B handeln.

Häufig kann man aber mit der IR-Spektroskopie nur bestimmte Strukturmerkmale erkennen, was für eine vollständige Strukturaufklärung meist noch nicht ausreicht. Hier müssen noch andere spektroskopische Methoden wie z. B. die NMR-Spektroskopie herangezogen werden.

9.7.1 Aufgaben

A 1 Wie kann man mit Hilfe der IR-Spektroskopie jeweils zwischen folgenden Verbindungen unterscheiden?

a) [Strukturformel Cyclohexenon] und [Strukturformel Cyclohexenon]

b) $CH_3-\underset{\underset{|O|}{\|}}{C}-CH_3$ und $CH_3-CH_2-C\overset{\nearrow O}{\underset{\searrow H}{}}$

c) $H_3C-\bigcirc-C\overset{\nearrow O}{\underset{\searrow \bar{O}-H}{}}$ und $\bigcirc-C\overset{\nearrow O}{\underset{\searrow \bar{O}-CH_3}{}}$

A 2 Gegeben sind drei IR-Spektren. Ordnen Sie diese den folgenden drei Verbindungen zu:

$\bigcirc-CH_2-OH$; $\bigcirc\overset{CH_3}{\underset{CH_3}{}}$; $\bigcirc=\bar{O}$

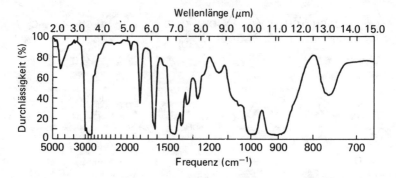

Wellenlänge (μm)

Durchlässigkeit (%) / Frequenz (cm^{-1})

248

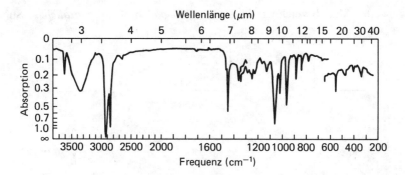

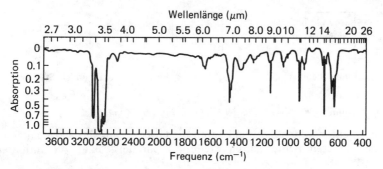

9.8 Physikalische Grundlagen der NMR-Spektroskopie

Der Begriff NMR-Spektroskopie leitet sich vom englischen Nuclear Magnetic **Re**sonance Spectroscopy ab und bedeutet **magnetische Kernresonanzspektroskopie.**
Atomkerne, insbesondere Protonen, besitzen meist einen **Kernspin.** Klassisch kann man sich diesen Spin als Eigenrotation eines Protons um seine Achse vorstellen. Wegen der durch Rotation bewegten Ladung stellt das Proton einen Strom dar, der in seiner Umgebung ein Magnetfeld erzeugt, das dem eines Stabmagneten gleicht. Aufgrund dieses Kernspins verhalten sich Protonen wie kleine Kompaßnadeln.
In einem äußeren Magnetfeld stellt sich eine Kompaßnadel parallel zu den magnetischen Feldlinien ein[1].
Will man sie aus dieser Orientierung wegdrehen, muß man Arbeit verrichten, wodurch die Energie der Kompaßnadel zunimmt. Die Energie einer Kompaßnadel in einem äußeren Magnetfeld hängt somit von ihrer jeweiligen Orientierung bezüglich der magnetischen Feldlinien ab.
Bei „mikroskopischen Kompaßnadeln", wie es die Kernmagnete sind, müssen die Gesetze der Quantenmechanik berücksichtigt werden. Im Gegensatz zu einer klassischen Kompaßnadel kann danach der Kernmagnet eines Protons nicht jede beliebige Orientierung bezüglich eines äußeren Magnetfeldes annehmen, sondern es sind nur *zwei Stellungen* erlaubt. Dies bedeutet, daß nicht jeder Energiewert zwischen E_{min} und E_{max} eingenommen werden kann, sondern es gibt nur zwei diskrete

---

1 Die Richtung der magnetischen Feldlinien ist die Richtung, in die sich der Nordpol der Kompaßnadel einstellt.

Energiewerte. Man bezeichnet sie als „*parallelen*" und „*antiparallelen*" Spinzustand[1].

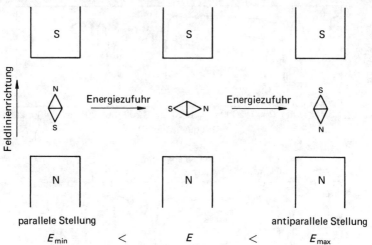

Abb. 9/23. Verhalten einer Kompaßnadel in einem äußeren Magnetfeld.

Symbolisch stellt man den Spin und damit die Orientierung des Kernmagneten bezüglich des äußeren Feldes durch Pfeile ↑ („parallel") bzw. ↓ („antiparallel") dar.

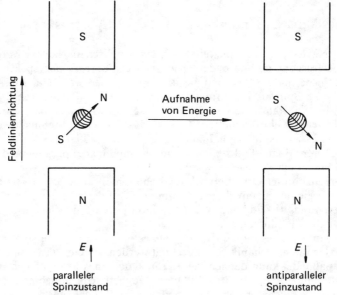

Abb. 9/24. Verhalten eines Kernmagneten im äußeren Magnetfeld.

---

1 Genaugenommen steht der Vektor des Kernspins in den erlaubten Spinzuständen nicht exakt parallel bzw. antiparallel zum äußeren Feld. In der „parallelen" Stellung bildet der Kernspin mit den Feldlinien einen spitzen Winkel, in der „antiparallelen" Stellung einen stumpfen Winkel.

Die Energiedifferenz $\Delta E = E\downarrow - E\uparrow$ wächst proportional zur Stärke des äußeren Feldes.

$$\Delta E = \alpha \cdot B$$

Zur energetischen Aufspaltung der beiden Spinzustände ist also unbedingt ein äußeres statisches Magnetfeld notwendig. Die Proportionalitätskonstante α wird durch die Kernart festgelegt und hat für Protonen einen festen Wert.

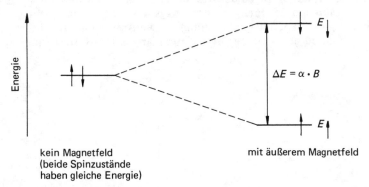

Abb. 9/25. Energetische Aufspaltung der Spinzustände eines Protons in einem äußeren Magnetfeld.

Zwischen den beiden Spinzuständen kann man mit Hilfe elektromagnetischer Strahlung Übergänge induzieren. Dazu muß die Energie der eingestrahlten Photonen gerade der Energiedifferenz zwischen den beiden Spinzuständen entsprechen.

$$h \cdot f = \alpha \cdot B$$

Für die Frequenz der absorbierten elektromagnetischen Strahlung beim Übergang von $\uparrow$ nach $\downarrow$ gilt somit:

$$f = f_R = \frac{\alpha}{h} \cdot B$$

Dies ist die **Resonanzbedingung der NMR-Spektroskopie.** Die Resonanzfrequenz wächst hier linear mit der magnetischen Flußdichte B.

Da bei normalen magnetischen Feldern ($B \approx 1$ Tesla) der Energieunterschied ΔE sehr klein ist, benötigt man hier sehr energiearme elektromagnetische Strahlung im Bereich der Radiowellen ($f = 4 \cdot 10^7$ Hz). Die meisten NMR-Spektrometer arbeiten mit einer magnetischen Flußdichte von 2 bis 3 Tesla.

Neben der Protonenresonanz (H-NMR) kann man NMR-Spektroskopie mit allen Kernen betreiben, die einen Kernspin besitzen. Einen Kernspin besitzen nur Atomkerne mit einer ungeraden Anzahl von Protonen oder Neutronen oder solche, bei denen sowohl Protonen als auch Neutronen in ungerader Anzahl vorhanden sind (ug-, gu- und uu-Kerne). Kerne mit gerader Protonen- und Neutronenzahl besitzen keinen Kernspin (gg-Kerne) und sind deshalb für die NMR-Spektroskopie nicht geeignet. Verschiedenartige Kerne mit Kernspin unterscheiden sich in der Konstanten α und kommen deshalb bei verschiedenen Frequenzen zur Resonanz. Große Bedeutung hat neben der Protonenresonanz die NMR-Spektroskopie mit den Kernen ^{13}C, ^{19}F und ^{31}P erlangt.

9.8.1 Das Kernresonanzexperiment

Ziel der NMR-Spektroskopie ist es, die Resonanzfrequenz bei einem gegebenen äußeren Magnetfeld zu bestimmen. Gehen Kerne vom „parallelen" in den „antiparallelen" Spinzustand über, so findet Energieaufnahme aus dem elektromagnetischen Strahlungsfeld statt. Dies ist genau dann der Fall, wenn die Frequenz der elektromagnetischen Strahlung gleich der Resonanzfrequenz ist. Mißt man die absorbierte Energie als Funktion der Frequenz der eingestrahlten Strahlung, so kann man die Resonanzfrequenz experimentell bestimmen. Die Auftragung der absorbierten Leistung als Funktion der Frequenz bezeichnet man als NMR-Spektrum[1].

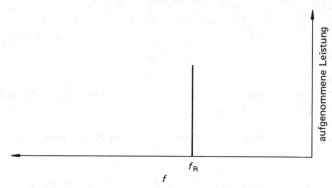

Abb. 9/26. Schema eines NMR-Spektrums.

In Abb. 9/27 ist das Schema eines NMR-Spektrometers dargestellt.

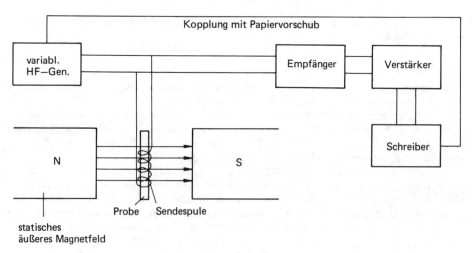

Abb. 9/27. Schema eines NMR-Spektrometers.

---

1 Man beachte, daß aus meßtechnischen Gründen bei NMR-Spektren die Frequenz von links nach rechts abnimmt.

In ein homogenes äußeres Magnetfeld wird eine Probe eingebracht. Als Strahlungsquelle dient ein Hochfrequenzgenerator variabler Frequenz, der eine Sendespule, die die Probe umgibt, mit einem hochfrequenten Wechselstrom speist. Innerhalb der Spule entsteht ein hochfrequentes Magnetfeld, das gleichzeitig durch Induktion ein hochfrequentes elektrisches Wechselfeld erzeugt. Somit herrscht innerhalb der Sendespule das gewünschte hochfrequente elektromagnetische Wechselfeld. Der Empfänger bestimmt die absorbierte Energie als Funktion der Frequenz des eingestrahlten elektromagnetischen Wechselfelds.

Die Probe im Proberöhrchen wird in einem indifferenten Lösungsmittel gelöst. Hierzu dient deuteriertes Chloroform $CDCl_3$ bzw. Tetrachlorkohlenstoff.

9.8.2 Das Verhalten der Kerne in einer makroskopischen Probe

Bisher wurde nur das Verhalten eines einzelnen Kernmagneten betrachtet. In der Praxis hat man aber eine Probe mit etwa 10^{20} Kernen vorliegen. In Abwesenheit eines äußeren Magnetfeldes ist keine Orientierung der Kernmagnete bevorzugt. Bringt man nun die Probe in ein äußeres Magnetfeld, so versuchen sich die Kernmagnete „parallel" zum Feld einzustellen, da dies der energetisch günstigste Zustand der beiden erlaubten Spinzustände ist. Der „Paralleleinstellung" wirkt aber die thermische Bewegung der Atome entgegen. Sie sorgt dafür, daß die Kernmagnete dauernd ihre Orientierung ändern[1].

Eine Anzahl von Kernen nimmt daher auch die energetisch ungünstige „antiparallele" Stellung ein. Allerdings ist die Anzahl der Kerne im energetisch tiefen Zustand immer etwas größer als der im energiereichen Zustand. Da der Unterschied zwischen den beiden Energiezuständen sehr klein ist (zumindest bei den technisch erreichbaren magnetischen Flußdichten), ist auch der Besetzungsunterschied zwischen den beiden Zuständen $\Delta n = n_1 - n_2$ nur sehr klein.

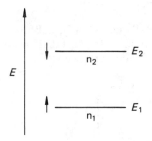

n_1, n_2 = Zahl der Kerne im
Zustand 1 bzw. 2

Abb. 9/28. Besetzung der Spinzustände.

In einem Feld von $B = 1$ Tesla kommen auf $1\,000\,000$ Kerne in „antiparalleler" Stellung etwa $1\,000\,001$ Kerne in „paralleler" Stellung.

Nun kann ein Kern im energetisch stabilen Zustand („parallel") durch Wechselwirkung mit elektromagnetischer Strahlung Energie aufnehmen (Absorption), anderer-

---

1 Man kann dieses Verhalten mit einer Ansammlung von Kompaßnadeln vergleichen, die unter dem Einfluß des schwachen Erdmagnetfeldes stehen. Gleichzeitig sollen sie aber starken Schüttelkräften (= thermische Bewegung) ausgesetzt sein, die der Einstellung der Nadel in Nord-Süd-Richtung entgegenwirken.

seits kann ein Kern im angeregten Zustand („antiparallel") durch Wechselwirkung mit elektromagnetischer Strahlung auch seine Überschußenergie wieder abgeben (Emission, hier genauer induzierte Emission, da der Kern erst durch die Anwesenheit elektromagnetischer Strahlung zur Emission veranlaßt wird). Nun ist die Absorptionswahrscheinlichkeit pro Kern gleich der Emissionswahrscheinlichkeit pro Kern. Wären die Besetzungszahlen n_1 und n_2 gleich groß, so könnte man insgesamt keine Energieaufnahme aus dem elektromagnetischen Strahlungsfeld messen, da im zeitlichen Mittel gleich viel Kerne Energie absorbieren wie emittieren. Um effektiv eine Energieaufnahme feststellen zu können, muß das tiefe Energieniveau stärker besetzt sein als das hohe Energieniveau: $n_1 > n_2$, d.h. $\Delta n > 0$. Die Energieaufnahme wird daher proportional zum Besetzungsunterschied und proportional zum Energieunterschied zwischen den beiden Spinzuständen zunehmen.

$$\text{Energieaufnahme} \sim \Delta n \cdot \Delta E$$

Da der Besetzungsunterschied Δn proportional zur Gesamtzahl gleichartiger Kerne wächst, nimmt auch die absorbierte Energie mit der Gesamtzahl der Kerne zu.

9.8.3 Die chemische Verschiebung

Beispielhaft soll Essigsäure in bezug auf die NMR-Spektroskopie untersucht werden.

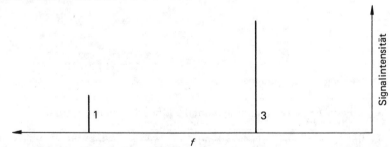

Da das Essigsäuremolekül Protonen enthält, ist aufgrund der Resonanzbedingung ein Signal bei der Resonanzfrequenz des Protons zu erwarten.

$$f_0 = \frac{\alpha \cdot B_0}{h}$$

Aus diesem Signal kann man dann bestenfalls entnehmen, daß die Probe Wasserstoff enthält, ein Ergebnis, das man wesentlich einfacher erhalten könnte. Tatsächlich erhält man zwei Signale in der Nähe der erwarteten Resonanzfrequenz f_0, deren Intensitäten sich wie $1:3$ verhalten.

Abb. 9/29. NMR-Spektrum des Essigsäure.

Der Abstand der beiden Signale ist absolut gesehen sehr gering (in der Zeichnung ist er übertrieben dargestellt). Bei einer magnetischen Flußdichte von 2,35 Tesla erfolgt die Resonanz bei einer Frequenz von etwa 100 MHz. Der Abstand der beiden Resonanzsignale beträgt dagegen nur etwa 10^{-3} MHz (1000 Hz).

Es liegt nun nahe, das größere Signal den drei Protonen der Methylgruppe und das kleinere Signal dem Proton der Carboxylgruppe zuzuordnen, da die Signalintensitäten proportional zur Anzahl dieser Protonen sind. Man kann also induktiv zu folgendem Schluß kommen:
Protonen in *unterschiedlicher chemischer Umgebung* kommen bei verschiedenen Frequenzen f_i zur Resonanz. Die Erscheinung, daß die Resonanzfrequenz eines Protons von seiner chemischen Umgebung abhängt, bezeichnet man als **chemische Verschiebung.**
Protonen, die bei der *gleichen Resonanzfrequenz* ihr NMR-Signal geben, heißen **isochron.**
Protonen können aus folgenden Gründen isochron sein:
1. Durch **chemische Äquivalenz.**
Zwei Kerne eines Moleküls heißen **chemisch äquivalent,** wenn sie durch eine auf das Molekül anwendbare *Symmetrieoperation* ineinander überführt werden, oder wenn sie durch eine schnelle innermolekulare Bewegung im *zeitlichen Mittel identisch* werden. Dies sei an zwei Beispielen erläutert:
a) Im Benzolmolekül sind alle 6 Protonen chemisch äquivalent, da sie durch eine Drehung um jeweils 60° um eine Achse, die senkrecht durch den Mittelpunkt des Ringes geht, ineinander überführt werden können.
b) Wechseln Protonen schnell untereinander ihre chemische Umgebung, so „sehen" sie im Mittel nur noch die gleiche Umgebung. Sie werden dadurch chemisch äquivalent. Dies ist insbesondere bei Protonen der Fall, die durch schnelle Umwandlung verschiedener Konformationen dauernd ihre Plätze miteinander vertauschen. Beispiel ist die Methylgruppe in der Essigsäure. In einer bestimmten festen Konformation der Essigsäure sind die drei Methylprotonen nicht durch Symmetrie chemisch äquivalent. Die freie Drehbarkeit um die C—C-Einfachbindung bewirkt aber, daß die Protonen infolge der thermischen Bewegung ihre Positionen schnell miteinander vertauschen.

2. Durch **Zufall.**
Protonen können auch zufällig bei der gleichen Frequenz zur Resonanz kommen. Dies ist nicht voraussagbar.

Isochrone Protonen ergeben dasselbe NMR-Signal.
Chemisch äquivalente Protonen sind immer isochron.
Die Signalintensitäten verhalten sich wie die Anzahlen der Protonen innerhalb der Protonengruppen.

Warum sind aber die Resonanzfrequenzen für *chemisch nichtäquivalente* Protonen *unterschiedlich?*
Alle Kerne eines Isotops, z. B. alle Protonen, besitzen die gleiche Kernkonstante α und müßten deshalb aufgrund der Resonanzbedingung alle bei der gleichen Frequenz f_0 zur Resonanz kommen. Da dies aber offensichtlich nicht der Fall ist, muß man annehmen, daß die magnetische Flußdichte, die effektiv am Ort des Protons

(B_{eff}) vorhanden ist, nicht gleich der äußeren Flußdichte B_0 ist. Man muß also folgern, daß sich die effektive Flußdichte am Ort des Protons aus dem äußeren Feld und einem kleinen Zusatzfeld B_Z zusammensetzt, das durch die chemische Umgebung der Protonen zustandekommt.

$$B_{\text{eff}} = B_0 + B_Z$$

Chemisch inäquivalente Protonen erzeugen demnach *verschiedene Zusatzfelder B_{Z_i}.*
Die Resonanzfrequenz wird daher durch das effektive Feld B_{eff_i} bestimmt.

$$f_i = \frac{\alpha}{h} \cdot B_{\text{eff}_i}$$

Chemisch inäquivalente Protonen unterscheiden sich in der Elektronendichte in der Nähe des Kernorts. So ist bei der Essigsäure die Elektronendichte am Ort der Methylprotonen größer als am Ort des Carboxylprotons, da das elektronegative Sauerstoffatom und die Carbonylgruppe einen starken $-I$-Effekt ausüben und somit die Elektronendichte am Carboxylproton erniedrigen. Aus dem NMR-Spektrum der Essigsäure kann man entnehmen, daß die Resonanzfrequenz des Carboxylprotons größer ist als die der Methylprotonen. Dies bedeutet aufgrund der Resonanzbedingung, daß hier das effektive Feld größer ist als bei den Methylprotonen. Mit abnehmender Elektronendichte am Kernort nimmt also das effektive Feld zu. Offensichtlich erzeugen also die Elektronen in Kernnähe ein Zusatzfeld, das dem äußeren Feld entgegenwirkt. Dies wird durch die Tatsache bestätigt, daß die Resonanzfrequenzen der chemisch gebundenen Kerne kleiner sind als die ursprünglich erwartete Resonanzfrequenz f_0. Das *Zusatzfeld* stellt somit ein *Gegenfeld* dar und ist negativ ($B_Z < 0$).

Nur ein isoliertes Proton kommt bei f_0 zur Resonanz, da hier keine Elektronen in der Umgebung vorhanden sind, die ein Gegenfeld erzeugen können.
Die Elektronen in der Umgebung des Protons schirmen den Kern ab, indem sie ein Gegenfeld erzeugen, das das äußere Feld abschwächt ($B_Z < 0$; $B_{\text{eff}} < = B_0$). Je größer die Elektronendichte in Kernnähe ist, desto größer ist ihre abschirmende Wirkung, d. h. desto größer wird betragsmäßig das Gegenfeld. Somit wird mit steigender Elektronendichte das effektive Feld kleiner und somit auch die Resonanzfrequenz verringert.

Eine Erklärung dafür, wie Elektronen das Gegenfeld erzeugen, liefert das Induktionsgesetz und die Lenzsche Regel. Tritt eine zeitliche Änderung des Magnetfeldes auf, das eine Leiterschleife durchsetzt, so fließt in der Leiterschleife ein Induktionsstrom. Dieser ist nach der Lenzschen Regel immer so gerichtet, daß er die Ursache seiner Erzeugung zu hemmen versucht. Während eines Einschaltvorganges ist das äußere, sich aufbauende Magnetfeld Ursache des Induktionsstromes. Der Induktionsstrom selbst erzeugt seinerseits ein Magnetfeld, das nun dem äußeren sich aufbauenden Magnetfeld innerhalb der Leiterschleife entgegenwirkt und somit seine Wirkung abschwächt. Im Außenraum der Leiterschleife findet hingegen eine Verstärkung des Magnetfeldes statt.
Wird ein Proton, das von einer Elektronenwolke umgeben ist, in ein äußeres Magnetfeld gebracht, so wird in der Elektronenwolke ein Kreisstrom induziert, dessen Magnetfeld nach der Lenzschen Regel dem äußeren Feld innerhalb der Elektronenwolke entgegenwirkt[1].

---

1 Zu beachten ist, daß aufgrund der technischen Stromrichtung die Richtung des Induktionsstroms der Bewegungsrichtung des Elektrons entgegengesetzt ist.

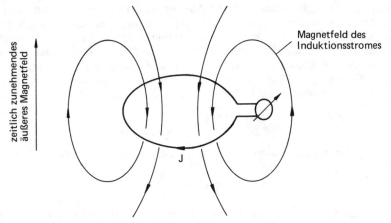

Abb. 9/30. Induktion in einer Leiterschleife.

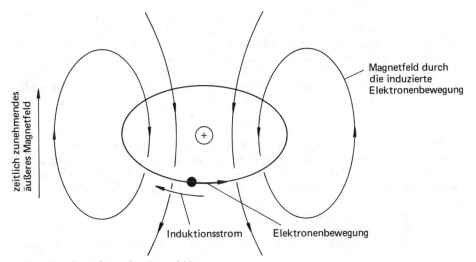

Abb. 9/31. Entstehung des Gegenfeldes.

Die abschirmende Wirkung der Elektronen beruht also auf der Entstehung von Kreisströmen durch Induktion beim Einbringen der Probe in ein äußeres Magnetfeld. Diese Kreisströme erzeugen nach der Lenzschen Regel ein Gegenfeld, das das äußere Feld am Kernort abschwächt. Je größer nun die Änderung des magnetischen Flusses beim Einschaltvorgang ist, d.h. je größer das von außen angelegte Feld B_0 ist, desto größer wird der Induktionskreisstrom. Mit größer werdenden B_0 wird dann aber auch das Zusatzfeld B_Z, das vom Kreisstrom erzeugt wird, größer. Aus diesem Grund kann man annehmen, daß das abschirmende Zusatzfeld B_Z proportional zum äußeren Feld B_0 ist.

$$B_Z = -\sigma \cdot B_0$$

Das Minuszeichen gibt an, daß das Gegenfeld dem äußeren Feld entgegenwirkt.

Die Proportionalitätskonstante σ heißt **Abschirmungskonstante**. Sie hat einen sehr kleinen Zahlenwert von etwa 10^{-6} und hängt von der elektronischen Umgebung des Protons ab. Mit größer werdender Elektronendichte in Kernnähe nehmen der Induktionsstrom und damit das Zusatzfeld betragsmäßig zu. Dies bedeutet aber, da das äußere Feld B_0 konstant bleibt, daß die Abschirmungskonstante und damit der Betrag des Gegenfeldes B_Z mit steigender Elektronendichte zunimmt. Für die effektive magnetische Flußdichte gilt dann:

$$B_{\text{eff}} = B_0 + B_Z$$
$$B_{\text{eff}} = B_0 - \sigma \cdot B_0 = B_0(1 - \sigma)$$

Daraus folgt für die Resonanzfrequenz f_i des i-ten Protons:

$$f_i = \frac{\alpha}{h}(1 - \sigma_i) \cdot B_0$$

Bei der Essigsäure ist wegen der höheren Elektronendichte am Ort der Methylprotonen $\sigma_{CH_3} > \sigma_{COOH}$. Dies bedeutet, daß die Methylprotonen bei kleinerer Frequenz zur Resonanz kommen als das COOH-Proton.
Prinzipiell könnte man die Resonanzfrequenzen direkt angeben. Dazu wäre es aber notwendig, daß man sie absolut sehr genau mißt, um die kleinen Unterschiede zwischen den einzelnen Frequenzen noch zu erfassen. Dies ist aber meßtechnisch sehr schwierig. Aus diesem Grund führt man eine *Relativmessung* durch, indem man die Resonanzfrequenzen f_i der einzelnen Protonen auf die Resonanzfrequenz eines Protons in einer Standardverbindung bezieht. Man bestimmt also eine Frequenzdifferenz, was meßtechnisch wesentlich einfacher ist.

$$\Delta f = f_{\text{Probe}} - f_{\text{St}}$$

Diese Frequenzdifferenz bezeichnet man als absolute chemische Verschiebung. Sie wird in Hz angegeben. Dazu setzt man der Probe eine Standardverbindung zu, so daß das Spektrometer gleichzeitig die Resonanzlinien der Probe und der Standardverbindung registriert. Eine solche Standardverbindung sollte folgende Bedingungen erfüllen.
— Sie sollte billig und leicht zugänglich sein.
— Sie sollte chemisch inreaktiv sein.
— Sie sollte leicht flüchtig sein und damit wieder leicht von der Probe entfernbar sein.
— Sie sollte nur eine Resonanzlinie im Spektrum zeigen.
— Die Resonanzlinien der meisten Protonen sollten nicht im Bereich der Resonanzlinie des Standards liegen.
Man verwendet heute ausschließlich *Tetramethylsilan* (TMS) als Standardverbindung.

$$\begin{array}{c} CH_3 \\ | \\ H_3C-Si-CH_3 \\ | \\ CH_3 \end{array}$$

TMS besitzt 12 chemisch äquivalente Protonen und erzeugt nur ein Resonanzsignal. Außerdem erfüllt es auch die anderen Bedingungen sehr gut. Die Resonanzlinie liegt wegen der hohen Elektronendichte am Ort der Methylprotonen bei relativ niedriger Frequenz. Es gibt nur sehr wenige Protonen, deren Resonanzlinie bei noch niedrigerer Frequenz liegt.

Die direkte Angabe der Frequenzdifferenz hat aber einen entscheidenden Nachteil: die Frequenzdifferenz hängt von der äußeren magnetischen Flußdichte B_0 ab.

$$\Delta f = f_{Pr} - f_{St} \qquad \text{mit} \quad f_{Pr} = \frac{\alpha B_0}{h}(1 - \sigma_{Pr})$$

$$= \frac{\alpha B_0}{h}(\sigma_{St} - \sigma_{Pr}) \qquad f_{St} = \frac{\alpha B_0}{h}(1 - \sigma_{St})$$

$$\Delta f = f_0(\sigma_{St} - \sigma_{Pr})$$

Um eine feldunabhängige dimensionslose Größe zu erhalten, bildet man den Quotienten aus der Frequenzdifferenz Δf und der Resonanzfrequenz f_0 des freien Protons.

$$\frac{\Delta f}{f_0} = \sigma_{St} - \sigma_{Pr}$$

Da diese Größe aber sehr klein ist (ca. 10^{-7} bis 10^{-6}), multipliziert man den Quotienten mit 10^6 und erhält somit eine Größe, die man als **relative chemische Verschiebung** oder einfach **chemische Verschiebung** bezeichnet δ.

$$\delta = \frac{\Delta f}{f_0} \cdot 10^6 = (\sigma_{St} - \sigma_{Pr}) \cdot 10^6$$

Sie hängt nicht mehr von den konkreten Meßbedingungen (von B_0) ab, sondern nur noch alleine von den Molekülparametern (Abschirmungskonstanten). Somit kann die Lage eines Resonanzsignals eindeutig durch die Angabe der chemischen Verschiebung charakterisiert werden. Die chemische Verschiebung gibt nun einfach die relative Verschiebung des Resonanzsignals zum Standardsignal in Bruchteilen einer Million (parts per million = ppm) an.

Beispiel: Ein Proton zeigt ein Resonanzsignal mit einer chemischen Verschiebung von $\delta = 1$ ppm. f_0 beträgt 100 MHz.

$$\Delta f = \frac{\delta \cdot f_0}{10^6} = \frac{1 \cdot 100 \text{ MHz}}{10^6} = \frac{1 \cdot 10^8 \text{ Hz}}{10^6} = 100 \text{ Hz}$$

Die absolute chemische Verschiebung ist dann der einmillionste Teil der Resonanzfrequenz des freien Protons f_0.

Da für die meisten Protonen in organischen Verbindungen $\sigma_{Pr} < \sigma_{St}$ ist, folgt, daß die chemische Verschiebung meist positiv ist. Sie liegt für die meisten Protonen in einem Bereich von $\delta = 1$ bis 12 ppm. Das Signal der Standardsubstanz hat definitionsgemäß die chemische Verschiebung $\delta = 0$ ppm. Da $\delta = (\sigma_{St} - \sigma_{Pr}) \cdot 10^6$ ist, folgt:

Mit steigender Abschirmung nimmt die chemische Verschiebung δ ab. Abnehmende chemische Verschiebung bedeutet wiederum Resonanz bei kleinerer Frequenz.

Ein NMR-Spektrometer zeichnet nun das Spektrum direkt als Funktion der chemischen Verschiebung auf. Bei $\delta = 0$ ppm erscheint immer das Signal der zugesetzten Standardverbindung, das sog. TMS-Signal. Für Essigsäure erhält man somit folgendes NMR-Spektrum.

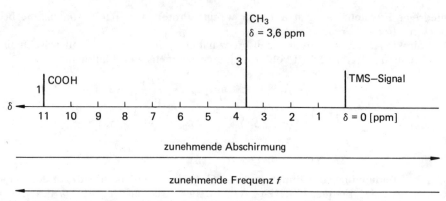

Abb. 9/32. *Zusammenhang zwischen chemischer Verschiebung, Abschirmung und Resonanzfrequenz.*

9.8.3.1 Zusammenhang zwischen chemischer Verschiebung und Struktur

Da die Abschirmungskonstante σ_{Pr} von der Elektronendichte in Kernortnähe abhängt, sind *Zusammenhänge zwischen Struktur und chemischer Verschiebung* gegeben. Diese Tatsache macht die NMR-Spektroskopie für die Chemie nützlich. Beispielhaft sollen dazu die NMR-Spektren der Methylhalogenide (CH_3X mit $X = F$, Cl, Br und J) betrachtet werden. Da die drei Protonen der Methylgruppe chemisch äquivalent sind, ist in jedem Spektrum außer dem TMS-Signal genau ein Resonanzsignal zu erwarten. Die chemische Verschiebung wird dagegen stark vom Substituenten X abhängen. So nimmt in der Reihe der Halogene die Elektronegativität von Fluor nach Iod ab. Dies bedeutet aber, daß in dieser Reihenfolge die Elektronendichte in Kernnähe zunimmt und die Abschirmung größer wird. Somit nimmt die chemische Verschiebung vom Fluorid zum Iodid ab, was Tab. 9/5 zum Ausdruck bringt.

Tabelle 9/5. Chemische Verschiebung der Methylhalogenide

X	in ppm	Elektronegativität
F	4,26	4,0
Cl	3,05	3,0
Br	2,68	2,8
I	2,16	2,4

Allgemein kann man die Substituentenabhängigkeit von δ wie folgt formulieren:

Substituenten mit $-$I-Effekt verringern die Abschirmung der Protonen und vergrößern somit die chemische Verschiebung.

Aus diesem Grund ist der Bereich für die chemische Verschiebung der Methylprotonen auch relativ breit. Er erstreckt sich von $\delta = -1$ bis 4,5 ppm. Andererseits kann man aus der genauen Lage des Methylsignals Aussagen über die Natur des Substituenten machen.

260

Bei Ethylverbindungen ergeben die Methylprotonen und Methylenprotonen verschiedene NMR-Signale. Beispielhaft sei das vereinfachte NMR-Spektrum von Ethylchlorid wiedergegeben.

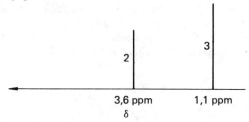

Abb. 9/33. Vereinfachtes NMR-Spektrum von Ethylchlorid.

Die chemische Verschiebung der Methylenprotonen (—CH_2—) ist größer als die der Methylprotonen, da die Methylenprotonen eine geringere Entfernung zu dem elektronegativen Cl-Atom haben. (Der — I-Effekt nimmt mit steigender Entfernung vom Substituenten ab.) Normalerweise besitzen Methylenprotonen eine größere chemische Verschiebung als Methylprotonen.

Olefinische Protonen haben dagegen eine größere chemische Verschiebung als Methyl- bzw. Methylenprotonen. $\delta = 4{,}5$ bis 6,5 ppm.

In dieser C—H-Bindung beschreibt man den Bindungszustand des Kohlenstoffatoms durch eine sp^2-Hybridisierung, d. h. der s-Charakter des Atomorbitals, das mit dem 1s-Orbital des H-Atoms überlappt, ist größer als bei einem sp^3-Hybrid. Der stärkere s-Charakter bewirkt aber, daß das Elektronenpaar der Bindung stärker zum Kohlenstoffatom hingezogen wird, wodurch die Elektronendichte am Kernort des Protons geringer wird. Aufgrund dieser abnehmenden Abschirmung nimmt dann die chemische Verschiebung der olefinischen Protonen zu.

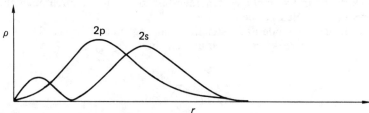

Abb. 9/34. Radiale Aufenthaltswahrscheinlichkeitsdichte bei einem 2s- bzw. 2p-Orbital.

Die chemische Verschiebung aromatischer Protonen sollte dann auch in diesem Bereich liegen. Tatsächlich ist aber die chemische Verschiebung dieser Protonen wesentlich größer: $\delta = 7{,}2$ bis 8,3 ppm.

Hier spielt der aromatische Bindungszustand des Benzolrings eine entscheidende Rolle. Bringt man ein Benzolmolekül in ein äußeres Magnetfeld B_0, so werden die 6π-Elektronen oberhalb und unterhalb der Ringebene aufgrund der Induktion in eine kreisförmige Bewegung versetzt. Es wird ein sogenannter **Ringstrom** induziert. Dieser erzeugt seinerseits ein Zusatzfeld B_r, das aufgrund der Lenz'schen Regel im Innern des Ringes das äußere Feld schwächt, aber außen an der Peripherie, wo die aromatischen Protonen sitzen, das äußere Feld verstärkt.

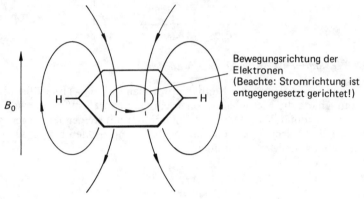

Bewegungsrichtung der Elektronen (Beachte: Stromrichtung ist entgegengesetzt gerichtet!)

Abb. 9/35. Ringstromeffekt.

Das effektive Feld am Ort der aromatischen Protonen setzt sich also aus drei Beiträgen zusammen.

$$B_{eff} = B_0 + B_Z + B_r \quad \text{mit} \quad B_Z < 0; \ B_r > 0$$

Zusätzlich zu dem abschirmenden Feld, das von den Elektronen in Kernnähe verursacht wird ($B_Z < 0$), herrscht am Kern noch das Feld des Ringstroms, welches das äußere Feld wiederum verstärkt. Dadurch wird das effektive Feld wiederum etwas vergrößert, wodurch die Resonanz bei höherer Frequenz und damit bei größerer chemischer Verschiebung erfolgt. An diesem Beispiel sieht man, daß nicht nur die Elektronendichte in Kernnähe entscheidend ist, sondern daß auch noch andere Effekte eine Rolle spielen können.

Um dieses Ringstrommodell zu testen, hat man sogenannte Ansaverbindungen synthetisiert und NMR-spektroskopisch untersucht.

Insbesondere interessiert hier die chemische Verschiebung der —CH_2-Protonen, die direkt über dem Ring liegen. Aufgrund des Modells sollte hier durch den Ringstrom das äußere Feld zusätzlich geschwächt werden (starke Abschirmung), so daß die chemische Verschiebung der CH_2-Protonen sehr klein sein sollte. Die Messung ergibt $\delta = -1$ ppm. Die chemische Verschiebung normaler CH_2-Protonen liegt dagegen bei $\delta = 2$ bis 3 ppm, womit das Ringstrommodell durch das Experiment bestätigt wird.

Zum Schluß noch etwas über die chemische Verschiebung des Protons der Hydroxylgruppe. Wegen der großen Elektronegativität des Sauerstoffatoms sollte die Abschirmung nur gering und die chemische Verschirmung groß sein. Tatsächlich liegen die Werte über einen sehr großen Bereich verstreut, da infolge der Wasserstoffbrückenbindungen zwischen den OH-Gruppen die Elektronendichte am Ort des Protons stark beeinflußt wird.

$$R-\underline{O}|\ldots\ldots H-\underline{O}|$$
$$\overset{H}{\diagup}\qquad\qquad\overset{R}{\diagdown}$$

Ihre Lage hängt im allgemeinen auch stark von der Konzentration und der Temperatur ab.

Im folgenden sind die Bereiche für die chemischen Verschiebungen einiger Protonensorten tabellarisch zusammengefaßt. Diese Aufstellung wurde durch viele Messungen rein empirisch gefunden.

Tabelle 9/6. Chemische Verschiebung wichtiger Protonensorten.

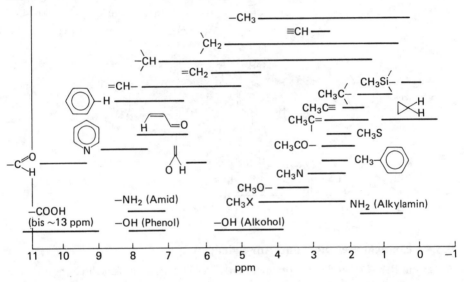

9.8.3.2 Aufgaben

A 1 Ordnen Sie folgende Methylprotonen nach steigender chemischer Verschiebung!

CH_4; CH_3F; CH_3SH; CH_3OH; CH_3NH_2; CH_3Na; $CH_3-Si(CH_3)_3$

A 2 Diskutieren Sie die Lage der chemischen Verschiebungen der einzelnen Protonen in der folgenden Verbindung! Ist die Verbindung aromatisch?

263

A 3 18-Annulen zeigt im NMR-Spektrum zwei Signale bei $\delta = 8{,}9$ ppm und $\delta = -1{,}8$ ppm im Verhältnis $2:1$. Erklären Sie das NMR-Spektrum sowie die relative Lage der Signale!

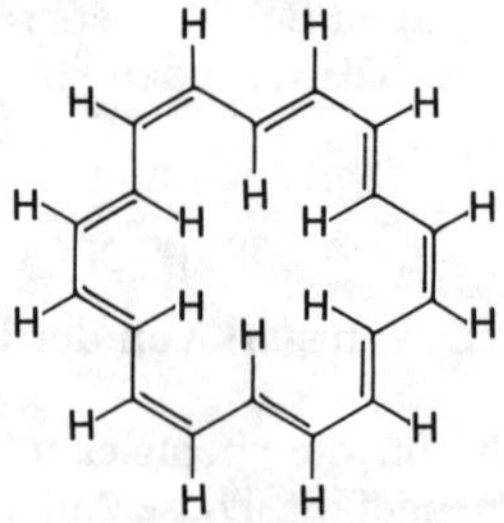

A 4 Unterscheiden Sie bei folgenden Strukturen zwischen chemisch äquivalenten und chemisch nicht äquivalenten Protonen!

a) H_3C-CH_3 b) CH_3-CH_2-Cl c) $H_3C-\underset{\underset{CH_3}{|}}{CH}-CH_3$ d) $CH_3-\underset{\underset{CH_3}{|}}{CH}-CH_2-CH_3$

e) 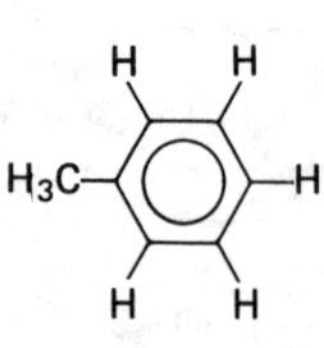   f) 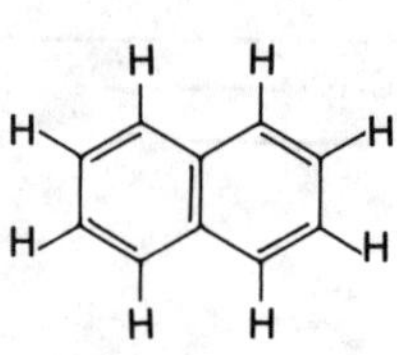   g)

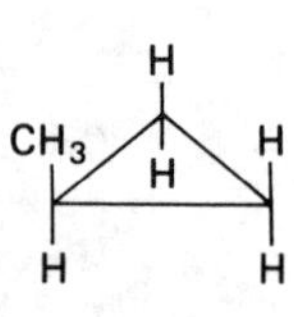

h) 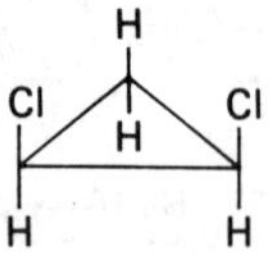   i)

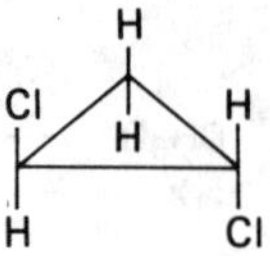

9.8.4 Einfache Beispiele und Anwendungen

Aufgrund der Anzahl der Resonanzlinien, ihrer chemischen Verschiebung und der Signalintensitäten kann man eine Reihe von Aussagen über die Struktur eines Stoffes machen.

Dazu einige Beispiele:
1. Essigsäuremethylester

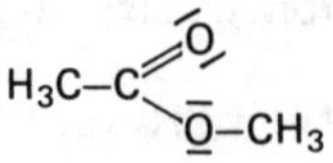

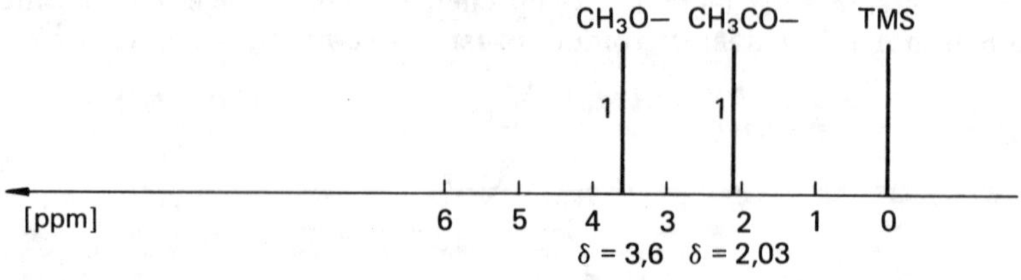

Abb. 9/36. NMR-Spektrum von Essigsäuremethylester.

Man beobachtet im NMR-Spektrum zwei Signale im Intensitätsverhältnis 1:1. Das Signal der CH$_3$O-Gruppe hat wegen des direkt gebundenen elektronegativen O-Atoms eine größere chemische Verschiebung als das Signal der CH$_3$CO-Gruppe.
2. Ethanol

$$H_3C-CH_2-\overline{O}-H$$

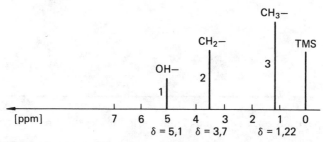

Abb. 9/37. NMR-Spektrum von Ethanol.

Die Summenformel C$_2$H$_6$O erlaubt zwei Strukturvorschläge. Da man im NMR-Spektrum drei Signale beobachten kann, ist schon allein wegen dieser Tatsache die Struktur II ausgeschlossen. Das Intensitätsverhältnis und die Anwesenheit von drei Signalen ist nur mit der Struktur I vereinbar.

$$H_3C-CH_2-\overline{O}-H \qquad H_3C-\overline{O}-CH_3$$
$$\text{I} \qquad\qquad\qquad \text{II}$$

Die Zuordnung der Signale kann hier einfach über das Intensitätsverhältnis geschehen. Auch die chemischen Verschiebungen der einzelnen Signale sind mit dieser Zuordnung verträglich. So sollte das OH-Proton die größte chemische Verschiebung haben, da dieses Proton direkt an das elektronegative O-Atom gebunden ist (geringe Abschirmung, hohes effektives Feld)! Auch die Methylenprotonen sollten eine größere chemische Verschiebung haben als die Methylprotonen, da sich die CH$_2$-Gruppe näher beim O-Atom befindet als die CH$_3$-Gruppe.
3. Durch Wasserabspaltung entsteht aus Essigsäure das Keten.

$$CH_3COOH \longrightarrow CH_2{=}C{=}\overline{O} + H_2O$$

Diese Verbindung dimerisiert aber sehr leicht und es bildet sich ein Molekül der Summenformel C$_4$H$_4$O$_2$.

$$2\,CH_2{=}C{=}\overline{O} \longrightarrow C_4H_4O_2$$

Sehr lange war die Struktur dieses Dimerisationsproduktes ungeklärt. Es wurden folgende Strukturen diskutiert:

Struktur	erwartete Zahl der NMR-Signale	Intensitätsverhältnis
1. $\overset{\displaystyle\text{IOI}}{\underset{}{\text{H}_3\text{C}-\overset{\|}{\text{C}}-\text{CH}{=}\text{C}{=}\overline{\text{O}}}}$	2	3:1
2. $\overline{\text{O}}{=}\text{C}-\text{CH}$ $\text{II}_2\text{C}-\overset{\|}{\text{C}}\ \overline{\text{O}}-\text{H}$	3	2:1:1

265

Struktur	erwartete Zahl der NMR-Signale	Intensitätsverhältnis
3. $\overline{O}=C-CH_2$ $H_2C-C=\overline{O}$	1	—
4. $H_3C-C=CH$ $\underset{\mid}{\overline{O}}-C=\overline{O}$	2	3:1
5. $H_2C=C-CH_2$ $\underset{\mid}{\overline{O}}-C=\overline{O}$	2	2:2

Das NMR-Spektrum zeigt zwei Signale im Verhältnis 2:2. Damit ist Struktur 5. bewiesen.

4. Eine Verbindung der Summenformel C_5H_{12} zeigt im NMR-Spektrum nur ein Signal bei 1,0 ppm.

Da nur dieses Signal vorhanden ist, müssen alle 12 Protonen chemisch äquivalent sein. Sie können nur von vier Methylgruppen stammen. Somit kommt nur folgende Struktur in Frage:

$$H_3C-\underset{\underset{CH_3}{\mid}}{\overset{\overset{CH_3}{\mid}}{C}}-CH_3$$

9.8.4.1 Aufgaben

A 1 a) Wieviele Signale erwarten Sie bei folgenden Verbindungen im NMR-Spektrum?

$$H_3C-\overset{\overset{\text{IOI}}{\parallel}}{C}-\underset{\underset{CH_3}{\mid}}{\overset{\overset{CH_3}{\mid}}{C}}-C\overset{\diagup O}{\diagdown H} \qquad H_3C-C\overset{\diagup O}{\diagdown \overline{O}-CH_2-CH_3}$$

b) In welchem Intensitätsverhältnis stehen die Signale?

c) Geben Sie die relative Lage zueinander an (keine genauen Angaben, sondern die relative chemische Verschiebung)!

A 2 Sehr lange war die Struktur der Feist'schen Säure ungeklärt. Es standen zwei Strukturen zur Diskussion:

$$H_3C-C\overset{\diagup C-COOH}{\underset{\diagdown CH-COOH}{}} \qquad H_2C=C\overset{\diagup CH-COOH}{\underset{\diagdown CH-COOH}{}}$$

Das NMR-Spektrum sieht wie folgt aus:

[ppm] δ = 11,0 δ = 5,5 δ = 4

Welche Struktur trifft zu?

266

A 3 Die drei Dimethylcyclopropane liefern 2, 3 bzw. 4 NMR-Signale. Zeichnen Sie die Strukturformeln auf und erklären Sie die Entstehung der unterschiedlichen NMR-Spektren!

A 4 Eine Verbindung der Summenformel C_3H_6O zeigt ein NMR-Signal bei $\delta = 2{,}1$ ppm. Welche Strukturformel besitzt das Molekül?

A 5 Eine Verbindung hat die Summenformel C_6H_{12} und entfärbt Bromwasser. Im NMR-Spektrum zeigt sich nur ein Signal. Welche Strukturformel hat das Molekül?

A 6 Eine Verbindung hat die Summenformel $C_{10}H_{14}$ und zeigt zwei NMR-Signale bei $\delta = 7{,}3$ ppm und bei $\delta = 7{,}28$ ppm im Verhältnis $9:5$. Welche Struktur kommt der Verbindung zu?

9.8.5 Die Spin-Spin-Wechselwirkung (Feinstruktur des NMR-Spektrums)

Betrachtet werden soll das NMR-Spektrum von Dichloracetaldehyd.

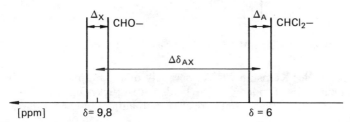

Es sind zwei Resonanzsignale im Verhältnis $1:1$ für die beiden chemisch nicht äquivalenten Protonen A und X zu erwarten. Nimmt man das NMR-Spektrum mit einem guten Gerät (hohes Auflösungsvermögen) auf, so stellt man jedoch fest, daß die erwarteten Linien weiter in zwei gleichstarke Linien aufgespalten sind, wobei die Aufspaltung beider Linien gleich groß ist ($\Delta_A = \Delta_X$).

Abb. 9/38. NMR-Spektrum von Dichloracetaldehyd.

Die chemische Verschiebung des Protons A bzw. X bestimmt man hier aus der Lage des Mittelpunktes der Signalgruppe.

Ein Vergleich mit dem NMR-Spektrum des Trichloracetaldehyds, das nur eine Resonanzlinie bei $\delta = 9{,}9$ ppm aufweist, läßt den Schluß zu, daß die Aufspaltung der Resonanzsignale jeweils durch die Nachbarschaft des anderen Protons verursacht wird. Man muß deshalb annehmen, daß das effektive Feld B_{eff} am Ort eines Protons (X) durch die Anwesenheit eines zweiten Protons (A) in der Nachbarschaft modifiziert wird.

Das magnetische Moment bzw. der Kernspin des Protons A kann aber bezüglich des äußeren Feldes B_0 „parallel" oder „antiparallel" stehen. Das Zusatzfeld B', das

das Proton A am Ort des Protons X erzeugt, wird von seiner Stellung bezüglich des äußeren Feldes abhängen. Dieses Zusatzfeld wird in der einen Stellung des magnetischen Momentes von A das effektive Feld am Ort des Protons X verstärken ($+B'$), während es in der anderen Stellung das effektive Feld abschwächen wird ($-B'$). Am Ort des Protons X herrscht also eine um $\pm B'$ größere bzw. kleinere magnetische Flußdichte.

$$B_{\text{eff}} = (1 - \sigma)B_0 \pm B'$$

Dies bedeutet aber wegen der Resonanzbedingung $f = \dfrac{\alpha}{h} B_{\text{eff}}$, daß man statt einer Linie zwei Resonanzlinien beobachtet.[1]

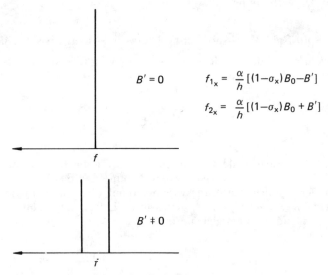

$B' = 0$ $f_{1_x} = \dfrac{\alpha}{h}[(1-\sigma_x)B_0 - B']$

$f_{2_x} = \dfrac{\alpha}{h}[(1-\sigma_x)B_0 + B']$

f

$B' \neq 0$

f

Abb. 9/39. Aufspaltung einer NMR-Linie durch Spin-Spin-Wechselwirkung.

Je nachdem, ob der Kernspin von A „parallel" oder „antiparallel" steht, erscheint die Resonanzlinie bei f_1 oder f_2.[2] Die beiden Ausdrücke für f_1 und f_2 zeigen, daß die beiden Resonanzlinien symmetrisch zur unaufgespaltenen Linie ($B'=0$) liegen.
In einer makroskopischen Probe liegt eine große Ansammlung solcher A—X-Paare vor. Da nahezu ebensoviele Kerne A in „paralleler" Stellung wie in „antiparalleler" vorkommen, werden auch etwa gleichviele Kerne X bei leicht erniedrigter Frequenz f_1 wie bei leicht erhöhter Frequenz f_2 in Resonanz kommen. Für die Protonensorte X beobachtet man also zwei dicht benachbarte Linien (Dublett) gleicher Intensität. Die Gesamtintensität der (hypothetischen) Einzellinie verteilt sich gleichmäßig auf die Dubletts.

---

1 Hier soll ausnahmsweise die Lage der Resonanzlinie durch ihre Resonanzfrequenz f angegeben werden.
2 Welche der beiden möglichen Resonanzlinien der „parallelen" oder antiparallelen" Einstellung entspricht, soll hier nicht untersucht werden.

Umgekehrt wird auch das effektive Feld am Ort des Protons A durch die jeweilige Lage des Kernspins von Proton X modifiziert.

$$f_{1A} = \frac{\alpha}{h}[(1 - \sigma_A)B_0 - B']$$

$$f_{2A} = \frac{\alpha}{h}[(1 - \sigma_A)B_0 + B']$$

Da das Zusatzfeld B', das das Proton A am Ort des Protons X erzeugt, gleich dem Zusatzfeld ist, daß Proton X am Ort des Protons A erzeugt, ist die Aufspaltung der Resonanzsignale in beiden Fällen gleich groß.

Da die Zusatzfelder von den magnetischen Momenten der Kerne verursacht werden und diese wiederum eine Folge des Kernspins sind, spricht man auch von einer **Spin-Spin-Wechselwirkung.** Über den genauen Mechanismus sollen hier keine Aussagen gemacht werden. Auf jeden Fall sind die Bindungselektronen der Bindungen 1, 2 und 3 zwischen den Kernen beteiligt.

$$\underset{A}{H}\diagdown\,\overset{1}{\underset{}{C}}\!-\!\overset{2}{\underset{}{C}}\,\diagup\overset{3}{\underset{X}{H}}$$

Da die Vermittlung dieser Zusatzfelder von A nach X und von X nach A über dieselben Bindungen erfolgt, sind sie an beiden Kernen gleich groß, so daß die Aufspaltung beider Linien gleich groß ist. Je größer die Spin-Spin-Wechselwirkung ist, desto größer ist die Aufspaltung Δf_A bzw. Δf_X der Linien.

$$\Delta f_A = \Delta f_X = 2\frac{\alpha}{h}B'$$

Man bezeichnet die Aufspaltung Δf auch als **Kopplungskonstante** J_{AX} zwischen den beiden Kernen A und X.

Da nun dieses Zusatzfeld B' nur von der Lage des Nachbarkernspins zum äußeren Feld abhängt und nicht vom äußeren Feld selbst, ist auch die Aufspaltung der Linien (Kopplungskonstanten) nicht vom äußeren Feld abhängig. Aus diesem Grund erfolgt die Angabe der Kopplungskonstanten in Hertz. Dagegen ist der Abstand zweier Signale, die von chemisch nicht äquivalenten Protonen stammen, vom äußeren Feld abhängig. Deshalb wurde die relative chemische Verschiebung in Form der δ-Skala eingeführt.

In einem NMR-Spektrum wird die Signalintensität als Funktion der chemischen Verschiebung aufgezeichnet. Daher mißt man zuerst die Aufspaltung in ppm-Einheiten. Zur Umwandlung in eine Frequenzeinheit muß man die Beziehung zwischen der δ-Skala und der Frequenzskala benutzen.

$$\delta = \frac{\Delta f}{f_0}\cdot 10^6$$

Beispiel: Der Linienabstand beträgt in einer Verbindung 0,03 ppm-Einheiten; f_0 beträgt 100 MHz.

$$\Delta f_A = \frac{\Delta_A \cdot f_0}{10^6} = \frac{0{,}03 \cdot 100 \text{ MHz}}{10^6} = \frac{0{,}03 \cdot 10^8 \text{ Hz}}{10^6} = 3 \text{ Hz}$$

Die Kopplungskonstante ist für diesen Fall $J = 3$ Hz. Sie ist ein Maß für die Stärke der Spin-Spin-Wechselwirkung und hängt von verschiedenen Faktoren ab:

— von der Anzahl der zwischen den Kernen liegenden Bindungen. Sie nimmt mit der Zahl der zwischen den Kernen liegenden Bindungen ab. Eine Kopplung über mehr als drei Bindungen kann praktisch vernachlässigt werden. So tritt zwischen den beiden Methylgruppen des Essigsäuremethylesters keine nachweisbare Kopplung mehr auf, da zwischen den Protonen der beiden CH_3-Gruppen 5 Bindungen liegen.

$$H{-}CH_2{-}\overset{\overset{\displaystyle |\underline{O}|}{\|}}{C}{-}\underline{\underline{O}}{-}CH_2{-}H$$

— von der Natur der zwischen den Kernen liegenden Bindungen.
— von der sterischen Anordnung der Protonen zueinander.

Daher lassen sich cis- und trans-Isomere leicht voneinander unterscheiden.
Die beiden Protonen im Dichlormethan sind chemisch äquivalent, sie

$$Cl_2C\underset{\diagdown H}{\overset{\diagup H}{}}$$

besitzen also die gleiche chemische Verschiebung. Aufgrund der Spin-Spin-Wechselwirkung, die hier groß sein sollte (da die Protonen nur über 2 Bindungen getrennt sind), müßte man eine Aufspaltung dieser Linie beobachten. Das Spektrum zeigt aber nur eine einzige Resonanzlinie bei $\delta = 5{,}2$ ppm. Die Begründung ist nur mit Mitteln der Quantenmechanik möglich, deshalb soll hier nur eine Regel dargestellt werden:

Chemisch äquivalente Kerne ergeben untereinander keine Aufspaltung der Signale.

Dies bedeutet aber nicht, daß keine Spin-Spin-Wechselwirkung vorhanden ist. Es ist lediglich in diesem Fall nicht möglich, diese Wechselwirkung im NMR-Spektrum in Form einer Linienaufspaltung sichtbar zu machen.
Ein genaueres NMR-Spektrum von Ethanol zeigt Abb. 9/40.

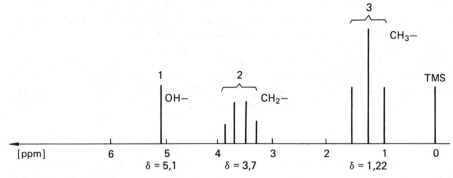

Abb. 9/40. NMR-Spektrum von Ethanol.

Man beobachtet drei Signalgruppen im erwarteten Intensitätsverhältnis $1:2:3$.
Das CH_3-Signal ist in drei äquidistante Einzellinien aufgespalten, deren Intensitäten sich wie $1:2:1$ verhalten. Die Erklärung liegt hier in der Spin-Spin-Wechselwirkung mit den CH_2-Protonen. Angenommen, ein Kernspin der Methylenprotonen in „par-

alleler" Stellung erzeugt am Ort der CH_3-Protonen ein Zusatzfeld $-B'$, während „antiparalleler" Kernspin ein Zusatzfeld $+B'$ ausbildet. Für die Einstellungsmöglichkeiten der beiden Methylenprotonen gibt es dann folgende Möglichkeiten:

Spinanordnungsschema		erzeugtes Zusatzfeld
↑↑	A	$-2B'$
↑↓ ↓↑	B	0
↓↓	C	$+2B'$

Bei Stellung A sind die beiden Kernspins „parallel" zum äußeren Feld gerichtet und erzeugen ein Zusatzfeld $-2B'$. In Stellung B heben sich die Zusatzfelder der beiden Nachbarspins gerade auf. Das „Zusatzfeld" Null läßt sich durch zwei Spinanordnungen realisieren, so daß dieses in einer makroskopischen Probe in doppelt so vielen Molekülen vorkommt wie die beiden anderen Zusatzfelder. Aus diesem Grund ist die mittlere Resonanzlinie, die dem Zusatzfeld Null entspricht, doppelt so intensiv wie die beiden anderen Linien. In Stellung C sind die beiden Spins „antiparallel" angeordnet und erzeugen somit ein Zusatzfeld $+2B'$. Wegen der drei möglichen Zusatzfelder, die durch die Nachbarprotonen erzeugt werden können, ergeben sich drei äquidistante Linien im Intensitätsverhältnis $1:2:1$. Die mittlere Linie (Zusatzfeld Null) fällt mit der unaufgespaltenen Linie zusammen.

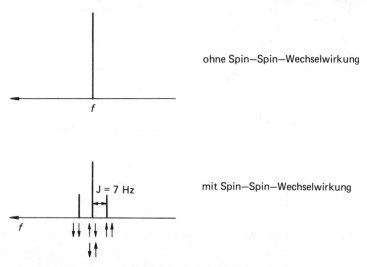

Abb. 9/41. Spin-Spin-Wechselwirkung einer CH_3- mit einer CH_2-Gruppe.

Das Signal der Methylengruppe ist ein Quartett, dessen Einzelintensitäten sich wie $1:3:3:1$ verhalten. Auch diese Aufspaltung kommt durch Spin-Spin-Wechselwirkung zwischen den Protonen der CH_3-Gruppe und den Methylenprotonen zustande. Durch die drei Methylprotonen können vier verschiedene Zusatzfelder am Ort der CH_2-Protonen erzeugt werden, so daß vier Linien zu beobachten sind.

Die Zahl der Resonanzlinien innerhalb einer Signalgruppe ist also gleich der Zahl der verschiedenen Zusatzfelder, die durch die Nachbarprotonen erzeugt werden können.

Spinanordungsschema			erzeugtes Zusatzfeld
↑↑↑		A	$-3B'$
↑↑↓	↑↓↑ ↓↑↑	B	$-B'$
↓↓↑	↓↑↓ ↑↓↓	C	$+B'$
↓↓↓		D	$+3B'$

Da sich die Zusatzfelder immer um $2B'$ unterscheiden, sind die Linien äquidistant mit dem Abstand $\Delta f = J = 2\dfrac{\alpha}{h}B'$. Außerdem sind die Abstände zwischen den Einzellinien im Triplett des CH_3-Signals gleich den Abständen der Linien im Quartett des CH_2-Signals. Die Zusatzfelder $+B'$ und $-B'$ werden durch drei Spinanordnungen erzeugt, so daß die entsprechenden Linien die dreifache Signalintensität besitzen.

Die Signalintensitäten verhalten sich also wie die Anzahlen der Spinanordnungen, die bestimmte Zusatzfelder erzeugen.

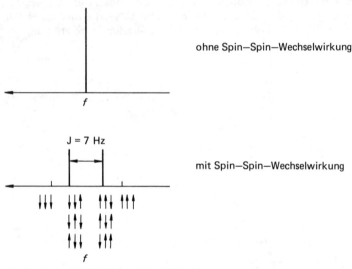

Abb. 9/42. Aufspaltung des CH_2-Signals im Ethanol.

Es ist nun noch eine Spin-Spin-Wechselwirkung zwischen den CH_2-Protonen und dem OH-Proton denkbar, da diese beiden nur über drei Bindungen getrennt sind.

$$H—\overline{\underline{O}}—CH—CH_3$$
$$|$$
$$H$$

In reinem Ethanol beobachtet man auch tatsächlich noch eine weitere Aufspaltung des Quartetts der CH_2-Protonen und eine Aufspaltung des OH-Signals in ein Triplett. In Gegenwart von Spuren einer Säure als Katalysator verschwindet aber diese zusätzliche Aufspaltung. Es findet ein schneller Protonenaustausch zwischen den OH-Gruppen der einzelnen Ethanmoleküle statt, so daß die Protonen ständig ihre

Umgebung ändern. In der Zeit, in der die Methylenprotonen durch Energieaufnahme aus dem elektromagnetischen Strahlungsfeld ihren Spinzustand ändern, werden viele verschiedene Protonen mit unterschiedlicher Spinrichtung an das O-Atom gebunden. Daher erhalten die CH_2-Protonen von den OH-Protonen nur ein mittleres Feld, das sich gerade zu Null mittelt. Infolgedessen verschwindet die zusätzliche Aufspaltung.

Die Zahl der Linien, in die ein Signal bei Spin-Spin-Wechselwirkung aufspaltet, hängt von der Zahl n der Nachbarprotonen ab (die untereinander chemisch äquivalent sein sollen, damit jedes das gleiche Zusatzfeld $\pm B'$ erzeugt). Dies zeigt Tab. 9/6. Die Nachbarprotonen dürfen allerdings nicht mit dem betrachteten Proton chemisch äquivalent sein.

Tabelle 9/7. Aufspaltung der Signale bei Spin-Spin-Wechselwirkung.

Zahl der Nachbarprotonen	Zahl der Linien
0	1
1	2
2	3
3	4
n	n + 1

Das maximale Zusatzfeld liegt vor, wenn alle Nachbarprotonen „antiparallel" stehen. Durch „Umklappen" eines Spins erzeugt man das zweitgrößte Zusatzfeld, durch weiteres „Umklappen" von Spins die anderen. Insgesamt kann man n-mal umklappe bis man zum kleinsten Zusatzfeld gelangt, wodurch n Zusatzfelder erzeugt werden. Unter Berücksichtigung des maximalen Zusatzfeldes gibt es genau n + 1 Zusatzfelder.

Tabelle 9/8. Spinanordnungen und Zusatzfelder.

Spinanordnung	Zusatzfeld B'	Zahl der Spinanordnungen, die B' erzeugen
1) $\downarrow\downarrow\downarrow\cdots\downarrow\cdots\downarrow\quad\downarrow$ $\;1\,2\,3\quad\;k\quad n-1\,n$	$n B'$	1
2) $\uparrow\downarrow\downarrow\cdots\downarrow\cdots\downarrow\quad\downarrow$ $\;1\,2\,3\quad\;k\quad n-1\,n$	$(n-2) B'$	n
3) $\uparrow\uparrow\downarrow\cdots\downarrow\cdots\downarrow\quad\downarrow$ $\;1\,2\,3\quad\;k\quad n-1\,n$	$(n-4) B'$	$\dfrac{n(n-1)}{2} = \dbinom{n}{2}$
k+1) $\uparrow\uparrow\uparrow\cdots\uparrow\cdots\downarrow\quad\downarrow$ $\;1\,2\,3\quad\;k\quad n-1\,n$	$(n-2k) B'$	$\dbinom{n}{k}$
n) $\uparrow\uparrow\uparrow\cdots\uparrow\cdots\uparrow\quad\downarrow$ $\;1\,2\,3\quad\;k\quad n-1\,n$	$-(n-2) B'$	n
n+1) $\uparrow\uparrow\uparrow\cdots\uparrow\cdots\uparrow\quad\uparrow$ $\;1\,2\,3\quad\;k\quad n-1\,n$	$-n B'$	1

Das maximale und das minimale Zusatzfeld kann nur durch jeweils eine Spinanordnung realisiert werden. Das Zusatzfeld $\pm(n-2) B'$ wird durch Umklappen eines Spins erzeugt. Da n Spins zur Auswahl stehen, kann man genau n Spinanordnungen erreichen, die dieses Zusatzfeld erzeugen. Das allgemeine Zusatzfeld $(n-2k)B'$ wird durch Umklappen von k Spins erzeugt. Es muß also im allgemeinen Fall die Zahl der Spinanordnungen berechnet werden, in denen von n Spins k „parallel" und $n-k$ „antiparallel" stehen. Diese Anzahl kann mit Hilfe der Kombinatorik berechnet werden. Mathematisch liegt folgendes Problem vor: Gegeben sind n verschiedene Gegenstände (Spins). Auf wieviele Arten kann man aus ihnen ungeordnete Gruppen („Haufen") zu je k Gegenständen („antiparallele" Spins) herausgreifen?

Die Mathematik zeigt, daß es genau $\binom{n}{k} = \dfrac{n!}{k!(n-k)!}$ Möglichkeiten gibt $(n! = 1, 2, 3, 4 \ldots n)$.

Die Größen $\binom{n}{k}$ stellen die Binomialkoeffizienten des Binoms $(a+b)^n$ dar.

$$(a+b)^n = 1\,a^n + \binom{n}{1} \cdot a^{n-1}b^1 + \binom{n}{2} \cdot a^{n-2}b^2 + \ldots + \binom{n}{k} \cdot a^{n-k}b^k + \ldots + \binom{n}{1} \cdot a^1 b^{n-1}$$

$$+ 1\,b^n = \sum_{k=0}^{n} \binom{n}{k} \cdot a^{n-k}b^k$$

Man kann diese Binomialkoeffizienten direkt dem Pascalschen Dreieck entnehmen.

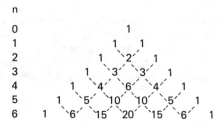

Abb. 9/43. Pascalsches Dreieck.

Die Linienintensitäten verhalten sich nun wie die Binomialkoeffizienten.

$$I_1 : I_2 : I_3 : \ldots : I_{k+1} : \ldots : I_k = 1 : n : \binom{n}{2} : \ldots : \binom{n}{k} : \ldots : n : 1^{1)}$$

Betrachtet man nochmals die möglichen Zusatzfelder, so erkennt man, daß diese symmetrisch um Null verteilt sind, wodurch die symmetrische Aufspaltung des Signals bezüglich der unaufgespaltenen Linie erklärt wird. Aus der Tatsache, daß sich die Zusatzfelder jeweils um $2B'$ unterscheiden, ergibt sich die Äquidistanz der Linien $\left(\Delta f = J = 2\,\dfrac{\alpha}{h}\,B'\right)$.

Die Aufspaltung ist aber nicht nur symmetrisch bezüglich der Lage, sondern auch bezüglich der Intensitäten. Dies ergibt sich aus der Symmetriebeziehung der Bino-

---

^{1} $\binom{n}{0} = \dfrac{n!}{0!n!} = \dfrac{1}{0!} = 1$ da $0! = 1$; $\binom{n}{1} = \binom{n}{n-1} = n$; $\binom{n}{0} = \binom{n}{n} = 1$

mialkoeffizienten $\binom{n}{k} = \binom{n}{n-k}$, die man auch am Pascalschen Dreieck erkennt.

Beispiel: Spin-Spin-Wechselwirkung mit 3 Nachbarprotonen. Man erwartet 4 äquidistante Linien. Die Intensitäten verhalten sich wie die Binomialkoeffizienten $\binom{3}{k}$ mit $k = 0 - 3$.

Diese Werte kann man in der vierten Zeile des Pascalschen Dreiecks ablesen. Zusammenfassend läßt sich sagen:

1. **Stehen n chemisch äquivalente Protonen X mit einer Protonensorte A in Spin-Spin-Wechselwirkung, so spaltet das Signal von A in $n + 1$ Linien auf ($(n + 1)$-Regel).**
2. **Die chemische Verschiebung der Protonensorte A ergibt sich aus dem Mittelpunkt der Signalgruppe.**
3. **Die Linienabstände, gemessen in Hertz, geben die Kopplungskonstante J zwischen den Kernen an. Da die Kopplung auf Gegenseitigkeit beruht, sind die Linienabstände im A-Multiplett gleich denen im X-Multiplett.**
4. **Die Kopplungskonstante hängt nicht vom äußeren Feld ab.**
5. **Der Betrag der Kopplungskonstanten zwischen den Protonen nimmt mit der Zahl der Bindungen zwischen den koppelnden Kernen ab. Kopplungen über mehr als drei Bindungen werden nur selten beobachtet.**
6. **Chemisch äquivalente Kerne ergeben untereinander keine Aufspaltung der Signale.**
7. **Die relativen Intensitäten der Einzellinien innerhalb einer Signalgruppe verhalten sich wie die Binomialkoeffizienten $\binom{n}{k}$ des Binoms $(a + b)^n$. Sie lassen sich dem Pascalschen Dreieck entnehmen oder kombinatorisch berechnen.**

Wenn die Protonensorte A mit mehreren Protonensorten X, Y, Z in Spin-Spin-Wechselwirkung tritt, werden sie verschiedene Zusatzfelder $\pm B'_X$, $\pm B'_Y$, $\pm B'_Z$ erzeugen. Dies kann man durch verschiedene Kopplungskonstanten berücksichtigen. Als Beispiel sei folgende Verbindung betrachtet:

$$\underset{\underset{\underset{J_1 \quad J_2}{}}{H}}{\overset{\overset{Br}{|}}{Br-C-CH_2-C}} \diagup^O_{\diagdown H}$$

Das Aufspaltungsmuster des CH_2-Signals ergibt sich durch die Spin-Spin-Wechselwirkung mit dem CH-Proton. Dies führt zu einer Aufspaltung des CH_2-Signals in ein Dublett. Durch die zusätzliche Spin-Spin-Wechselwirkung mit dem Aldehydproton wird jedes dieser beiden Signale nochmals in ein Dublett aufgespalten, so daß man insgesamt $2 \cdot 2 = 4$ Einzellinien erhält. Allerdings sind diese nicht mehr äquidistant. Stehen allgemein n_x Protonen der Sorte X und n_y Protonen der Sorte Y mit den Protonen der Sorte A in Spin-Spin-Wechselwirkung, so führt sie mit X zunächst zu einer Aufspaltung in $n_x + 1$ Einzellinien. Die zusätzliche Spin-Spin-Wechselwirkung mit Y bewirkt nun, daß jedes dieser $n_x + 1$ Signale nochmals in weitere $n_y + 1$ Signale aufspaltet, so daß insgesamt $(n_x + 1) \cdot (n_y + 1)$ Signale beobachtet werden. Wei-

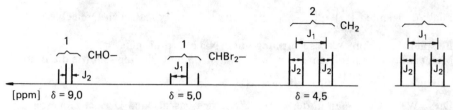

Abb. 9/44. NMR-Spektrum vom 3,3-Dibrompropanal.

terhin muß gesagt werden, daß die oben aufgestellten Regeln nur näherungsweise gelten. So muß die absolute Differenz zwischen den chemischen Verschiebungen für die Signale der wechselwirkenden Protonen $\left(\Delta f_{AX} = \dfrac{\Delta \delta_{AX} \cdot f_0}{10^6}\right)$ wesentlich größer sein als die Kopplungskonstante J_{AX}. Dafür kann folgende Bedingung angegeben werden:

$$\frac{\Delta f_{AX}}{J_{AX}} > 6$$

Man spricht in diesen einfachen Fällen auch von Spektren *erster Ordnung*. Ist diese Bedingung nicht erfüllt, so ist eine exakte Auswertung nur per Computer möglich, was aber heute keine prinzipielle Schwierigkeit darstellt.

Beispielhafte Anwendungen:

1. Interpretation des NMR-Spektrums von 2-Nitropropan.

$$CH_3-\underset{\underset{NO_2}{|}}{CH}-CH_3$$

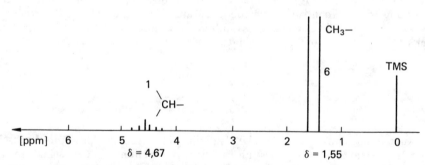

Abb. 9/45. NMR-Spektrum von 2-Nitropropan.

Man erkennt zwei Signale im Verhältnis 1:6. Das Dublett bei $\delta = 1,55$ ppm stammt von den beiden äquivalenten CH_3-Gruppen. Durch die Spin-Spin-Wechselwirkung mit dem CH-Proton entsteht ein Dublett. Das kleine Signal bei $\delta = 4,67$ ppm stammt von dem CH-Proton. Durch Spin-Spin-Wechselwirkung mit den sechs chemisch äquivalenten Methylprotonen entstehen 7 Einzellinien im Verhältnis

276

1:6:15:20:15:6:1. Dieses Signal ist so klein, daß es verstärkt werden muß, damit man die Einzellinien erkennen kann.
2. Das NMR-Spektrum von Butanon-(2) soll konstruiert werden.

$$
\begin{array}{ccc}
\text{A} & \text{B} & \text{C}
\end{array}
$$
$$
CH_3-CH_2-\underset{\underset{|O|}{\overset{\|}{}}}{C}-CH_3
$$

Die CH_3-Protonen A besitzen die kleinste chemische Verschiebung (größte Elektronendichte, d. h. größte Abschirmung). Eine etwas größere chemische Verschiebung besitzt die zweite CH_3-Gruppe C, da sie direkt an die Carbonylgruppe gebunden ist, die einen starken $-I$-Effekt ausübt. Die CH_2-Gruppe besitzt eine noch größere chemische Verschiebung.
Die Signalintensitäten verhalten sich wie $I_A : I_B : I_C = 3 : 2 : 3$.
Die isolierte CH_3-Gruppe C erscheint als Singulett, da sie von den Nachbarprotonen zu weit entfernt ist. Die CH_3-Gruppe erscheint als Triplett, während die CH_2-Gruppe als Quartett erscheint.
Somit ergibt sich das NMR-Spektrum der Abb. 9/46. Man kann natürlich nicht die chemischen Verschiebungen der einzelnen Protonen genau festlegen, sondern die Signale nur relativ zueinander anordnen. Zu berücksichtigen ist, daß sich die oben aufgeführten Gesamtintensitäten der Signalgruppen entsprechend auf die aufgespalteten Einzellinien aufteilen.

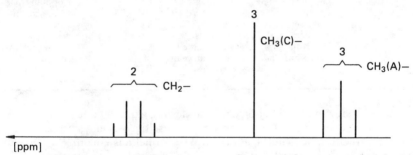

Abb. 9/46. NMR-Spektrum von Butanon-(2).

9.8.6 Strukturaufklärung mit Hilfe der NMR-Spektroskopie

Aus einem NMR-Spektrum kann man folgende 5 Parameter entnehmen:
1. **Zahl der Signalgruppen**
2. **Lage der Signalgruppen (chemische Verschiebung)**
3. **Intensitätsverhältnisse der Signalgruppen**
4. **Zahl der Einzellinien innerhalb einer Signalgruppe**
5. **Größe der Aufspaltung (Kopplungskonstante)**

Die Intensitätsverhältnisse der Signale innerhalb einer Signalgruppe zählt man nicht zu den Parametern, da diese streng nur für Spektren erster Ordnung gelten. In der folgenden Übersicht sind die Spektrenparameter und ihr Informationsgehalt noch einmal zusammengefaßt.

Tabelle 9/9. Spektrenparameter und ihr Informationsgehalt.

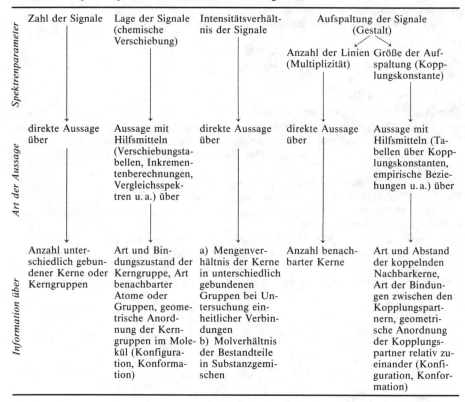

	Zahl der Signale	Lage der Signale (chemische Verschiebung)	Intensitätsverhältnis der Signale	Aufspaltung der Signale (Gestalt)	
				Anzahl der Linien (Multiplizität)	Größe der Aufspaltung (Kopplungskonstante)
Spektrenparameter					
Art der Aussage	direkte Aussage über	Aussage mit Hilfsmitteln (Verschiebungstabellen, Inkrementenberechnungen, Vergleichsspektren u.a.) über	direkte Aussage über	direkte Aussage über	Aussage mit Hilfsmitteln (Tabellen über Kopplungskonstanten, empirische Beziehungen u.a.) über
Information über	Anzahl unterschiedlich gebundener Kerne oder Kerngruppen	Art und Bindungszustand der Kerngruppe, Art benachbarter Atome oder Gruppen, geometrische Anordnung der Kerngruppen im Molekül (Konfiguration, Konformation)	a) Mengenverhältnis der Kerne in unterschiedlich gebundenen Gruppen bei Untersuchung einheitlicher Verbindungen b) Molverhältnis der Bestandteile in Substanzgemischen	Anzahl benachbarter Kerne	Art und Abstand der koppelnden Nachbarkerne, Art der Bindungen zwischen den Kopplungspartnern, geometrische Anordnung der Kopplungspartner relativ zueinander (Konfiguration, Konformation)

Sehr häufig benötigt man bei der Strukturaufklärung gar nicht alle Parameter. Viele Informationen ergänzen und bestätigen sich gegenseitig, was eine zusätzliche Sicherung der Information bedeutet. Um die Strukturformel aus einem NMR-Spektrum bei bekannter Summenformel zu ermitteln, ist es sinnvoll, nach folgendem Schema vorzugehen.

Dies sei anhand der Strukturermittlung des Ethanols C_2H_6O erläutert:

1. Schritt: Aus der Zahl der Signalgruppen folgt die Zahl der chemisch inäquivalenten Protonengruppen. Im Ethanolspektrum sind es drei.

2. Schritt: Aus der Lage der Signale und ihren Signalintensitäten erhält man Hinweise auf die Natur der vorhandenen Protonengruppen. Die Signalgruppe bei 1,22 ppm deutet auf eine Methylgruppe hin. Die Signalgruppe bei 3,7 ppm mit der Intensität 2 weist auf eine CH_2-Gruppe hin. Das Singulett bei 5,1 ppm mit der Intensität 1 kann dann wegen der Summenformel nur von einer OH-Gruppe stammen. In diesem Fall ist schon nach dem zweiten Schritt klar, wie die Gruppen miteinander zu verknüpfen sind.

3. Schritt: Aufgrund der Aufspaltung der Signalgruppen in Einzellinien kann man nach der $(n+1)$-Regel auf die Zahl der Nachbarprotonen schließen. Die Aufspaltung des CH_3-Signals in ein Triplett deutet auf die Nachbarschaft einer CH_2-Gruppe hin. Dies wird durch die Aufspaltung des CH_2-Signals in ein Quartett bestätigt.

278

4. Schritt: Nachdem alle Protonengruppen identifiziert sind, muß geprüft werden, ob noch weitere Gruppen, die keine Protonen enthalten, im Molekül vorhanden sind.
Beim Ethanol ist dies nicht der Fall.
5. Schritt: Zusammensetzung der Molekülfragmente zu einem Molekül.
6. Schritt: Nochmalige Überprüfung des NMR-Spektrums auf Stimmigkeit mit der vorgeschlagenen Strukturformel.
Dies ist beim Ethanol der Fall.
Ein zweites Beispiel ist eine Verbindung mit der Summenformel $C_5H_{10}O$, die folgendes NMR-Spektrum zeigt.

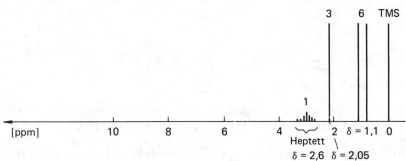

Abb. 9/47. NMR-Spektrum von $C_5H_{10}O$.

1. Schritt: 3 Signalgruppen weisen auf 3 chemische inäquivalente Protonengruppen hin.
2. Schritt: Die Signalgruppe bei 1,1 ppm mit der Intensität 6 führt zu 2 chemisch äquivalenten CH_3-Gruppen.
Das Signal bei 2,05 ppm mit der Intensität 3 führt zu einer CH_3-Gruppe, die an einem Substituenten mit $-I$-Effekt gebunden ist. Die Signalgruppe bei 2,6 ppm mit der Intensität 1 kann aufgrund der Lage nur von einem CH-Proton stammen.
3. Schritt: Das Dublett bei 1,1 ppm deutet darauf hin, daß die beiden Methylgruppen an die CH-Gruppe gebunden sind. Dies wird durch die Aufspaltung des CH-Signals in ein Heptett bestätigt.
Das Singulett bei 2,05 ppm weist darauf hin, daß die Methylgruppe keine Nachbarprotonen enthält.
4. Schritt: Identifiziert sind die Isopropylgruppe und eine isolierte Methylgruppe. Wegen der Summenformel verbleibt noch ein C- und ein O-Atom, die zusammen eine Carbonylgruppe bilden.

$$\begin{array}{c} H_3C \\ \diagdown \\ CH- \\ \diagup \\ H_3C \end{array} \quad ; \quad CH_3- \quad ; \quad \diagup\diagdown C=\bar{\bar{O}}$$

5. Schritt: Die identifizierten Molekülfragmente können nur auf folgende Weise zu einem Molekül zusammengesetzt werden.

$$\begin{array}{c} \overset{\displaystyle |O|}{\underset{\displaystyle \|}{}} \\ H_3C \\ \diagdown \\ CH-C-CH_3 \\ \diagup \\ H_3C \end{array}$$

279

6. Schritt: Das NMR-Spektrum ist mit dem Strukturvorschlag in allen Punkten vereinbar: es handelt sich um 3-Methylbutanon-(2).
Als weiteres Beispiel soll eine Verbindung der Summenformel C_8H_{10} untersucht werden.

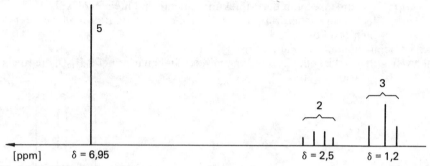

Abb. 9/48. NMR-Spektrum von C_8H_{10}.

Aufgrund der Summenformel handelt es sich um einen Kohlenwasserstoff, der wegen des geringen Wasserstoffgehalts stark ungesättigt ist oder einen Phenylrest enthält.

1. Schritt: 3 Signalgruppen bedeuten, es sind 3 Protonengruppen vorhanden.

2. Schritt: Das Signal bei 6,95 ppm mit der Intensität 5 deutet auf einen Phenylrest hin.
Die Signalgruppe bei 2,5 ppm mit der Intensität 2 führt zu einer Methylengruppe.
Die Signalgruppe bei 1,2 ppm mit der Intensität 3 weist auf eine Methylgruppe hin.
An dieser Stelle ist es im Prinzip schon klar, daß es sich um Ethylbenzol handelt.

3. Schritt: Das Triplett des CH_3-Signals bestätigt, daß eine CH_2-Gruppe benachbart ist. Dies wird durch die Aufspaltung des CH_2-Signals in ein Quartett zusätzlich bestätigt.

4., 5. und 6. Schritt: Im Molekül sind aufgrund der Summenformel keine Restgruppen vorhanden, so daß es sich nur um Ethylbenzol handeln kann. Das NMR-Spektrum ist in allen Punkten mit dem Strukturvorschlag vereinbar.

Zu beachten ist, daß das Phenylsignal ein Singulett ist, obwohl die fünf Phenylprotonen nicht chemisch äquivalent sind. Da sich aber die chemischen Verschiebungen der Phenylprotonen untereinander nur sehr geringfügig unterscheiden, sieht man nur eine Linie im Spektrum.

280

9.8.6.1 Aufgaben

A 1 Geben Sie qualitativ das NMR-Spektrum von 1,1-Dichlorethan wieder! Begründen Sie die Lage und die Aufspaltung der Signale!

A 2 Propionsäuremethylester zeigt folgendes NMR-Spektrum:

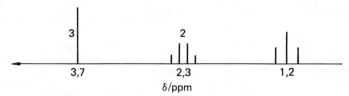

Ordnen Sie den Signalen die einzelnen Protonengruppen zu und begründen Sie dies ausführlich!

A 3 Geben Sie die Strukturisomeren von Nitropropan an! Welches von ihnen ergibt das folgende NMR-Spektrum?

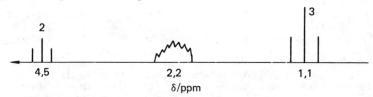

A 4 Eine Verbindung der allgemeinen Formel $Y—CH_2 \overset{J_1}{-} CH_2 \overset{J_2}{-} CH_2—X$ wird NMR-spektroskopisch untersucht. Es sei $X \neq Y$ und $J_1 \neq J_2$. Aus wieviel Linien besteht das Multiplett der mittleren Methylgruppe? Verdeutlichen Sie dies anhand eines Aufspaltungsmusters!

A 5 Eine Verbindung der Summenformel $C_4H_{10}O$ zeigt folgendes NMR-Spektrum:

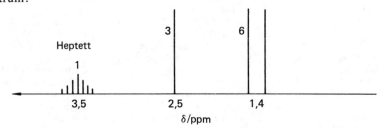

Bestimmen Sie die Strukturformel!

10 Sachregister

Begriffe, die sich auf Versuche bzw. Aufgaben beziehen, sind durch ein der Seitenzahl nachgestelltes **V** bzw. **A** gekennzeichnet.

287

Flußdiagramm zur Auswertung eines IR-Spektrums

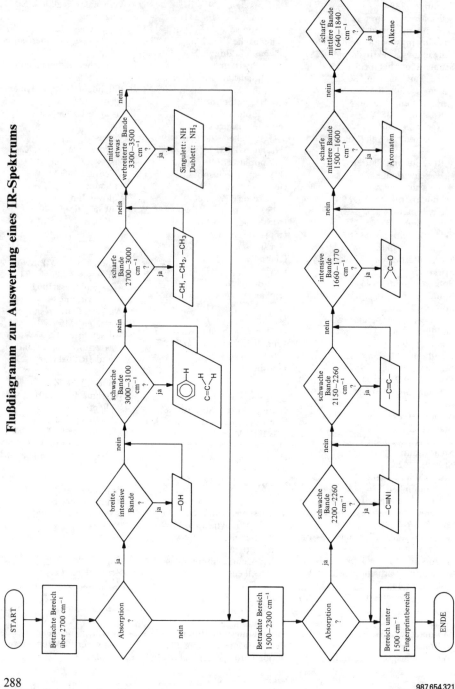